UNDERSTANDING THE BORDERLINE MOTHER

Helping Her Children Transcend the Intense, Unpredictable, and Volatile Relationship

超越让你备受折磨的母女关系

理解边缘型母亲

[美] 克里斯蒂·安·罗森　著
（Christine Ann Lawson）

王思睿　译

图书在版编目（CIP）数据

超越让你备受折磨的母女关系：理解边缘型母亲／（美）克里斯蒂·安·罗森（Christine Ann Lawson）著；王思睿译 . —北京：中国轻工业出版社，2020.3（2025.1重印）

ISBN 978-7-5184-2536-5

Ⅰ.①超… Ⅱ.①克… ②王… Ⅲ.①女性心理学－亲子关系 Ⅳ.①B844.5

中国版本图书馆CIP数据核字（2019）第262545号

版权声明

Understanding the Borderline Mother: Helping Her Children Transcend the Intense, Unpredictable, and Volatile Relationship

Copyright © 2000 by Christine Ann Lawson

First Rowman & Littlefield edition 2004

Published by agreement with the Rowman & Littlefield Publishing Group through the Chinese Connection Agency, a division of The Yao Enterprises, LLC.

保留所有权利。非经中国轻工业出版社"万千心理"书面授权，任何人不得以任何方式（包括但不限于电子、机械、手工或其他尚未被发明或应用的技术手段）复印、拍照、扫描、录音、朗读、存储、发表本书中任何部分或本书全部内容，以及其他附带的所有资料（包括但不限于光盘、音频、视频等）。中国轻工业出版社"万千心理"未授权任何机构提供源自本书内容的电子文件阅览、收听或下载服务。如有此类非法行为，查实必究。

责任编辑：潘　南　　　责任终审：杜文勇
策划编辑：高小菁　　　责任校对：刘志颖　　　责任监印：吴维斌

出版发行：中国轻工业出版社（北京鲁谷东街5号，邮编：100040）
印　　刷：三河市鑫金马印装有限公司
经　　销：各地新华书店
版　　次：2025年1月第1版第3次印刷
开　　本：710×1000　1/16　印张：18.75
字　　数：187千字
书　　号：ISBN 978-7-5184-2536-5　定价：68.00元

读者热线：010-65181109
发行电话：010-85119832　010-85119912
网　　址：http://www.chlip.com.cn　http://www.wqedu.com
电子信箱：1012305542@qq.com

版权所有　侵权必究
如发现图书残缺请拨打读者热线联系调换
242061Y2C103ZYW

序

在这一生中，我们首先必须要了解的就是自己的母亲。识别自己母亲的脸，她的声音，她的表情，以及她情绪的意义，这是所有人类共同的行为；如此自然，如此正常，对我们的生存至关重要，我们想都不用想就会去做这些事情。事实上，我们经常会忘记自己对她有多熟悉，即便我们对某个人特定的手势、声调或面部表情会产生强烈的反应……当然，这所谓的某个人通常是我们的伴侣或配偶。了解我们的母亲是了解我们自己的第一步。

这本书是关于母亲的，是关于患有边缘型人格障碍的那些母亲的。边缘型人格障碍的定义是，"遍布于人际关系、自我形象（self-image）以及情感等方面的一种不稳定模式，并以冲动性为明显特征"。"边缘型"这个词所指的意思是，患者的情绪状态介于精神病与神经质之间，当患者面对被他人抛弃或拒绝的时候尤其如此。因此，边缘型母亲的孩子在成长的过程中，生活在一个前后矛盾、令人困惑的情绪世界当中。

这本书也是关于边缘型母亲身边的孩子们的。现在，发展心理学家已经确知，儿童在3岁之前是无法理解欺骗或欺诈的，因为这时候的孩子还不能分清什么是自己相信的，什么是自己母亲相信的，以及这二者之间的区别是什么。这个年龄段的孩子也不能理解内心感受与外在表达的不一致性，或者说，他们无法理解在笑容的面具下可以隐藏着敌意。然而，在孩子年幼时，他们的世界是被控制在成年人手里的，孩子的生存依赖于他们是否能够理解这个成年人。

边缘型母亲的孩子们在成年之后常会去寻求心理治疗的帮助，以了解自我。他们经常感到支离破碎、沮丧压抑，并且困惑不堪，因为自己似乎永远无法理解母亲。当这些成年子女来到治疗室，他们摆在治疗师面前的是一道复杂的谜题，是一些被扭曲和翻转了的自我的碎片，而他们的母亲认为好的那些东西，无法帮助他们拼凑出曾经完好的自我。如果没有干预与介入，边缘型母亲与孩子之间紧张、难以预测并且反复无常的关系最终会带来毁灭性的后果。边缘型母亲的孩子不但面临着自己也发展出边缘型人格障碍的风险，而且在某些情况下，他们的生活和母亲一样，都可能处于危险当中。

这些被边缘型人格障碍患者抚养长大的孩子们，他们的故事应当让我们所有人警醒。在治疗的过程中，一些年幼的孩子会通过绘画来展示他们眼中的母亲；成年后的孩子会通过向治疗师分享日记、照片和录音来展示他们眼中的母亲。无论他们处在哪个年纪，这些孩子都渴望被倾听，渴望被信任。他们渴望自由、认可，渴望逃离由于自己和母亲之间关系而形成的情感困局。

有些边缘型母亲的孩子，说自己的童年就像生活在一个情绪的集中营。这个集中营戒备森严，有虎视眈眈的守卫看守着。通过这个集中营的成年幸存者的话语，我们可以一窥这类孩子内心的感受："我们特别害怕……人们对这件事永远一无所知，没有任何人会注意到我们、我们的挣扎、我们的死亡……周围的墙壁是那样高大，没有任何东西，没有任何关于我们的信息能够越过这堵高墙。"

虽然对边缘型母亲的孩子来说，他们的情感世界是一片黑暗而孤寂的土地，但这些孩子身上纯净的心、精神的复原力以及他们开放的心态都能够点亮黑暗。如果边缘型母亲能够从自己的孩子眼里看到自己，那么她们就会获得拯救人生的动机，有了寻求治疗的动力。这些母亲会发现，孩子的眼神中闪耀着对她无限的爱意。如果没有治疗的干预，这些母亲就有把这种障碍传递给下一代的风险，更有失去爱的风险，而这份爱恰好是她们极度渴求的东西。

学会识别边缘型人格障碍的症状是帮助这些母亲和孩子们的第一步。

我们必须学会聆听他们的故事，了解他们的痛苦，分担抛弃这些母亲和孩子的责任。正如奥斯维辛集中营著名的幸存者普瑞莫·勒维提醒我们的，"也许，我们每一个人对于某些人来说都好像该隐之于亚伯*，把他杀死在田野之中，自己却一无所知"。

---

* 该隐是亚当和夏娃的长子，亚伯是次子。该隐因为嫉妒亚伯而杀死了他，而上帝质问他时，他装作不知道，后来被上帝惩罚。——译者注

引　言

边缘型人格障碍（borderline personality disorder，简称BPD）是最常见的一种人格障碍，在美国，有这种问题的人大约有600万。有边缘型人格障碍的个体具有不稳定、冲动和自毁的特点，并且害怕被抛弃。由于分离和丧失会诱发边缘型人格障碍患者出现自杀行为和精神病反应，因此，在临床上，边缘型人格障碍这个概念用于描述介于心智健全与不健全之间的边界行为。虽然男性也会出现边缘型人格障碍的问题，但是女性患者的数量要远多于男性，临床比例为2∶1。由于攻击性和暴力行为，有边缘型人格障碍的男性更容易被诊断为反社会型人格障碍，因此他们更有可能受到法律的制裁而不是进入精神卫生系统的视野。

如果母亲有边缘型人格障碍，那么孩子从人生的开端就会面对着一个情绪不稳定的妈妈，孩子与母亲之间形成的也是非安全型的依恋关系。因此，这些孩子面临着出现冲动性、内心充满愤怒、对抗行为、攻击性、抑郁和暴力等问题的风险。同时，这些孩子还面临着自己也发展出边缘型人格障碍的危险。边缘型人格障碍是一种可以从上一代传递到下一代的问题，因此早期识别和早期干预对这种问题来说至关重要。

鉴别边缘型人格障碍相当困难，原因在于，有这种障碍的个体可能表现出不同的症状群。如果患者没有表现出边缘型人格障碍的典型特征，例如抑郁或自杀倾向，那么治疗师往往无法准确鉴别出边缘型人格障碍。曾经有许多边缘型母亲都被误诊为双相障碍（即躁狂和抑郁两种异常状态交替出现）或者精神分裂症。

边缘型母亲的子女通常会这样描述自己的妈妈："荒唐、不可信赖、粗暴离谱、荒谬无稽、愚蠢。"事实上，在幼小的孩子眼里，这样的母亲是虚假的形象，她们通常会符合以下四种类型中的一种：流浪者型的妈妈、隐居者型的妈妈、女王型的妈妈，以及女巫型的妈妈。而一些边缘型母亲的成年子女也正是用这些词语来描述她们的。

长久以来，童话和民间故事帮助着孩子们区分和理解世界上各种不同的人。它们抓住了孩子的视角，从他们的视角去看待成年人的世界，这是一个成年人通常无法看到的世界。而本书也将从子女的视角去探讨四种类型的边缘型母亲形象。在本书提到的绝大多数案例中，这些"孩子"都是家里的女儿。

女儿在与母亲分离并确立自我身份这方面面临着更大的困难，这首先是因为母亲和女儿的性别相同。因此，在我们讨论的绝大多数的案例中，出现的都是母亲与女儿。虽然很明显边缘型母亲不但会养育女儿，也同样会养育儿子，但是儿子进入治疗的可能性较低。如果母亲是边缘型患者，并且她的儿子随后也发展出边缘型人格障碍，那么这些男性更有可能在随后的岁月中锒铛入狱。如果儿子没有发展出边缘型人格障碍，那么他们极有可能成为一个"完美"孩子。这些"完美"的儿子倾向于表现出自恋的特征，进入成年期之后，这些孩子很可能和具有边缘型特征的女性结婚，以便自己再次扮演拯救者的角色。这样的男性通常都是成功人士，他们的防御性很强，非常抵触承认自己的母亲是有问题的。

《超越让你备受折磨的母女关系——理解边缘型母亲》这本书会带领读者进入边缘型患者子女的情感世界。也许你们会说："我并不想知道这些事情。"对于部分读者而言，这些内容可能会对你们造成深刻的困扰——这些在边缘型母亲身边长大的子女需要一些时间和距离来充分接纳本书的内容。我们没有必要急于回顾自己黑暗而痛苦的过去，但是，审视过去总是能让我们更加清晰地正视现在，并且为我们自己的孩子创造更加光明的未来。

目 录

第1章　不真实的假母亲 / 001
　　"我从来不知道该去期待些什么" / 006
　　"我不信任她" / 008
　　"她说，没发生过那些事情" / 010
　　"她让我感觉非常糟糕" / 013
　　"除了我，所有人都觉得她很棒" / 017
　　"要么拥有一切，要么一无所有" / 019
　　"她心里充斥着太多负面的东西" / 020
　　"她神志错乱" / 022
　　"有时候，我真的受不了她了" / 024
　　"她要把我逼疯" / 026

第2章　内心的黑暗 / 029
　　边缘型母亲的特征画像 / 034
　　边缘型人格障碍的形成：黑暗的源头 / 039
　　脑功能与边缘型人格障碍 / 045
　　治疗边缘型母亲 / 046

第3章　流浪者型母亲 / 049
　　流浪者型母亲的主导情绪状态：无助 / 054

流浪者型母亲的内心体验：牺牲 / 056

流浪者型母亲的特征 / 058

流浪者型母亲的信条：生活太艰难了 / 068

第 4 章　隐居者型母亲 / 071

隐居者型母亲的主导情绪状态：恐惧 / 075

隐居者型母亲的内心体验：被害 / 078

隐居者型母亲的特征 / 080

隐居者型母亲的信条：生活太危险了 / 088

第 5 章　女王型母亲 / 091

女王型母亲的主导情绪状态：空虚 / 097

女王型母亲的内心体验：剥夺与嫉妒 / 098

女王型母亲的特征 / 100

女王型母亲的信条：这一切都是关于我的 / 106

第 6 章　女巫型母亲 / 111

美狄亚式的母亲 / 118

女巫型母亲的主导情绪状态：毁天灭地的愤怒 / 121

"转变" / 124

女巫型母亲的内心体验：自我憎恨以及自认邪恶 / 127

女巫型母亲的特征 / 129

女巫型母亲的信条：生活就是一场战争 / 137

第 7 章　不真实的假孩子 / 139

割裂 / 145

完美无缺的孩子 / 148

一无是处的孩子 / 154

迷失的孩子 / 158

第 8 章　童话式的父亲　/ **161**

　　青蛙王子　/ 165

　　猎人　/ 170

　　国王　/ 173

　　渔夫　/ 177

　　他们不知道自己做了什么　/ 182

第 9 章　爱一个流浪者但不解救她　/ **183**

　　管理无法管理的混乱　/ 188

　　成为一个人　/ 203

第 10 章　爱一个隐居者但不增强她的恐惧　/ **207**

　　控制不受控制的焦虑　/ 210

　　恐惧的危险　/ 219

第 11 章　爱一个女王但不做她的仆从　/ **227**

　　抵御无所不在的入侵　/ 230

　　在镜子中照出自己，而不是女王　/ 240

第 12 章　和女巫一起生活但不成为她的受害者　/ **247**

　　用自己的力量保护自己　/ 253

　　在女巫身边生存　/ 259

第 13 章　倒转人生　/ **267**

　　虚假的信念　/ 271

　　倒退着活　/ 274

　　寻找光明　/ 278

参考文献　/ **283**

第1章

不真实的假母亲

第1章

半導体とは何か

> 当我读到这个童话的时候,我曾经很开心这样的事情从来没有发生过,而现在,我自己就身处其中!
> ——《爱丽丝仙境历险记》

"这就好像溺水一样。在她身上,你会看到一片黑暗,它把你吸进去,把你整个吞没……而且深不可测……因为,她就是你的母亲。"

罗拉的声音听上去平淡如水,就像从很远的地方飘过来一样。她说话的声音像一个小孩子,就仿佛她被困在井底。

"你没有出路。她退回了自己的世界,只留给我她的恐惧。我不确定,我是否能及时伸手抓住她。"

罗拉的妈妈不同于普通的妈妈。患有边缘型人格障碍的母亲沉溺在冰冷绝望的黑暗深渊中,她们挣扎着让自己的头保持在水面上。无论谁在她们身边,她们都会丧心病狂地依附过去,她们会把自己的孩子也拖入黑暗之中。边缘型母亲紧张又不可预测,有时甚至反复无常。今天她们把自己的孩子看作小天使,明天她们的愤怒或嘲讽就会把孩子的心灵碾得粉碎。如果这样的母亲有几个孩子的话,那么她可能会觉得一个孩子事事完美,另一个孩子一无是处,对不同孩子大相径庭的情感投射会导致他们走上不同的道路。

边缘型母亲行走在情绪的边缘——也会越过情绪的边缘，她们常常感到绝望，或者爆发出长篇大论的陈词滥调。但是，有些时候，她们也可能是饱含爱意、对孩子充满支持，并且照料得无微不至的母亲。如果研究人员的估算是正确的，那么美国的边缘型人格障碍患者人数在600万左右，也就是说，生活在有边缘型问题父母身边的孩子的数量可能极其惊人。

在边缘型母亲身边长大的孩子生活在一个伪装而成的世界中，但这样的世界既非小说，也非幻想。我们可以用"边缘地带"（Borderland）这个词来描述这些孩子的情感世界，在这样的世界中，爱着自己的母亲承担着故事书里的角色：无助的流浪者，惶惶不可终日的隐居者，专横跋扈的女王，或者睚眦必报的女巫。这个反复无常的危险世界自相矛盾，充斥着情绪的暴风骤雨，完全无法预测。有一个7岁的孩子给自己边缘型的母亲画了一张画像，在画面中，妈妈的形象是一个邪恶的女巫，她威胁着要用魔杖把自己的女儿变成一只青蛙。

边缘型母亲的孩子被困在一个别人看不到、感受不到或者无法理解的世界里，感觉自己迷失在绝望之中。在罗拉的眼里，她的母亲是一个以自我为中心的女王，偶尔间歇性地"摇身一变"成为一个女巫。克里斯蒂娜·克劳福德是著名女演员琼恩·克劳福德领养的女儿，她的成长过程也伴随着一个和罗拉母亲类似的妈妈。克里斯蒂娜在她的自传中这样描述了自己的经历："我每一次奔跑都会一头撞向深渊。在深渊的黑洞里，任何事情都毫无逻辑可言，臆想、愤怒和狂暴占据了绝对的地位。在那个地方，没有援手，没有和平，也没有办法逃离主宰着一切的混乱。风暴眼里是一个王座，有人坐在上面挥舞着自己偏执狂热的魔杖，她就是对这场混乱发号施令的女王：最亲爱的妈妈。"

由于边缘型人格障碍在过去常被误诊为精神分裂症，因此现阶段我们很难准确估计有多少成年子女是在患有边缘型人格障碍的母亲身边长大的。边缘型人格障碍作为一种正式的诊断第一次出现是在1980年的《精神疾病的诊断与统计手册》（*Diagnostic and Statistical Manual of Mental Disorders*，简称 *DSM*）中，此时琼恩·克劳福德已去世3年了。

随着边缘型人格障碍诊断数量的日益增多，关于这种障碍的困惑、争论以及误诊都是意料之中的事情。边缘型人格障碍曾经被视为人格多样性的表现，其中既能涵盖苏珊·史密斯，一位在1994年溺死了自己的两名幼子的母亲；也能包括已故威尔士王妃戴安娜，一位"充满爱心的王妃"。而像夏洛特·都彭，美国内战时期都彭军工厂财富的一位女性继承人，以及西尔维娅·普拉斯，一位在1963年自杀的获奖作家，她们生前都可能受到了边缘型人格障碍的困扰。这些女性都非同寻常，但她们的人生悲剧在很大程度上可以归结于这种越来越常见的疾病，一种会从母亲传递给孩子的心理疾病。

与边缘型患者有亲密关系的人，经常可以观察到他们身上的紧张性、冲动性、不可预测性以及害怕被遗弃等症状。点头之交的熟人、同事或者邻居不太可能目睹边缘型患者突然转换的情绪、自毁行为、偏执导致的扭曲，以及强迫性的反复思考。就像《爱丽丝仙境历险记》中的爱丽丝一样，身处边缘地带的孩子会为自己周围的重重矛盾而感到困惑，就好比左边是正常的世界，右边是疯狂的世界，而他们就生活在两者的分界线上。

虽然边缘型的女性能够极好地胜任生活中其他角色，但是为人母却是最让她们望而生畏的事情。她们的恐惧在于被抛弃，她们倾向于把与人分离的经历解读为自己被对方拒绝或者背叛，这些都导致了边缘型母亲和她的孩子不得不为了"生存"而各自苦苦挣扎。对于孩子来说，他们觉得自己被困在情感的牢笼中，这些孩子必须和母亲分离才能活下去。而对于母亲来说，分离恰恰威胁到了她们的生存。下面是一些边缘型母亲的子女的常见想法。

- "我从来不知道该去期待些什么。"
- "我不信任她。"
- "她说，没发生过那些事情。"
- "她让我感觉非常糟糕。"
- "除了我，所有人都觉得她很棒。"

- "要么拥有一切，要么一无所有。"
- "她心里充斥着太多负面的东西。"
- "她神志错乱。"
- "有时候，我真的受不了她了。"
- "她要把我逼疯。"

"我从来不知道该去期待些什么"

> ……尤其是，她们似乎没有任何规则意识：至少，即使有规则，也没有人会去遵守——你不知道，这是一种多么混乱的感觉……*

著名心理学家埃里克森提出，人们生命中第一个心理发展阶段是婴儿期的"信任对基本不信任"。埃里克森指出，婴儿的第一项发展目标就是获得忍受母亲离开的能力，而不会在此时过于焦虑，"因为母亲已经被婴儿内化为一种内心的确定性"。经历的一致性、连续性和相似性对于儿童信任感和安全感的发展至关重要。不幸的是，边缘型患者的标志性行为特征就是不一致、不可预测以及不适当的紧张感。由于边缘型患者自己在童年期经历过虐待、忽视或者创伤性的丧失，因而她们极度害怕被抛弃。她们会不顾一切地去寻求对他人情感上的控制，甚至通过威胁要抛弃对方来防止自己被抛弃。边缘型患者的规则意识和预期都是模模糊糊的、几乎不存在的、非理性的、僵化的或者会带有突如其来的强制性。边缘型母亲的孩子长期感到焦虑，因为他们对自己母亲的行为毫无确定感。

罗拉母亲就是不一致的，并且在建立和遵从规则上存在困难。当罗拉还是小孩子的时候，她被禁止和某些小朋友一起玩儿，除非是母亲生病了，她

---

* 本章各节标题引语均摘自经典童话故事《爱丽丝仙境历险记》（Alice's Adventure in Wonderland）和《爱丽丝镜中奇遇记》（Through the Looking-Glass），故事中充满了映射与隐喻。——译者注

才能和这些小朋友一起玩儿。当母亲累了或者病了的时候,她给罗拉的唯一准则就是"别来烦我"。罗拉进入青春期之后,母亲放弃了这些强制性的规则。少女时期的罗拉很享受这种没有一定之规的状态,但当她还是个孩子的时候,缺乏规则让她感到挫败和困惑。罗拉成年之后,每次去看望母亲的时候,母亲都会训斥她,问她:"为什么你从来不给我打电话?"但是,每当罗拉给她打电话,母亲的声音听上去却十分恼怒,而且很不耐烦。她总是问罗拉:"什么?你想要干什么?"和边缘型母亲的互动常常会让子女感到内疚和迷惘。

而另一方面,琼恩·克劳福德这样的边缘型母亲为了满足她个人的需求——不是孩子的需求——严格实施着不合情理的规则。克里斯蒂娜解释说,她的母亲会规划一天中的每一分钟,每一餐吃饭加上洗碗的时间要精确控制在半小时。克里斯蒂娜悲哀地说,尽管有各种严格的规则,妈妈的情绪波动仍然极其巨大,她从来都无法确定妈妈会怎样对待她:"我从来不知道接下来的会是一个充满爱意的大大的拥抱,还是像巴掌打在脸上一样的恶语相向。"

边缘型患者的子女从不知道这一分钟母亲对自己是怎样的感觉,下一分钟母亲又会对自己是怎样的感觉。就好像在玩"她爱我,她不爱我"的数花瓣游戏一样,母亲的情绪状态可以突然之间就从温情脉脉变为勃然大怒,导致孩子处于一种不确定且不安全的情绪环境之中。精神分析大师温尼科特强调过一个"足够好的母亲"(the good enough mother)对孩子的重要性,足够好的母亲能提供充分的稳定与平和,这样她的孩子就不会被巨大的焦虑压得喘不过气来。如果在孩子的情感世界里没有规则结构和可预测性,那么他们就没有建立自尊和安全感的现实基础。

"我不信任她"

"再怎么努力也没用，"她说，"一个人没法去相信不可能的事情。"

对于边缘型患者和她们的孩子来说，信任是一个关键问题。孩子无法信任边缘型的母亲，其原因包括：①她试图操纵孩子；②她歪曲现实，甚至可能公然说谎；③她可能在身体方面伤害孩子；④她是不可预测的；⑤她反应过激；⑥她十分冲动；⑦她判断力差；⑧她的记忆不可靠；⑨她前后不一致；⑩她侵入孩子的生活。就好像爱丽丝信任柴郡猫那样，边缘型母亲的子女哪怕学会了信任一只宠物，也难以信任自己的母亲。

杰诺米·科洛（Jerome Kroll）是一位专攻边缘型人格障碍治疗的精神科医生。他解释道，"边缘型人格障碍患者的认知风格很特别，她们缺乏关注点，或者说，她们总是注意不到当下身边的事情……对她们来说，对某件事情形成一种平衡的理解是不可能完成的任务"。边缘型母亲会创造属于自己的"现实世界"，这是一个她们的子女以及其他人难以认同的世界。无论自己的观点多么荒谬无稽，边缘型母亲都可能会因为她们的孩子表达自主的观点、信念和感受而惩罚他们。

罗拉的母亲认为自己快要破产了，而罗拉质疑过母亲的这种观点，因为她知道母亲是有一笔实质性收入的。她建议母亲可以去咨询一下理财师。但是，母亲对罗拉咆哮道："你根本不懂这个世界是怎么回事！"罗拉整个人一下子被戒备感笼罩了，母亲的反应让她觉得自己受到了蔑视。就像《爱丽丝镜中奇遇记》的爱丽丝一样，罗拉质疑了母亲自己构建出来的"现实"。"再试试！"白王后命令爱丽丝，"为什么有时候我会在早饭前相信6件不可能的事情呢！"

边缘型母亲还会暗示孩子的观点是错误的，从而否定孩子的视角。由于罗拉不赞同母亲的观点，不认为母亲即将一贫如洗，于是她受到了母亲的责难。而且，母亲的观点会随着自身情绪的起伏发生波动。由于罗拉建议她去咨询理财师，母亲感到罗拉在轻视她，于是她对此的反应就是"轻视回去"。一旦自己的感受和观点没有得到别人的认可，边缘型患者就会感觉到自己被背叛、被攻击。更不幸的是，她会拒绝、遗弃、惩罚或者中伤她眼里的背叛者，从而把自己的孩子置于进退两难的可怕境地之中。

到了青春期，罗拉和母亲之间缺乏信任越加明显。母亲总是在拥抱罗拉的时候嗅她身上的气味，用这种隐蔽的方式来判断罗拉是否喝了酒或者吸了烟。很自然地，母亲的拥抱让人感到并不真诚，这种用感情掩护怀疑的做法让罗拉感到十分厌恶。

当边缘型母亲侵犯孩子的隐私、操纵她们、否定她们的感受时，以及母亲歪曲现实时，这些孩子会感到无助。边缘型母亲之所以歪曲现实，是因为她们对现实的感知就是扭曲的。在一个案例中，一位边缘型母亲声称自己的女儿被她的前夫实施了性虐待，令女儿十分惊骇。其实，这位母亲是自己曾经受到过亲生父亲的性虐待，因此她把女儿与前夫告别时的亲吻看作性虐待的证据。

对现实的歪曲通常是一种潜意识层面的信息加工方式，而这些信息与当事人生活中的现实有关。歪曲会误导其他家庭成员，他们在发现事实真相之前总会信以为真。渐渐的，罗拉对母亲的反应过激感到厌烦，于是她学会了漠视母亲的某些言论，比如"发生了一件特别糟糕的事"。边缘型患者常常小题大做，并且很容易恐慌。"什么都别管了，赶快来帮帮我！"可能意味着她没找到钥匙。"我头疼得要命！"可能意味着"走开，让我一个人待会儿"。"我出车祸了！"可能意味着跟超市的手推车发生了剐蹭。

有些边缘型患者会有意识地歪曲现实，目的是防止自己被抛弃、维持自尊或者避免冲突。另一些边缘型患者则可能说谎，以吸引他人的同情、关注和关怀。从边缘型患者的角度看，谎言对生存至关重要。（虽然不是所有边缘型患者都会有意识地说谎，但是所有患者都会出现观点的扭曲。）当绝望驱使她们做出诸如撒谎或偷窃的行为时，这些边缘型患者会认为自己是清白无辜的，没有做坏事，而且也不会感觉到内疚或后悔。因此，道歉的情况可谓凤毛麟角，同时边缘型患者还会觉得相当困惑：为什么其他人总是希望她们感到懊悔呢？她们认为，其他人也会为了生存做出这样的事情。她们的解释往往简洁异常："但是，我必须做！"因此，边缘型患者从不考虑说谎行为会带来怎样的后果，因为在她看来自己别无选择。

习惯性说谎的边缘型母亲破坏力尤为惊人，因为她们会毁掉孩子的信任。她们几乎不会为自己的行为道歉，这导致她们的孩子认为是自己做错了，而不是母亲做错了。边缘型患者为了生存而做出的很多行为在别人眼里都是令人厌恶的。只要边缘型患者受到了伤害或惊吓，她就会觉得自己命悬一线；于是，对她们来说，道德可以被暂时抛弃。克里斯蒂娜·克劳福德如此描写自己童年的窘境："我猜，没有一个大人会认为我母亲是那个说谎的人，而我才是那个说实话的人。因为她看上去总是那么令人信服。"

对抗和分歧可能上升为暴力，因为边缘型母亲难以管理自己的紧张情绪。因此，边缘型母亲和她们的孩子发生肢体冲突是常见现象。在这种情况下，孩子可能不得不报警，从家里越窗而逃，躲到邻居家，解救自己的兄弟姐妹，或卷入与家长的肢体冲突中。有些边缘型母亲可能在半夜对自己的孩子进行身体或口头上的攻击，而不幸的是，这正是孩子们最易受伤害的时候。有这样的一个案例，我的一名来访者在家里觉得极不安全，于是她睡觉的时候会在枕头下藏一把切牛排的刀。这种情况一直持续到了她18岁，那时她终于能从家里搬出去了。

"她说，没发生过那些事情"

> 爱丽丝什么也没说：在她以往的全部人生中，她从来没有经历过如此众多的矛盾之处，她觉得自己的脾气就要失控了。

边缘型母亲通常会遗忘痛苦的经历，而她们的子女却会清晰地保存这些记忆。有研究结果显示，长期的紧张会损害大脑中负责记忆的部分。长期的情绪压力会导致大脑暴露在过量的糖皮质激素当中；正常情况下，糖皮质激素是能够帮助大脑处理压力的一种激素。海马，这是大脑中负责记忆功能的结构，它包含着大量的糖皮质激素受体，因而易受到损害。由于边缘型母亲曾经在童年时代经历过大量的情绪痛苦，因而她们大脑中负责记忆和情绪调节功能的区域很可能受到了损害。有些研究使用了核磁共振成像技术对在童年期有过被虐待经历的女性大脑进行了检查，结果发现，这些女性的左侧海马确实要小于对照组的女性被试。所以，边缘型母亲可能想不起自己童年时期的经历。如果母亲有边缘型人格障碍，那么她的孩子也会生活在一种情绪紧张的环境之中，假如这种情况得不到解决，那么孩子的认知功能也可能会被损害，从而形成一种恶性循环。

因为边缘型母亲无法记住那些具有强烈情绪体验的事件，所以她也很难从这些经历中得到教训。她可能会重复这些消极的破坏性行为，因为她无法回想起之前类似事件所带来的后果是怎样的。罗拉和她的妹妹都记得，有许多次，母亲为了一些琐事而勃然大怒，比如姐妹俩把衣服放错了地方等。但后来，当罗拉就这些事情和母亲"对质"的时候，母亲却否认自己曾经出现过情绪失控的情况。她坚持说："我为你们付出了这么多，你现在居然敢诬蔑我做过这样的事情！"不少心理治疗师都提到，关于孩子对创伤性记忆的质问，边缘型母亲通常都不会给予肯定的答复。

如果记不住过去的经历，自然不可能从这些经历中学习。因此，边缘型母亲会陷入重复的自毁行为当中。她们可能花的钱总是比挣的钱更多，可能会反复发生没有保护措施的性行为，喝过多的酒，吸过多的香烟，或者吃过多的食物。虽然事后她们也感觉很糟糕，但是由于记忆受损，她们可能还是会继续重复这些行为。她们的这些行为会让家庭中其他成员感到慌张，并且会危及自己的孩子。

一些已经成年的子女记得，母亲曾一边喝酒一边开车，而自己就坐在车里，或者家里断水断电，因为母亲的冲动消费导致没钱交水电费。另一些人则回忆说，自己曾经救过母亲的命。有一天晚上，罗拉发现毯子上亮起火星，她冲过去弄灭了母亲掉在毯子上的烟灰，那时候母亲正在床上抽着烟。

不幸的是，罗拉的母亲在这桩危险事件发生不久之后，又继续在床上抽烟。

如果边缘型母亲吸毒或酗酒，那么她们还会出现精神病症状。克里斯蒂娜·克劳福德描述了许多关于母亲半夜"突袭"的恐怖行为。然而，精神病行为并不仅限于暴怒。同样可怕的是，这些边缘型母亲还会出现分离症状（包括意识恍惚，不知道自己是谁、在哪里、在做什么，感觉自己"灵魂出窍"，等等）、绝望退缩、自残或者尝试自杀等行为。恐惧和绝望还会诱发我们所说的精神崩溃。曾经有一位男性来访者，对我讲述了这样一段困扰着他的记忆：在他7岁的时候，母亲曾经把自己反锁在浴室里，当他在门外试图让母亲冷静下来的时候，她居然以自杀相威胁。另一些来访者提到，自己的母亲曾经以离家出走相威胁，而且后来真的离家出走了。在任何一种情绪让她们无力应对的时候，她们都可能发生精神错乱。

研究显示，如果在童年时长期暴露于压力状况下，那么体内的生长激素抑制素就会更高；这是一种和压力相关的激素，同时也是一种神经递质，存在于人体的脑脊液当中。童年期严重的压力事件会对大脑和免疫系统造成深远的影响。所以，如果母亲有边缘型人格障碍，那么孩子就会面临成年后出现各种生理和情绪异常的风险。同时，这些孩子成年后还更有可能出现压力相关的躯体症状，例如结肠炎或偏头痛等。

克里斯蒂娜·克劳福德提到，有一次她去看精神科医生，医生问她是否知道是什么原因导致她出现头痛的问题。克里斯蒂娜直截了当地说："是的，我知道。我恨我母亲。"肾上腺素会引起大脑中血管的收缩，强制血液流向肌肉，这是一种人体面对压力时为战斗或逃跑反应做出的必要准备。如果人际互动过程中充斥着压力，那么血管持续扩张，很可能导致偏头痛的出现。一些研究者相信，偏头痛实际上是一种神经系统的功能紊乱，是脑功能的一条不稳定的阈限。当内部和外部压力源增多，压力就会超过这条阈限，于是就出现了偏头痛。这就好像你身体的一部分在提醒你"别跨过这条线"，但是无论如何你已经跨过去了。

对于母亲是边缘型人格障碍患者的孩子来说，偏头痛是一种保护机制，预防这些孩子由于愤怒而做出自己无法承受的反应——

他们被疼痛限制住了。边缘型母亲各种出乎预料的行为会诱发孩子体内肾上腺素的"澎湃"，但是孩子既不能战斗，也无法逃跑，因为如果孩子们这样做了，一定会招致母亲更加消极的对待[†]。所以，许多边缘型母亲的子女成年后会在探望母亲或者和母亲通电话之后出现头痛的问题。

　　研究者已经发现，大脑中动脉（middle cerebral artery）的血流速度在偏头痛发作时会降低。在某种程度上，大脑开了'黄灯'，于是血流就慢了下来。对于许多边缘型母亲的孩子来说，他们的大脑持续闪烁着警告的信号。

"她让我感觉非常糟糕"

　　"你知道么，这可能就是结局了。"爱丽丝自言自语，"我要彻底熄灭了，就像一根蜡烛一样。"

　　害怕被抛弃是边缘型人格障碍患者最常见的症状，也是许多边缘型患者共有的表现。很多研究人员和临床工作者观察发现，在面对被拒绝或被抛弃时，边缘型患者害怕"掉进深渊"。有时候，这种感觉被描述成对生存的焦虑感。边缘型患者常感到麻木、疏离以及不真实，因此，她们会投入大量的精力避免被抛弃，而家庭中其他成员可能感受到的却是窒息、被恐吓以及被控制。

　　边缘型患者可能会出现夸张或者歇斯底里的行为，例如气喘吁吁和哭泣，这会导致其他家庭成员肾上腺素飙升，导致他们出现惊恐的反应。对疾病和事故的过激反应，以及过于夸张的愤怒或退缩表现，都会让其他家庭成

[†] 精神分析师、精神病学专家奥托·科恩伯格（Otto Kernberg）曾经写道："如果自我和重要他人有两种极端不同且对立的形象，一种充满爱意，一种充满仇恨，而要把这两种形象合二为一，将会诱发人们无法承受的焦虑和内疚感，因为这会对良好的内部和外部客体关系造成内隐的危害；因此积极的防御方式就是把这种相互矛盾的自我形象和客体形象分离开来。换句话说，最初的分离或割裂成了一种重要的防御手段。"

员觉得自己已经被吞没了，情感被耗竭殆尽。边缘型母亲的孩子会感到泥足深陷而无法自拔，感到无法呼吸，就像自己的生命之火快要因母亲的索求无度而燃尽。

就好像一个2岁的幼童无法离开父母独自生活一样，在面对分离时，边缘型患者难以放手说再见。她们迟迟无法挂上电话，难以结束会面，并且可能在一段关系结束的时候出现自杀倾向。当孩子收到了边缘型母亲传来的信息"不要离开我"之后，她感到自己被拖住了，被往下拉拽。由于害怕被抛弃，边缘型患者也会做出自毁行为，她们还经常通过情感勒索的方式来控制他人。于是我们就不难理解了，为什么边缘型母亲的孩子会出现羞愧、焦虑、内疚和愤怒的感受，以及为什么会苦苦挣扎于如何应对这些负面感受。

羞愧

如果一个孩子和自己的边缘型母亲意见不同，或者无法满足她的要求或愿望，那么边缘型母亲就会去羞辱、惩罚、贬低或者诋毁孩子。琼恩·克劳福德曾经在一次令人震惊的公开访谈中提到了她严苛的育儿哲学，对于当时仅仅8岁的克里斯蒂娜，她说道："这孩子不那么容易管教，但是，当她坚持非要按照自己方式行事的时候，我必须要管教她。我发现，通过攻击她的尊严来惩罚她是一种极为行之有效的方法。"边缘型母亲会把诋毁孩子当作一种教导方式，在这种时候，她们根本意识不到这种方式惊人的破坏性。她们是有意这样做的。尽管这是一种严重异常的行为，但是她们不太可能去寻求帮助和治疗，因为她们相信自己在管教孩子以及让孩子遵从自己的意愿方面有着绝对的"统治权"。在边缘型患者的治疗会面中，她们常常会说自己是在履行作为一名家长的职责。她们相信，一个孩子必须受到一些伤害，才能明白什么是恰当的举止——对这类母亲来说，她们自己小时候也是被这样教养长大的。她们在自己小的时候也曾受到过诋毁，也曾因此感到痛苦，而且，其中那些难以记起这些经历的母亲会继续去诋毁自己的孩子。

人类个体对自己的存在拥有一种价值感，这是一种与生俱来的感觉，而羞愧会破坏这种感觉，并且触发孩子身上自我毁灭的幻想。曾经的美国第一夫人玛丽·托德·林肯小时候被继母叱骂为恶魔撒旦的爪牙。在林肯夫人的自传中有一段这样的文字:"被羞辱,被贬低,让我整个人都感到无地自容。"更为不幸的是,边缘型母亲会把自己的羞愧投射到他人身上。

焦虑

边缘型患者的子女在持续的恐惧中长大——害怕母亲会伤害她自己,也害怕母亲伤害子女。无论发生哪种情况,她们的生存问题都是迫在眉睫的。我的来访者罗拉,她每一次离开家都会感受到分离焦虑,她总是担心一些可怕的事情会发生在自己或母亲身上。有时候,她离开家的时候会对母亲怒吼:"我希望你去死!"但是,当她到了学校之后,她又觉得自己的胃很难受。边缘型母亲的孩子会提前去观察母亲的情绪状态,从而防备可能出现的危机或者自己可能受到的攻击。这些孩子把情绪方面的精力全都投入到了一对互相矛盾的立场上:与自己的母亲战斗,同时又要保护自己的母亲。于是,除了这件事情之外,这些孩子在其他所有事情上都可能难以集中注意。

边缘型患者在分离时会出现焦虑,导致这种情况的部分原因是,当边缘型患者独自一个人的时候,她们曾经被虐待或被羞辱的痛苦回忆最有可能"浮出水面"。罗拉的母亲曾经和罗拉说过,在夜晚到来的时候,她曾经被罗拉外公骚扰的记忆就会像潮水一样涌向她。有时候,罗拉的母亲会觉得自己似乎能够听到他的脚步声在卧室门外响起。那种声音和画面快要把她逼疯了。罗拉的妈妈请求罗拉不要离开,有时候甚至装病来拴住罗拉。罗拉痛恨自己留下母亲一个人,但是她也不顾一切地渴望能逃离母亲。

虽然边缘型母亲的孩子在成长的过程中常常感到恐惧,但也学会了不把自己的恐惧表现出来,看上去就好像遗忘了那些让自己感到痛苦或危险的情境。孩子们可能拒绝再哭泣,她们学会了在受到伤害或痛苦不安的时候封闭自我。我有一位正处于青春期的来访者这样说:"这样,过一会儿你就免疫了……你对任何事情都不会再有感觉了。"

对于边缘型母亲的孩子来说,隐藏自己的情绪是一种适应的手段,因为边缘型母亲会运用恐惧来操纵自己的孩子。克里斯蒂娜·克劳福德曾经有过这样一段恐怖的记忆，她被母亲锁在衣帽间里，并且关上了灯，因为母亲知道她怕黑。边缘型母亲可能常常威胁要报警，要切断对孩子的经济支持，要虐打孩子，或者拿走孩子心爱的物品。无论是罗拉还是克里斯蒂娜，她们都曾经有过心爱的东西被毁掉的经历，这是母亲对她们的惩罚。克里斯蒂娜被迫交出了自己的圣诞节礼物，罗拉的母亲砸坏了她最喜欢的音乐专辑。这样长大的孩子会学着去隐藏自己的喜好。当家长使用恐惧来控制孩子的时候，亲子之间信任的纽带也就破碎了。

内疚

在罗拉只有3岁的时候，她的妈妈告诉她："上帝会惩罚不好的小女孩。"而做一个"好的"小女孩就是要听妈妈的话。在罗拉成年之后，她的母亲拒绝接她的电话、不回她的信件或者忽略她的电子邮件，用这些方法来惩罚罗拉。她主动断绝与罗拉的联系，直到罗拉的内疚和焦虑上升到难以忍受的程度。只有到了这种时候，母亲才会回应罗拉。罗拉觉得自己的情感受到了彻底的侵犯，就好像母亲能够看穿她全部的心思一样。从罗拉还是小女孩的时候起，母亲就用恐惧和内疚来控制她。母亲根本不会去尊重罗拉对隐私的需求，也缺乏应有的界限感。她会偷听罗拉打电话，过一会儿，再用偷听到的信息来羞辱罗拉。

边缘型母亲的孩子还可能会经受分离内疚的折磨。克里斯蒂娜·克劳福德觉得，母亲不但希望自己全身心都属于她，甚至希望自己完全变成她。虽然克里斯蒂娜相当同情自己的母亲，但是她也希望拥有自己的人生，而这种想法让她感受到了深深的内疚。边缘型母亲认为分离等同于背叛，她们经常用下面这些方式来测试孩子对自己的忠诚感，例如"如果你爱我，你就会……"或者"如果你是真心爱我，你就绝对不会做出这些事"。孩子必须持续不断地去证明自己爱母亲，而证明的唯一方式就是全身心地听从母亲，放弃自身的需求。

年幼的孩子当然害怕母亲收回对自己的爱。当边缘型母亲觉得自己被背叛了，她们就可能切断对孩子的交流、支持以及其他资源。当子女成年之后，母亲就会试图将孩子从自己的生活中"抹掉"。子女的照片可能被收起来或者干脆毁掉，其他家庭成员也不许提起这些"大逆不道"的子女的名字。当怒火来袭，边缘型母亲还可能会宣布："我没有这个孩子！"以此来表达希望把这个孩子从自己脑海中抹掉的欲望，而对孩子来说，这是一种恐怖的情感体验。

边缘型母亲对批评极度敏感，她们期待子女能和自己结成"统一战线"。因为边缘型母亲经常用面对"盟友"的方式面对孩子，于是孩子别无选择，只能站在母亲一边，有时候甚至不得不对抗自己的父亲。孩子们知道如果自己不支持母亲将会付出怎样的代价，她们害怕母亲那仿佛能够毁灭一切的怒火。

愤怒

"有时候，我觉得自己好像正在杀死她。"这种表达反映了某些子女对边缘型母亲的愤怒。当精神科医生询问连环杀手艾德蒙·肯博为什么要杀死自己的母亲时，肯博说："我克制不住对她的仇恨。"女孩子不太可能对母亲做出身体上的攻击，但她们对母亲的愤怒一点都不比男孩少。克里斯蒂娜·克劳福德这样描述自己童年时对母亲杀气腾腾的愤怒："那个时候我简直想要杀了她……我甚至不在乎在监狱中度过余生。"边缘型母亲的子女会变得极度沮丧，因为没有人能理解她们这种如同溺水一般的情绪窒息。没有人看穿母亲的外表，没有人知道她们正在把自己的孩子拖入黑暗的深渊。一些孩子害怕的是：自己想要活下去，母亲就必须去死。

"除了我，所有人都觉得她很棒"

"我知道他们在胡说八道，"爱丽丝这样想着，"如果为了这个哭就太愚蠢了。"因此，爱丽丝抹去了自己的眼泪，继续启程，她兴高采烈的样子和平常无异。

《边缘型患者的认知行为疗法》(Cognitive-Behavioral Therapy of the Borderline Patient)一书中写道，边缘型患者在与其他人交往的过程中举止正常，特别是工作环境中，她们充满自信，井井有条。从外部看，边缘型患者表现出的能力会让其他人觉得她在扮演其他角色的过程中也该是同样得心应手的。于是，当边缘型母亲的同事听到她抱怨自己的孩子时，同事们会觉得有问题的是孩子，而不是这位母亲。不幸的是，对孩子来说，这就意味着别人很难相信她们所经历的那些事情。

罗拉的朋友们不理解为什么妈妈能把罗拉逼疯。朋友们从来没见过罗拉的母亲有什么不当举止，因为罗拉一直不让他们在自己家里多待。当罗拉告诉朋友们母亲黑暗的一面时，朋友们都说"但是，你妈妈看上去真的挺和善的啊！"罗拉的妹妹是唯一一个能够证明罗拉说真话的人。有一次，罗拉的男朋友去了罗拉家，罗拉的母亲认为她的裙子太短而大发雷霆。罗拉虽然觉得尴尬，但是她也有如释重负的感觉——终于有除了妹妹之外的其他人见识到母亲对她的攻击了。

在社会交往中，边缘型母亲可以说是富有魅力、光彩照人并且惹人喜爱的。但克里斯蒂娜·克劳福德对母亲在社交场合表现出的这副样子特别厌恶。克里斯蒂娜总结道，母亲在人前和人后的差异让孩子对她的感受割裂了："我只想大声喊，这些都是假的！假的！"很显然，克里斯蒂娜关于自己经历的陈述也会持续招来质疑。在琼恩·克劳福德的传记中，作者就为她辩解道，"克里斯蒂娜记忆中最大的漏洞之一就是扭曲了关于琼恩人生的那些众所周知的事实，或者，有时候克里斯蒂娜对这些事实进行了偏颇的解读"。而这位作者的问题在于，他忽略了琼恩·克劳福德本人也会歪曲事实的可能性。

人们普遍忽视边缘型人格障碍，这导致了边缘型患者的子女长久的无助感。这些孩子感觉到，无论自己所处的情况多么糟糕，她们都已经被整个社会所抛弃。著名精神分析师卡尔·荣格曾经说过："我们要对人性有更深刻的理解，因为真正的危险就存在于人类本身……人类的心灵应当被加以研究，因为我们才是所有即将到来的恶的源头。"边缘型障碍患者的孩子被母亲的黑暗所笼罩，别人可能难以发觉，但总有一天，人们会意识到自己发现得太晚了。

"要么拥有一切，要么一无所有"

> ……她曾经自己和自己玩儿槌球，她记得由于对手的她欺骗了自己，于是她就试着去击打自己的耳朵以报复作为对手的她。对于一个充满好奇心的孩子来说，她对这种一人分饰两角感到很是骄傲。

边缘型患者的情绪调节器只有两种设置——开启和关闭——没有中间地带。梅丽莎是一位边缘型患者，她写下了自己的经历。"边缘型人格障碍会把事物分成简单且对立的两个部分，好的或者坏的，悲伤或者开心，黑的或者白的。患者无法理解某些事情可能既有好也有坏，只能看到连续体的两端。"边缘型患者这种一次只能注意一点的特征导致她们只能看到事件的一个侧面，或画面的一个部分。

孩子对自己的认识源于家长对他们的看法，因此，边缘型患者的子女可能会发展出两种相互矛盾的自我认知，从而产生困惑、愧疚和羞耻感。这些情绪可能表现为各种自毁的行为，诸如用头撞墙、打自己或者用刀划伤自己。如果要让母亲认为孩子是好的，那么唯一可能的方法就是母亲首先相信她自己是好的。不幸的是，一些边缘型患者内心深处的信念是，自己是有罪的、邪恶的[†]。

就像绝大多数边缘型母亲的孩子一样，克里斯蒂娜·克劳福德和罗拉对"我是谁"这个问题感到困惑。无助感和绝望感虚耗着这些孩子的生命。

[†] 精神病学专家约翰·冈德森（John Gunderson）曾写道："认为自己有罪与虚无主义，是在边缘型患者惯常使用的防御行为和替代目标无法实现的时候，会表现出的两个极端。"

罗拉在还没有上高中的时候就在日记中这样写道:"我的理智正在消逝——哦,天哪——我知道被活埋是怎样的滋味了。"

"她心里充斥着太多负面的东西"

> "你知道什么,"公爵夫人说,"而且,这是事实。"
>
> 爱丽丝一点也不喜欢这种腔调,她想,应该还能在谈话中加入一些别的议题吧。

边缘型患者的思维是消极的,因为她们看待自己的方式就是消极的,看待别人的方式也是。记忆力差、难以集中注意力、困惑且混乱的思路、无法进行符合逻辑的推理、病态的内省以及侵入性的消极思维等,都是边缘型患者的常见特征。她们的孩子不得不承受各种负面评价,于是孩子身上的绝望越来越多,而热情越来越少,因为边缘型母亲总是认为,无论给定怎样的条件,最坏的可能性都会发生。

罗拉很避讳和母亲谈论自己的问题或担忧的事。罗拉知道,母亲要么说她"太敏感了,杞人忧天",要么说一些让罗拉感觉更加糟糕的话。每当孩子的担忧引起了边缘型母亲的注意,那么孩子收到的反馈要么会加剧他们的痛苦,要么他们的担忧会被彻底否定。一个孩子担心自己可能会被留级,那么这个孩子也许会听到母亲说:"那你就不能和同龄的小朋友们在一起了,你永远赶不上他们了,为什么你今年不努力点呢?"边缘型患者会引发并且加剧孩子的恐惧,而不是消除孩子的疑虑,让孩子安心。一项针对边缘型母亲的女儿的研究报告说:"所有被试都提到,当她们向母亲寻求安慰的时候,得到的只有痛苦,并且会感觉更糟糕。"

在罗拉12岁的时候,她高兴地宣布,有个朋友邀请她一起度假。而罗拉的母亲却竭尽全力反对此事,"哦,不!这样我就必须要给你买一些新衣服了,我没钱!"罗拉的兴奋转而被焦虑所代替。边缘型的母亲会通过强调消极的结果或后果来熄灭孩子的热情。一位来访者回忆说，当她告诉母亲自己长久以来期盼的怀孕终于实现了的时候，母亲的反应令她惊愕，"天哪，不行！不能是现在！"母亲的反应让她觉得，自己仿佛犯下了什么恐怖的错误。

克里斯蒂娜·克劳福德曾经赢得了在一档电视节目担任客座明星的机会，她给母亲琼恩打电话，想分享这个让人兴奋的好消息。但是，母亲在两人才说到一半的时候就突然把电话挂断了。困惑之余，克里斯蒂娜哭了起来，她不知道自己做错了什么。后来她才知道，母亲是对自己的事业进展产生了强烈的嫉妒。没过多久，克里斯蒂娜就清楚地意识到，母亲绝不允许她享受成功的喜悦。

情绪稳定的家长会分享孩子的喜悦，淡化她们的恐惧。但是，对于那些长期处于不安状态的边缘型母亲们来说，她们与孩子所承担的角色恰恰相反：孩子需要压抑自己的恐惧来帮助母亲冷静。那些本该让孩子感到害怕的事情可能不会再让孩子恐惧了，因为她们已经学会了如何麻木以待。在一个极端的例子（希望这样的例子越少越好）中，孩子挽救了试图自杀的边缘型母亲。

边缘型母亲对自己的存在有着矛盾的看法，但是这并不一定会导致她们想要杀死自己。然而，她们对生的恐惧可能会超过对死的恐惧，这将导致她们出现自伤、自残的行为。这些行为并不意味着她们一心求死，也不应当和自杀行为混为一谈。自残行为严重困扰着家庭中的其他成员，他们会感到自己被这样的行为所操纵。边缘型母亲可能只是在表达对自己的痛恨，而并非总是为了寻求家人的同情或关注。不过，尽管有时候一些边缘型患者可能无意自杀，但是她们却因此失去了生命。

自杀行为是一种有意识地立即结束自己生命的尝试。威胁要自杀，或者做出自杀的姿态，这些都是边缘型人格障碍患者当中十分普遍的情况，以至于如果没有自杀经历，医生就可能不会考虑给出边缘型人格障碍这一诊断结论。如果某人身上没有自杀倾向、自毁行为或者抑郁症状，那么专业人士和家庭成员往往无法识别出其患有边缘型人格障碍。但要记住的是：仍有许多边缘型患者并不会表现出自残或自杀行为。

虽然琼恩·克劳福德的自毁行为很隐蔽，而且她有酗酒和拒绝接受精神科治疗的问题，但是她从来没有过明显的自杀倾向和自杀尝试。罗拉的母亲则两次出现过服药过量的情况，其中第一次发生在罗拉8岁那年，这些都加剧了罗拉的分离焦虑和内疚感。边缘型母亲威胁要自杀或者尝试要自杀，会导致孩子在情感上长期受到束缚，孩子在成年之后仍然会感到极度焦虑。

"她神志错乱"

"我们现在都疯了。我疯了，你也疯了。"
"你怎么知道我疯了？"爱丽丝说。
"你肯定是疯了，"猫说，"否则你现在也不会在这里了。"

当边缘型患者面对压力时，例如一段关系结束、所爱之人死去、失业、被拒绝或被抛弃的时候，她们会变得偏执，失去对现实的感知。如果她们酗酒或者吸毒，那么她们的行为不但会威胁到自己的生命，还会危及其他人的生命。她们还会感觉自己的意识仿佛与自己的身体分离了，并且记忆也受到损害。她们可能失去时间感，失去对周围环境的觉知，变得迷乱不堪，不知道自己是谁、在哪里以及为何来到此地。一些边缘型患者可能会在独自一个人待着的时候大声说话，或者会在周围有其他人在场的时候喃喃自语。她们的眼神可能空洞茫然，在和别人对话时心不在焉，全部注意力都被内心的混乱占据了。

任何目睹过精神病发作的人都会记住这种景象，除非你从童年时起就已对此熟视无睹。孩子可能会把关于这些场景的感受和记忆压抑到内心深处。母亲的外表足以反映她们精神状态的变化。她们的瞳孔会放大，看上去就像鲨鱼的眼睛似的，这意味着她有可能发起攻击或者脱离了当前现实。如果潜在的感受是愤怒，那么孩子可能体会到的是威胁；如果潜在的感受是恐惧，那么孩子可能体会到的是惊慌。精神病发作是一种创伤性的经历，因为它所带来的情绪体验犹如惊涛骇浪，足以将人吞没。如果这种情况频繁发生，那么孩子可能就会麻木（分离），而且看上去似乎对这种情况十分健忘。如果这种情形发生的频率特别高，孩子甚至会认为，这一切都是很正常的。

有那么几次，罗拉觉得自己消失在了一个黑洞中，这个黑洞就是她的母亲。罗拉害怕夜晚来临，因为到了晚上母亲就会喝很多很多的酒，然后开始发疯。目睹亲人精神病发作是一种极大的折磨，罗拉不喜欢说起这些经历。那就好像有一个外星人从母亲的身体里冒出来，她毫无知觉地喃喃自语，泪眼婆娑，认不出罗拉是自己的孩子。罗拉曾经尝试通过想一些正常的事情来让自己保持冷静，比如想一想学校生活或者自己最喜欢的电视节目。但是，关于"外星人"的记忆在罗拉的整个人生中挥之不去。对于任何年龄段的孩子来说，生活在有精神疾患的家长身边都是让人深深恐惧的。

有一年，罗拉要去自己的父亲家过暑假。在离家的前一天晚上，母亲爬到了罗拉床上，开始哭泣，因为她刚刚看到了父亲写给罗拉的信。在信里，父亲告诉罗拉自己有多么想念她。罗拉的母亲指责他们父女沆瀣一气针对她，而且她认准罗拉正有计划地搬去和父亲生活。一封无害的信件却令母亲深感威胁，这让罗拉震惊不已。数年后，当罗拉再次提及那天晚上时，她的母亲却表示，自己完全不记得这件事。

正常的母亲在夜晚睡觉，但边缘型母亲不是。边缘型患者害怕自己一个人时脑子里出现的那些想法，那些侵入性、强迫性的念头会让她们整夜无法入眠。收音机和电视机里的杂音，还有半夜响起的电话铃，可以把她们从焦虑中解救出来，给她们带来一丝安全感。酒精或毒品则会增加她们的烦乱，恶化她们的焦虑。

虽然不是所有的边缘型母亲都会在半夜把自己的孩子弄醒，但是克里斯蒂娜·克劳福德也提到了母亲的"夜袭"，这是她书中让人印象最深刻的部分之一。她对精神病发作的描写生动地记录了一个孩子的恐怖回忆："月光逐渐照亮了她的一部分面庞，我从她眼里又看到了那种神情，那种像鬼魅一般兴奋的神情……"

夜晚的宁静被边缘型母亲的强迫性思维搅乱了。一位来访者回忆说，有一天晚上，母亲突然进入她的房间乱翻东西，想找出证据证明她吸食毒品。另一位来访者的母亲经常在半夜把她父亲弄醒，并指责他在自己这么难过的时候居然能够安心睡着。

"有时候，我真的受不了她了"

> 王后的脸因为狂怒而变成了深红色，用野兽一样的眼神盯着她看了一会儿之后，王后开始大喊："砍掉她的头！砍掉……"

有些边缘型母亲的孩子暗自祈愿妈妈死去，不是因为他们仇恨母亲，而是因为和这样的母亲共同生活是一件不可能完成的任务。成年之后，罗拉仍然会被拖入母亲混乱的生活当中。母亲也许是地球上唯一一个能够激起罗拉杀人冲动的人。然而，罗拉也非常害怕母亲有一天会自杀。许多边缘型患者想死的欲求都有其合理性，因为当下的生活实在让她们感到难以承受。但是母亲的暴怒、阴晴不定、抑郁发作以及她本人自相矛盾的感受，让罗拉感到筋疲力尽。

罗拉解释说，母亲总是"长篇大论、滔滔不绝"。如果有什么事惹恼了母亲，她就会像飓风一样扫过家里的各个角落。警报信号就是母亲脸上的"表情"。那是一种仿佛要将人刺穿的威胁眼神，它似乎在说"我要杀了你"。当罗拉还是小孩子的时候，她的母亲的确说过这样的话，并且对这些话的威力毫无觉察。

边缘型母亲的孩子和飓风灾害的灾民有很多相似之处。灾民是否能够生存下去取决于他们能否找到一块安全区，放低身子，并且不要被风眼中的平静所蒙蔽。当母亲发现罗拉卧室里有没洗干净的盘子，或者母亲自己找不到车钥匙了，这些都会引发一场家里的暴风骤雨。罗拉渐渐学会了，最好什么也别说，也不要试图去打断母亲。母亲会自己冷静下来，平复呼吸，然后，这整个过程会重复、再重复，就连她说的话都是一样的，诸如"你真让我恶心"（这种看法已经被罗拉内化了）。罗拉记不得完整的"演说"是什么样子的了，因为她已经学会了屏蔽母亲的声音。当罗拉还是小孩子的时候，母亲这样的长篇大论让她害怕，但随着罗拉逐渐长大，她开始对这些东西免疫了。

边缘型母亲会很快忘记自己曾经发过火，而她们的孩子对母亲是如何做到这一点的感到非常困惑。"现在"是边缘型母亲唯一在意的东西。罗拉的母亲上一分钟还在打骂她，下一分钟就能拥抱她。有一次，罗拉的母亲威胁要把她赶出家门，还给罗拉收拾起行李来，但是，当天晚些时候，母亲又忽然对罗拉说自己没有她就活不下去。矛盾会衍生出困惑，孩子可能会感到戒备、被操纵、被激怒。孩子身上的这些挫败感汇集成语言，常常就是"我真的受不了我妈了"。

虽然边缘型母亲害怕失去自己所爱的东西，但是她们的怒火经常导致她们去毁掉别人心爱的东西。她们自己曾经受到过伤害，而她们伤害别人的方式就是去复制自己受伤害的经历。边缘型母亲可能会摧毁孩子眼里美好的东西和她们心爱的东西，因为她们对这些物品有极强的嫉妒。她们无法给予别人自己都没有的东西†。如果怒火中烧，有些离婚的边缘型母亲甚至会剥夺孩子接触父亲的权利，作为对孩子或前夫的惩罚。

最悲惨的情形莫过于希腊神话中的美狄亚。牺牲亲生孩子的性命，以此来报复抛弃自己的丈夫或恋人，这就是美狄亚式的母亲（Medean Mother）。母亲对于抛弃的深深恐惧，促使她们去扼杀孩子的人生。

---

† 心理学家、精神分析师艾丽斯·米勒（Alice Miller）写道："如果家长自己从来都不知道爱是什么，如果自己来到这个世界的时候面对的就是冰冷、无情与忽视，如果他们自己的整个童年和青年时期就是生活在这样的环境之中的话，那么当他们成为家长之后就无法去给予爱——没错，假如他们自己都对什么是爱毫无所知，对爱能够做什么也毫无所知的话，他们怎么可能做到这一点呢？"

"她要把我逼疯"

> 爱丽丝已经差不多适应了，不再去期待任何事。总会发生意料之外的事情，就好像生活如果按照惯常的方式发展倒是又傻又愚蠢的。

边缘型母亲的孩子逐渐明白周围的环境是不可预料的，以此学会适应生活中的各种混乱。在她们看来，爱伴随着恐惧，善意伴随着危险，疯狂变成了正常，而有条理的生活似乎是沉闷无聊的。她们长大之后也不会懂得什么是健康的爱。关于什么是爱，我们很熟悉的一种定义是，"爱是耐心，是善意；爱是不嫉妒，不自夸；爱是不傲慢，不粗鲁；爱是不急躁，不怨恨；爱不喜不义，只喜真理。爱包容一切，相信一切，盼望一切，忍耐一切"。

虽然边缘型母亲或许和其他母亲一样爱着自己的孩子，但是认知功能上的不足和情绪调控上的缺陷，都会让她们的行为破坏对孩子的爱。边缘型母亲难以给自己的孩子提供耐心和稳定的爱。她们的爱无法容忍误解或相左的意见。这样的母亲是嫉妒的、粗暴的、易怒的、怨恨的、傲慢的，并且难于宽容他人。而健康的爱以信任为基石，是安全感的核心所在。因此，边缘型母亲的孩子很难从成长过程中体会到健康的爱的含义。

对边缘型母亲的孩子来说，生活再也回不到正常的轨道上了。正如心理学家玛莎·莱恩汉（Marsha Linehan）解释的那样，"随着时间流逝，孩子和抚育者会彼此塑造……强化彼此身上的极端行为"。边缘型母亲的孩子会自我封闭，与周围的环境断绝联系。如果意识脱离了身体，那么她们就不会再感觉到尴尬、丢脸、荒谬或受伤了。不幸的是，这种人格解体（depersonalization）的感受会让她们觉得自己疯了。

边缘型母亲可能会暗示或公然指责自己的孩子是疯狂的，说出诸如"你脑子有病""你失去理智了"或者"你疯了！"等话来。边缘型母亲会把自己混乱的思维投射到孩子身上,最终的结果是,孩子放弃这场为了保持自己神志清醒而进行的战斗。克里斯蒂娜·克劳福德描述了孩子是怎样陷入疯狂的:"对你来说,发疯反而比较容易……这不是一夜之间突然发生的……你厌倦了这场旷日持久又毫无成果的战争。你已经筋疲力尽,只希望能够停火……你慢慢松开握着世界的手,滑向了自己绝望的深谷。"

罗拉曾经经历人格解体的折磨长达12个月,那还是在她上中学的时候。她没有告诉任何人自己的这些体验,默默承受着一切,并且掌握了一种假装一切安好的技能。那段时间,罗拉仿佛生活在童话故事当中,在一个虚无的世界里假装自己很快乐。她变成了爱丽丝:

"你不是真实的,你自己很清楚这一点。"

"我是真实的!"爱丽丝说,她开始哭了起来。

"你哭,你哭也不会让你自己变得真实一丁点,"双胞胎说,"而且,这也没什么好哭的。"

边缘型母亲的孩子就像掉进了兔子洞。她们听到了红心女王的命令,所有人都要砍头。她们就像来到了那场疯狂的茶话会,和公爵夫人讨论,自己是不是有权利拥有自己的思想。她们厌倦了前一分钟感觉很伟大,后一分钟感觉很渺小†。

---

† 《爱丽丝仙境历险记》出版后两年,作者刘易斯·卡罗尔(Lewis Carroll)告诉他的一位朋友,爱丽丝的故事是一个关于"怨恨"的故事。这就是为什么有那么多母亲是边缘型患者的孩子不喜欢这个故事的原因,因为他们自己就生活在这样的世界中。如果想要彻底读懂其字里行间隐藏的意思,可以去看理查德·华莱士(Richard Wallace)的著作《刘易斯·卡罗尔的痛苦》(The Agony of Lewis Carroll)。书中写道:"经过分析之后,你会发现这些作品会把人引向很多方向,因为作者就是在编织一张复杂的网,他用荒诞的结构表达着真实的意义。"

第 2 章

内心的黑暗

> 爱丽丝发现自己正滑向一个好像深井的地方。在发现这件事之前,爱丽丝没有任何时间去思考如何阻止自己向下滑。
>
> ——《爱丽丝仙境历险记》

"我希望你能听一听这个。我需要了解你的想法。"阿曼达从自己的包里拿出了一个便携式录音机。

"我妈妈昨天给我打电话了,我把对话录了下来。挂上电话之后,我觉得特别困惑,我不知道应该做何感想……"

这是一段扭曲且支离破碎的对话,让人难以理解。阿曼达母亲的思路经常偏离正在进行的话题,她说的句子并不完整,内容也四处游离。边缘型母亲的思路像河流一样,时而湍急,时而漫向四面八方,时而蜿蜒,时而扭转,无穷无尽地围绕着相同的峡谷和相同的岩石。在这段录音里,阿曼达听上去不但没有兴趣而且还很厌烦,因为母亲正在说的话毫无意义。

阿曼达并没有提到自己在想什么,可她的母亲突然问道:"那个女孩叫什么名字?"当阿曼达询问"什么女孩?"的时候,母亲迅速打断她说:"你心知肚明我说的是谁!别跟我耍把戏!"为了忍受这场和母亲的谈话,阿曼达已经把自己封闭起来,退回到了自己世界。封闭,把自己与外界隔离,并且"走向内心",这些都是人类对威胁性情况做出的本能的求生反应。边缘型母亲可能会出尔反尔，并且突然爆发，好让她的孩子来不及防备。惊涛骇浪没有征兆地打来，把孩子淹没在暴怒当中。很自然地，边缘型母亲还可能指责孩子没有认真听她说话，突然挂掉电话等情况屡见不鲜。

阿曼达十分嫉妒自己的朋友，因为她的朋友们都和各自的母亲拥有亲密而积极的关系。心理学家克瑞斯汀·克拉克（Cristin Clark）在《母爱的祝福》（Blessings of a Mother's Love）中描绘了一个理想的母亲形象："我母亲给予我最珍贵的礼物就是一种信念。这种信念告诉我，只要我努力追求并付出，我就能做到任何事。母亲鼓励的话语帮助我度过了人生最艰难的时光。她是我最大的支持者，最好的朋友。母亲对我的信任，是激励我尝试新事物的动力……她无条件的爱是一种真正的祝福。"

极少有母亲能够如此完美，所有的母亲都可能存在人格上的不足。但是，边缘型母亲害怕自己被抛弃，导致她们持续不断地阻止孩子独立。在阿曼达的案例中，她的母亲感觉受到了威胁，燃起了敌意。通过反复倾听这段电话录音，阿曼达渐渐听出了母亲混乱的思维。阿曼达第一次意识到，也许自己并不应当因为母亲的不幸而承受谴责，由内疚带来的沉重感开始减轻了。

尽管没有哪两个边缘型母亲是完全相同的，但症状群可以反映出她们和正常母亲在功能水平上的差异（见表2-1）。

人格障碍是一系列异常思维和行为模式的集合，这类障碍会损害患者与他人之间的关系。人格障碍患者存在于所有社会阶层、所有教育程度以及所有职业领域的个体当中。但不同的边缘型人格障碍患者可能表现出不同的症状组合，这导致对这一障碍诊断的复杂性升高。通常来说，如果下面9条描述（总结自APA发布的诊断手册）中有任意5条同时存在，则应当考虑个体可能患有边缘型人格障碍：

1. 疯狂地努力以避免现实中或想象中的被抛弃；
2. 人际关系呈现出不稳定且紧张的模式；
3. 自我形象或自我意识不稳定；
4. 表现出冲动性和自毁行为（滥用金钱、性放纵、物质滥用、鲁莽

表 2-1 母亲在功能水平上的差异

理想的母亲	边缘型母亲
安抚自己的孩子	让自己的孩子感到困惑
为自己不当的行为向孩子道歉	不会为自己的不当行为道歉,或者不记得自己曾经有过不当的行为
自己照顾自己	期待别人来照顾自己
鼓励孩子独立	惩罚或不鼓励孩子独立
为孩子的成就而感到骄傲	嫉妒、忽视或者贬低孩子的成就
建立孩子的自尊	破坏、贬低或者损害孩子的自尊
回应孩子不断变化的需求	期待孩子回应自己的需求
帮助孩子冷静下来并且安抚孩子	惊吓孩子并且让孩子不安
运用合理的逻辑和自然产生的结果来管教孩子	对孩子的管教前后不一或喜欢用惩罚来管教孩子
希望自己的孩子能够被他人所爱	如果孩子被他人所爱,母亲就会感到自己被遗忘,会嫉妒或者怨恨
从不威胁要抛弃孩子	威胁要抛弃孩子(甚至真的抛弃孩子),以此作为惩罚手段
相信孩子内心具有美好的品质	不相信孩子内心具有美好的品质
信任自己的孩子	不信任自己的孩子

驾驶、暴食);

5. 存在自杀姿态、自杀威胁或自毁行为(打、割或者烧伤自己);

6. 激烈、迅速的心境变化;

7. 感到空虚;

8. 不恰当的、强烈的愤怒;

9. 压力诱发的偏执观念或分离性症状(失去对现实的感知)。

有些边缘型患者并不会出现自毁行为或威胁要自杀;有些边缘型患者

从来没出现过滥用药物或吸毒的情况,因为他们对服用药品感到恐惧;不是所有的边缘型患者都会表现出对他人的强烈愤怒,有些患者只会把愤怒指向自己……总之,每一个边缘型人格障碍患者都有其独特的症状表现,而不同的患者在功能水平上也存在着差异。

边缘型母亲的特征画像

虽然所有边缘型患者都会体验到恐惧、无助、空虚和愤怒,但是这些情绪状态中的某一种可能会占据患者人格中的优势地位。这就好像菜谱中的配料一样,有一种主要的配料决定了菜品的质地,也就是说,有一种主要的情绪状态决定了患者的感受。占主导地位的情绪状态塑造了一个人的特征,并且可能会反映出患者童年经历中最消极也是患者最难以把控的那些体验和感受。从孩子的视角看去,有四种类型的边缘型母亲,在本书接下来的章节中,我们会详细探讨这四种母亲。在某一位边缘型母亲的身上可能存在着一种以上的特质类型,正如某一种特质在四种类型的边缘型母亲身上都可能存在一样。

詹姆斯·马斯特森(James Masterson)在边缘型人格障碍领域是一位享誉国际的专家,他把边缘型母亲和两个经典的童话故事进行了类比,这两个童话分别是《白雪公主和七个小矮人》以及《灰姑娘》。虽然边缘型母亲外在可能是迷人的,但她们无助的孩子却是母亲黑暗内心的见证者。边缘型母亲的焦虑来自自身童年的痛苦经历,而她们的孩子也因此生活在无休止的悲惨与恐惧当中。四种类型的边缘型母亲分别是:流浪者型、隐居者型、女王型以及女巫型。但这些分类仅用于帮助我们理解这种人格障碍,它们之间并不是非此即彼的关系。

流浪者型边缘型母亲内心黑暗的部分是她们的无助。她内心的感受是牺牲与欺骗,她的行为会激发他人的同情和照料。就像灰姑娘一样,流浪者型母亲会误导他人,因为这样的母亲在短时间内能够表现得与常人无异。

而在内心里，她的感受是自己是冒名顶替的那个人，即使拿到了王子舞会的邀请也仍然觉得自己名不副实。就像灰姑娘一样，流浪者型母亲自己就是童年虐待或忽视的牺牲者，她们小的时候被轻视，或者在情感上受到诋毁。对于流浪者型的母亲来说，她们传递给自己孩子的情绪信息是：人生实在是太艰难了。

隐居者型边缘型母亲内心黑暗的部分是她们的恐惧。她的行为会激起他人的焦虑和他人对她的保护欲。像白雪公主一样，隐居者型母亲就像是一个被吓坏了的小孩子，她要躲藏起来，远离这个世界。隐居者型母亲害怕别人走入自己的内心，因为她曾经被自己信任的人伤害过。她警惕地防范着危险，还可能有些迷信。对于隐居者型的母亲来说，她们传递给自己孩子的情绪信息是：人生实在是太危险了。

女王型边缘型母亲内心黑暗的部分是她们的空虚。她内心的感受是掠夺，她的行为会让人顺从。她索求无度，她绚烂如烟花，她可能会去胁迫他人。女王型母亲觉得自己有权力去剥削和掠夺他人，她贪婪而又睚眦必报。对于女王型的母亲来说，她们传递给自己孩子的情绪信息是：人生的"这一切都是关于我的"。

女巫型边缘型母亲内心黑暗的部分是她们能够摧毁一切的怒火。她内心的感受是承认自己的邪恶，她的行为会让人缴械投降。女巫型母亲可能藏身在上面三种类型中的任何一种当中，作为一种暂时的自我状态出现。在女巫型母亲的身上充斥着自我怨恨，她们可能以自己的某个孩子作为怒火燃烧的目标。对于女巫型的母亲来说，她们传递给自己孩子的情绪信息是：人生就是一场战争。而美狄亚式的母亲则是女巫型母亲中最为病态（也是最少见）的一种类型。

要识别一个人是否有边缘型人格障碍是十分困难的，因为：

1. 对于只是点头之交的熟人来说，边缘型障碍患者似乎很正常。
2. 不同的边缘型障碍患者都有自己独特的症状集合。

3. 边缘型障碍患者对不同的人有着不同的互动方式,这其中也包括了她们自己的孩子。
4. 从外表看或者在公开场合中,边缘型障碍患者会呈现出不同的人格。
5. 在有既定规则的结构化环境中,以及面对某些特定的决策时,边缘型障碍患者能够表现出良好的功能水平。

琼恩·克劳福德表现出了女王型的特质。女王型边缘型人格障碍患者看上去似乎相当强大、果敢、自信,令人望而生畏。戴安娜王妃在她的皇室身份之外则表现出了流浪者型的特质,她身上的无助感激起了平民百姓的同情与关注。就像灰姑娘一样,水晶鞋在戴安娜王妃脚上显得异常美丽,但是她只要穿着这双水晶鞋,就不可能感觉舒适自在。传记作家萨利·本德尔·史密斯(Sally Bedell Smith)解释说:"这是一个童话故事。但很明显的是,它的走向大错特错。这场皇室爱情传奇最终演变成了一出悲剧,其中充斥着通奸、精神疾病、背叛、不信任和报复。"

表面上的正常

1942年,精神分析师海伦娜·德奇(Helene Deutsch)发表的一篇文章后来逐渐引导精神病学界发现了边缘型人格障碍。德奇在文章里描述了一种"似乎型"人格。这类"似乎型"人格的患者有能力让自己看上去行为正常,而这种能力或许是一种对患者不完整的自我概念的补偿。德奇观察到,"这些人给他人的第一印象是完全正常的……就好像一群演员,虽然在技巧方面训练有素,但是缺乏赋予角色真实灵魂的必要火花"。掩藏在如常的外表之下的,是患者内心深处的重重混乱。

马克·桑尔顿(Mark Thornton)写道:"在某些类型的职业和情境中,边缘型患者能够在功能上应对自如。存在明确的结构和规则的时候,患者表现良好。这就是为什么需要相当长的一段时间才能发现他们有问题的一部分原因——除非别人发现他们做出了某些危险行为。"精神病学家约翰·冈德森（John Gunderson）则对边缘型患者冲动性的社交行为做出了解释，其原因在于患者的自我概念需要依赖与他人的关系。史密斯在传记作品中提到："戴安娜王妃不安全感的表现之一就是，她习惯在自己的手袋里放4部手机，并且……几乎只要一有空闲时间，她就开始打电话。"

通常情况下，对于不熟悉的人来说，边缘型患者或许会是一个在人群中挺受欢迎的人。罗拉的母亲在高中时曾是全美优秀学生委员会（National Honor Society and Student Council）的成员之一。琼恩·克劳福德的传记中也提道："琼恩无时无刻不在关注着自己的个人形象，关注着别人对她的评价。"如果是没有见过她黑暗一面的人，肯定会被琼恩·克劳福德的外在形象所倾倒。她的私人秘书曾经提到："初接触时，她是耀眼的明星。在人群中，人们总会第一眼就注意到她……我从来没有见过她真的对什么人有过残忍的行径，除了几个惹她生气的女佣之外。"和琼恩·克劳福德的情况差不多，哪怕是和戴安娜王妃关系最密切的那些人似乎也看不到她内心的混乱，史密斯写道："戴安娜王妃在公开场合的形象富于魅力，这种形象甚至迷惑了她的朋友和家人。人们不会相信她身上发生了什么离谱的事——边缘型患者的命运通常都是如此。"

不同的孩子，不同的关系

边缘型母亲不愿意让自己的孩子成长。对边缘型母亲来说，一个新生儿对她的依赖能够让她获得极大的满足感，但是随着孩子的独立性逐渐增强，母亲与孩子之间的冲突也就随之出现了。丹尼尔·斯特恩（Daniel Stern）指出，婴儿会在出生后的最初2个月发展出"自我的萌芽"，随后逐渐学会去理解自己和母亲之间的差异。边缘型母亲和孩子之间的关系可能会在孩子2岁左右的时候发生翻天覆地的变化，因为2岁是孩子能够说话并且开始表达分离意愿的年龄。孩子不再是完完全全地依赖着自己了，也不再生活在自己的全面掌控之下了，母亲的焦虑因此而加剧。当边缘型母亲发现了孩子分离的欲望，她的分离焦虑就会被"激活"，她的人格会分裂成不同的部分，并投射到孩子身上。

克里斯蒂娜·克劳福德有一个弟弟克里斯托弗和几个妹妹，母亲琼恩与她及弟弟的关系和母亲与几个妹妹之间的关系大不相同。弗雷德·古瑞（Fred Guiles）曾经记录道："在一个承担着观察任务的局外人看来，克劳福德家的情况走向了两个极端——家里年幼的孩子极少离开琼恩的身旁，而克里斯蒂娜和克里斯托弗似乎被困在无休无止的斗争中，一直试图逃离母亲的暴政——无论它是真实存在的还是想象中的。"

边缘型母亲的子女之间有时会在成年之后发生冲突，冲突的原因可能是他们对共同的母亲有着不同的看法。有一位来访者对我哀叹道，她的兄弟指责她忽视已经上了年纪的老母亲。这位来访者曾经受到过母亲的虐待，她一直尽量减少和母亲的来往，从而避免可能发生的冲突。然而，她的兄弟却是母亲眼里完美的好孩子，他和母亲一样，对这位来访者有着非常负面的看法，因此他们俩之间经常爆发冲突。显然，这个家庭里的两个孩子和同一个边缘型母亲之间形成了不同的关系。

在边缘型母亲眼里，完美孩子的典型特征是对她保持忠诚，并且能够保护她。而对于母亲眼里一无是处的孩子，例如克里斯蒂娜·克劳福德和她的弟弟，边缘型母亲则会切断和他们的联系，疏远他们，对他们放任不管。母亲去世后，克里斯蒂娜发现，她和弟弟的名字被母亲排除在遗嘱之外，而在一对双胞胎妹妹中，一人获得的遗产也比另一人少得多。子女对母亲的忠诚会获得丰厚的回报，同时，背叛母亲则会被施以象征意义上的处决——孩子从母亲那里被彻底地"抹去"了。

背叛母亲所带来的后果令人毛骨悚然，以至于有的孩子甚至无法再谈及自己的母亲。许多边缘型母亲的成年子女在整个心理治疗过程中都抗拒提到并探讨自己的童年经历。有几位来访者甚至出现了心身症状，例如感到嗓子眼堵住了或者在离开治疗室之后出现了惊恐发作——而刚才她们与治疗师讨论的话题就是自己的母亲。说出自己的负面感受令她们痛苦不堪，因此这些来访者常常会加入另一类表述来进行弥补，例如"谈这些东西让我感到很愧疚，但是……"或者"大多数时候，其实也没有那么糟糕……"。

"背叛"这个议题是理解边缘型母亲与其子女之间心理动力学的关键。

边缘型母亲对背叛极为敏感,这种敏感带来的结果就是对违拗她心意的人施加偏执的指责、滔天的愤怒以及抛弃。因为边缘型母亲会把一个孩子正常的分离需求当成背叛,所以孩子不得不学着去否认、拒绝或者压抑自己的感受,从而求得一线生机。处处都好的完美孩子可能会和母亲"融为一体",无法和母亲正常分离;一无是处的孩子也许会彻底地远离自己的母亲,但更大的可能性是她们和母亲保持着冲突不断的关系。无论母亲抛弃孩子多少次,孩子抛弃母亲的情况都是极为少见的,即便孩子成年了也依然如此。

边缘型人格障碍的形成:黑暗的源头

每一个边缘型母亲的内心之中都有一片黑暗的角落。在流浪者型母亲心里,这是一块悲伤又孤独的所在;在隐居者型母亲心里,这是一块让人害怕的所在;在女王型母亲心里,这是一片空虚的所在;在女巫型母亲心里,这是一个充斥着仇恨的黑洞。一个6岁的孩子曾经悲伤地描述自己的边缘型母亲:"妈妈心里只有一部分是爱我的。"这是事实,边缘型母亲无法全心全意地去爱一个人。在她自己还是孩子的时候,她的心就已经分裂为若干部分。

治疗师发现,有边缘型障碍的来访者往往经历过以下一种或几种情形:

1. 由于父母死亡或离异而被遗弃,从而缺少充足的情感支持;
2. 被父母虐待、情感上忽视,或长期诋毁;
3. 母亲是边缘型人格障碍患者,而来访者是她眼里那个一无是处的孩子。

即使了解了这些影响因素,我们还是无法准确地预测出谁会发展出边缘型人格障碍,因为单凭某种经历不会导致某种人格障碍的发生。上面提及的各种经历只是会增加一个孩子出现边缘型人格障碍的风险,但是还有其他因素会增加或者降低一个人发展出严重人格问题的概率。

在儿童身上可能存在各种各样的创伤经历，但是，在某些特定的条件下，这样的孩子仍然可以发展出健康的人格。依恋及有关的儿童发展研究表明，影响一个孩子心理复原力最重要的因素是：他们确信自己是被他人爱着的。如果孩子有机会与一位真正爱护他们的成年人形成良好的关系，即便是老师、邻居或者亲戚，只要这些人真正关心孩子的感受，那么家长的遗弃、虐待和忽视所带来的伤害就能够在一定程度上得到缓冲。

如果要理解某些具体的创伤经历对边缘型人格障碍发展的影响，有一个办法就是去考察在这段经历中孩子的情感需求得到满足的程度。如果孩子关于创伤经历的情绪体验没有得到恰当的处理，那么他们的情感成长就会受到阻碍。迈克尔·巴林特（Michael Balint）早已指出，影响人格形成的因素不仅仅有创伤事件，还有一个人从重要他人那里获得心理支持的程度。因此，家长必须允许孩子表达他们强烈的情绪，从而避免孩子压抑这些感受。然而，普遍存在的情况是，孩子的创伤经历从来没有机会得到探讨，更不要说恰当的处理了。

由于死亡或离异导致孩子丧失父亲或母亲对他们来说是一种深刻的创伤。不难理解的是，这些经历对于家长来说同样是一种创伤。心理治疗师经常看到的典型情况是，孩子通过压抑自己的悲伤、愤怒和内疚来支持父亲或母亲。如果孩子的感受无法表达出来，那么这些未能表达的哀伤会形成一个潜在的火山。由于家长已经被自己的情感困住了，不堪重负，苦苦挣扎，他们可能无法识别出孩子的悲伤，直到一件看似不起眼的小事最终触发灾难性的反应。

每一个孩子都具有下列情感需求。

1. 得到抱持（被安全和充满爱意的臂膀环绕，拥有完整、连续的养育环境）
2. 得到镜映（在家长眼中看到自己积极的形象）
3. 得到纾解（被安抚、消除疑虑并且得到保护）

4. 得到一些控制感（自己表达出来的需求能够获得符合预期的反馈）

　　心理治疗师们现在有机会以回溯的方式研究创伤经历对一个人的影响，而结果相当明确：在经历创伤之后，孩子情绪与情感需求被满足的程度决定了这样的经历是否会导致孩子发展出严重的人格问题。因此，如果想要理解边缘型障碍患者的内心世界，就要去了解他们早年的经历，以及他们心中压抑着的那些感受。

　　著名精神分析师、依恋理论的创立者鲍尔比提出，分离焦虑、哀伤、悲痛和防御是依恋关系中必要且正常的部分。他解释说，孩子形成焦虑型依恋模式是人生早期遭遇遗弃的结果，丧亲、父母离异或者情感忽视等早期的丧失体验会引发孩子对于被遗弃的恐惧。而边缘型母亲的行为反映出了她们童年时期其情绪需求未能满足的程度，以及当时抚养者对她们的反应方式。例如，如果父母离婚了，那么孩子常常会听到大人对她说："你会好的，不要哭。你是一个大女孩了。爸爸只是离开了，并不是不再爱你了。你还是能够见到爸爸的。"大人常常告诉孩子应该如何去感受，而不是允许孩子去表达自己的感受。相对来说，比较健康的反应方式是："发生了这些事，你自然会感到难过。你或许会有各种各样的感受，我希望你都能告诉我。请你、请你、请你来找我，任何时候都可以，来告诉我你的感受是怎样的。我一定会花时间去倾听你，去拥抱你，并且允许你叫喊，允许你哭泣，允许你把感受说出来。既然生活中发生了让人难过的事，那么你感到难过是很正常的。"当难以承受的痛苦得到了表达和确认，那么这种难以承受就会变得可以承受。但是，边缘型患者在她自己小时候没能拥有这样的待遇。因此，她们被困在了过去，努力表现着自己作为一个孩子时的需求——让自己难以承受的痛苦得到确证。

　　就像劣迹斑斑的囚犯一样，边缘型母亲行为背后的驱力似乎难以克制，而且这些行为的目的是引出她孩提时代所缺乏的那些东西。流浪者型母亲需要的是拥抱，隐居者型母亲需要的是安慰，女王型母亲需要的是得到有关自我的反馈，女巫型母亲需要的是控制感。虽然任何一个孩子的情绪需求都不可能被彻底或完美地满足,但是这些需求被满足的程度的确会显著地影响其人格的发展。

琼恩·克劳福德的父亲在琼恩出生之前就抛弃了她的母亲。琼恩曾说,"因为我童年时的事,我不敢信任任何人"。戴安娜王妃则是在她6岁的时候被母亲抛弃。戴安娜曾对朋友提到,"我永远都会记得(我母亲)把她的晚礼服打包放到车里,然后和我说,'亲爱的,我会回来的'。我坐在台阶上等着她回来,但是,她再也没有回来"。显而易见,戴安娜成年以后仍然一直孤独地坐着,陪伴她的只有悲伤。一个被遗弃的孩子待在原地,渴望有个人注意到自己,给予自己一些拥抱或安抚。然而,直到许多年后,这个世界才终于发现那个孩子失去了母亲——母亲坐进一辆车离开了,再也没有回来。

关于琼恩·克劳福德孩童时代的信息显示,在父亲抛弃了她和母亲之后,母亲一直为了生存而苦苦挣扎。因此,琼恩·克劳福德成为出色的女演员根源于一个朴素的决定,那就是她再也不愿经历小时候那种缺吃少穿的痛苦了。未被满足的对反馈的需求占据了琼恩·克劳福德的内心,她永远不允许自己再去渴望任何一个可能拒绝她的人。

玛莎·莱恩汉认为,导致边缘型人格障碍发生的关键因素是,一种"情绪失效的环境"。她写道:

> 所谓失效的环境,就是在这种环境中,当个体希望和他人交流自己的个人体验时,得到的只有飘忽不定的、不恰当的以及极端的反应。换句话说,你表达自身体验的行为是无效的;取而代之的是,你的行为通常只能换来惩罚或轻视……环境的无效性有两个基本特征。第一,这种环境告诉个体,无论她对自己的个人体验和感受有怎样的描述和分析,这些描述和分析都是错误的,特别是她对于自身情绪、信念和行为背后的原因的种种看法。第二,这种环境告诉个体,她的各种体验和感受都源于其自身不受欢迎的个人特征或人格特质……

当一个孩子经历了丧失或创伤，却无法表达内心感受，或者表达失效了，那么她的哀伤就永远无法得到妥善的处理。孩子会感到自己在情感上好像是个孤儿，失去亲人的痛苦只能压抑下去。不幸的是，这种伴随着遗弃的对孩子感受的否认，恰恰是灾难的伏笔。

如果孩子没有一个能与其在情绪上同步调谐的抚养者，那么长期感觉到被诋毁孩子就会面临着发展出边缘型人格障碍的风险。生理虐待、性虐待以及情感虐待对人类来说是一种天然的诋毁。其他诋毁经历还包括被嘲笑、奚落、戏弄、羞辱，陷入难堪和骚扰等。如果孩子体验到的是诋毁并且总是生活在失效环境中，那么他们几乎必然会发展出严重的人格问题。长期的诋毁足以摧毁一个情感健康的成年人的自尊，而持续诋毁一个孩子则可以在她们建立自尊之前就摧毁她们的灵魂，这些孩子甚至都没有机会去发展自己的自尊。

玛莎·莱恩汉解释说，失效环境不允许人们表达痛苦和负面情绪。失效的家庭环境教会孩子假装开心比真的开心更重要，这种环境还教会孩子，谈论自己真实的感受只会让事情变得更糟。不幸的是，莱恩汉所描述的这种无效的互动方式正是许多边缘型母亲的典型行为。而一无是处的孩子作为边缘型母亲怒火的目标，同样面临着患上边缘型人格障碍的风险。一无是处的孩子无力逃脱来自母亲的负面投射，在这样的悲剧情形中，死亡作为逃离这种环境的手段之一，可能成为一个相当诱人的选项。有一位正处于青春期的来访者是边缘型母亲眼里一无是处的孩子，她这样写道：

> 她到底想从我这里得到什么？我怎么才能满足她的愿望，让她开心？直接告诉我吧。我宁死也会去做的……宁死。我将会是一个完美的女儿。我会做到她眼中的事事完美。我死也会做到的。我知道，她不希望我出现在她的周围。那么，我就消失。请相信我。我会非常安静。我会好好的。她甚至不会知道我在这里。她甚至不会知道我正在死去。她甚至不会知道我刚刚已经死掉了。

边缘型母亲眼中一无是处的孩子总是受到不公正的指责，就好像不经法庭审判就被处以极刑，就好像被无形的绳索捆绑，这些孩子可能会感到，她们只是人生的囚徒。

心理治疗师有时候会警告家庭成员，不要去指望一个边缘型人格障碍患者能够认可他们的自我价值，但是幼儿没有这样选择的机会。即使一个好妈妈（一个充满爱意和关怀的成年人）会毫无征兆地变成一个女巫型的母亲（一只令人恐惧的、狂暴的野兽），但是年幼的孩子为了不离开母亲，什么事都愿意去做。然而，希望独立于母亲的需求将会在母子之间引发冲突，随着孩子不断长大，这种冲突只会不断加剧。

边缘型母亲的孩子希望自己能有另外一个母亲，边缘型母亲也希望自己能是另外一个人，这两种愿望几乎同样强烈。许多边缘型母亲在意识到自己的行为会伤害孩子之后，开始寻求改善和治疗。

[一位边缘型母亲谈到，她女儿人生中说出来的第一个完整句子是："妈咪还好吗？"（Is mommy ok?）这位母亲解释道，]"即使在我假装哭的时候，她眼里也会噙满泪水……当我感到开心，开始慢慢走出黑洞的时候，她出现了光速一般的成长和改变，就好像她要和时间赛跑，把用来应对我身上阴影而丢失的那些时间补偿回来。我下定决心克服这恐怖的一切，我要做一个真正的母亲，而不是成为女儿的负担。"

被边缘型母亲抚养长大的孩子可能整个童年都在灾难的边缘苦苦挣扎，并且后半生一直被焦虑所折磨。

虽然在多种条件下都可能出现边缘型人格障碍，但是被边缘型母亲抚养长大的孩子发展出边缘型人格障碍的风险可能更大。边缘型母亲可能令孩子的情绪体验和情感需求失效，她们诋毁自己眼里一无是处的孩子，让自己眼里的完美孩子反过来百般呵护自己，她们还有可能在情感上或身体上遗弃自己的孩子。因此，对边缘型母亲及其子女进行早期干预是预防边缘型障碍继续扩大影响的重要手段。

脑功能与边缘型人格障碍

出生后大脑的发育主要包括在神经元之间建立联结和重新联结。而人生的早期经验会塑造神经元之间的联结模式，可以使神经突触（神经元之间的联结）的数量增加或减少多达25%。有研究考察了长期压力对大脑的影响，结果发现，人生早期的压力会导致神经系统的多种变化，继而带来不同的结果。比如，流浪者型母亲的童年经历会导致极其强烈的悲伤，因此对她们来说，她们更多地感受到抑郁而非恐惧。而隐居者型母亲的童年经历给她们带来的是恐惧，所以她们会变得对危险过于敏感。神经科学专家约瑟夫·乐道思（Le Doux）指出，"潜意识的恐惧记忆会通过杏仁核永远烙印在大脑之中，很有可能伴随我们一生"。虽然对于所有的边缘型患者来说，情绪调节能力都是一个大问题，但每个边缘型人格障碍患者身上占据主导地位的具体情感各不相同。

麦克·斯通（Michael Stone）解释说："当一名边缘型人格障碍患者处于压力之下，感受到了威胁，其惯有的记忆系统会轻易绕过认知和大脑额叶的影响……她在这时会变成一个丛林战士，先开枪，再问话。"然而，她瞄准的对象是自己的孩子，因此带来了悲剧性的结局。一旦她开火，孩子的信任就会被打得粉碎。

与创伤后应激障碍（Post-Traumatic Stress Disorder）类似的是，边缘型人格障碍也可能是大脑应对情绪压力的自然结果。边缘型患者受损的判断力以及她们的冲动性可能与大脑中杏仁核功能的缺陷有关，因为杏仁核正是大脑中负责"战斗—逃跑"反应的部分。这就好比，边缘型患者紊乱的心智功能是一盏出了故障的交通信号灯，它要么一直亮红灯，要么一直亮绿灯。所以，患者屡屡在错误的时间"行驶"或"刹车"，而无法依靠自己大脑所传达的信息。无论是马路上还是大脑中的信号灯发生故障，如果本人意识不到信号是错误的,那么都可能导致其困惑、受伤甚至死亡。因此,帮助边缘型母亲需要神经科学家、精神科医师以及临床工作者携起手来,共同努力。

有一位50岁的边缘型人格障碍患者,她的母亲也患有边缘型人格障碍。她希望通过医学手段来找出自身认知问题的根源。她说,没有哪一种精神类药物能够帮助她改善心境或认知功能。她已经见过了很多专科医生,听到了太多相互矛盾的建议。最终,她来到了一家知名的医疗中心。没有任何一位内科医生询问过她早年是否长期处在压力环境下。很明显,这些医生并不了解关于认知问题、情绪问题、创伤后应激障碍及儿童虐待之间联系的研究成果。意外的是,由于这位女性患上了支气管炎,在服用了几个月类固醇药物之后,她发现自己的认知功能有了显著的改善。她又惊又喜地说:"现在,我终于知道正常人的感受是什么样的了。"然而,当疗程结束之后,认知问题和抑郁又重新找上了她。由此可见,理解边缘型人格障碍患者的脑生化机制迫切需要跨学科的合作与探索,临床工作者应当和研究人员并肩作战。

治疗边缘型母亲

虽然绝大多数研究人员都认为边缘型人格障碍是无法治愈的,但目前大多数人都认可的一种观点是:边缘型患者能够学会控制自己的行为,进而显著提升自己的生活质量。部分研究结果显示,每周治疗3次或4次,持续4年,是治疗边缘型人格障碍的最低时间保障;而典型的治疗时间会持续6到10年。治疗成功的边缘型患者能够较好地控制自己的行为,预计自己的行为可能带来的后果,并且减轻自毁的倾向。由于可以改变行为,患者的人际关系因而得到了显著改善。但无论如何,边缘型人格障碍患者都需要长期的治疗。

对成年的边缘型人格障碍患者的心理治疗需要持续一生。心理治疗所提供的并不只是治疗措施，而是为患者提供结构、洞察力以及管理生活的能力。丧失、分离或者压力都会引发边缘型患者的生活危机，这种危机将导致患者接受治疗（或者，再次接受治疗）。边缘型患者可以通过学习去控制自己的行为，但是患者内心的感受，包括无助、空虚、恐惧和愤怒似乎是无法改变的。因此，对于心理治疗抱有理性且现实的期待极为重要。边缘型患者必须通过学习来弥补大脑中海马（负责记忆）和杏仁核（负责"战斗—逃跑"反应）所受的损害。边缘型人格障碍患者，如同身体有残疾的个体一样，可以通过学习去弥补记忆困难带来的问题，并且借以减缓自己的情绪反应。

正确理解这一诊断是治疗的第一步。某些治疗师对于告知来访者或其家属自己做出了边缘型人格障碍这一诊断感到有些为难。但是，无知不能带来成长。和其他身患不可治愈且持续终身的疾病的人一样，边缘型人格障碍的患者也有权利知道实情，尤其是还要考虑到超过10%的边缘型人格障碍患者会出现自杀行为。就像糖尿病患者必须学会控制自己的糖分摄入和排出一样，边缘型人格障碍患者也必须学会管理自己的情绪输入和输出。心理治疗结合抗焦虑和抗抑郁的药物，能够显著地提高边缘型人格障碍患者的生活质量。《话语的疗愈》（*The Talking Cure*）一书解释了长期的治疗如何重塑大脑中的神经通路，以及如何永久地改善来访者的自我认识。而药物无法替代心理治疗关系为患者提供宝贵价值。

玛莎·莱恩汉提出了一种治疗边缘型人格障碍的方法，叫作"对话行为疗法"（Dialectical Behavioral Therapy）。这种方法通过让患者的情绪"生效"的方式来奖励和鼓舞患者，从而促使其行为发生改变。认可患者的情绪是对抗诋毁的手段，也可以帮助患者黏合修复其早已支离破碎的自我。在面对拒绝、失败或者抛弃时，健康的个体感受到失望和悲伤，但不会认为这是在诋毁自己。健康的个体能够耐受拒绝和失败，因为他们曾经感受过足够多的认可，所以能够保持自尊。

边缘型人格障碍患者所经历的童年创伤会改变其大脑中的生物化学过程，如果我们理解了这一点，我们也就能够理解他们所受的煎熬，认可他们内心的感受。但是，患者本人必须要学习如何弥补自己在认知和情绪功能上的缺陷。然而，具有讽刺意味的是，周围的平静对于边缘型人格障碍患者来说是对他们早年经历的一种重演——那时他们假装一切安好。和大多数治疗师一样，莱恩汉深深地知道治疗边缘型人格障碍患者的难度。她解释说，患者的改变极其缓慢，有时甚至让人沮丧。她提醒广大治疗师和患者的家属，要做好一路经历艰难险阻的准备。尽管前路漫漫，荆棘密布，但是仍然值得一试。

对于那些在青春期出现了边缘型症状的孩子，詹姆斯·马斯特森着重强调了早期干预的重要性。他的研究结果显示，对显示出边缘型问题的青少年（其中大部分人的母亲都患有边缘型人格障碍）进行长期治疗，其效果是令人鼓舞的。

边缘型母亲的行为对她的孩子和她自己来说，同样可怕。边缘型母亲痛恨自己，并且每一次她做出破坏性的行为之后，她都会更加痛恨自己，如此恶性循环。即便患有边缘型人格障碍，可是母亲心中仍有美好的、绝不愿意伤害孩子的那一面。不过，当内心的女巫出现时，一切皆有可能。正如马斯特森所说："（边缘型患者）正在溺水。她们在暴风骤雨的海面上不知所措，她们不会游泳，她们拼命呼救，她们似乎要第三次沉下去了，很可能这就是最后一次了……（治疗）就好像是救生员带着救生衣纵身跃入水中，对她们展开真正的营救。"治疗开始的时间越早，成功的可能性就越大。如果一直不闻不问，边缘型母亲就会和她们的孩子一起沉入海底。

第 3 章

流浪者型母亲

第三章

萬有普遍的愛

> 可怜的女孩回到了阴暗的厨房。她坐在那里，想着两个姐姐的残忍，禁不住抽泣起来。
>
> ——《灰姑娘》

"我是如此孤独。注定一生孤苦。这震耳欲聋的寂静。我向着黑暗控诉，但黑暗如旧。现在，空洞赤裸裸地盯着我……深渊向我张大了嘴……无穷无尽的孤独和失败。我绝不可能属于一个那样美好而体面的家庭——不是我。"

她的日记仿佛就是灰姑娘的日记。

"我痛恨这样的孤独。我是怎么了？这让人绝望的感觉究竟是什么？我的痛苦，我失去每一个男伴，这是不是上天的旨意？"

这些文字出现在《一个女人的记事本》当中——安吉拉这样命名她的日记，并且把它留给了我，希望我能以此了解她。

"当你孤独的时候，即便咬紧牙关也会感觉自己正在被摧毁。哦，我的孤独，我日益衰老的躯体——爱是如此的徒劳，如此的寂寞——这空洞的躯壳尝试着再去爱。上帝啊——肉体/灵魂/精神要忍受多少侮辱！我不会被毁灭！无论如何我必须收拾起我破碎的心，它才能够继续跳动。"

她深重的绝望令人害怕。

"我在拼命挽救我破碎的心,任何看起来好像胶水的东西我都要努力抓住。"

这些文字好像会滑出纸面,超越纸张给它设下的界限。安吉拉记录了自己每天晚上喝了多少酒,她的笔迹也反映出她醉酒的程度。安吉拉是一名流浪者型边缘型人格障碍患者(本书中亦称作流浪者型患者或流浪者)。

无助和无望,这是流浪者型患者区别于其他几种类型的特征。她们感觉自己在漫无目的地随波逐流,迷失在自己绝望的汪洋当中。她们就像是一件件精致但易碎的工艺品,在脆弱的外表下掩藏着锋利的边缘。当安吉拉心烦意乱时,她笔下的文字就如同玻璃碎片。安吉拉努力想要读懂自己、自己的生活以及自己的孤独。

流浪者型患者经常表现出牺牲者的样子,她们能够激发别人的同情与关怀。虽然安吉拉会与人交往,但她也会很快变脸,去攻击她所需要的人,这让安吉拉的朋友与家人困惑不已。流浪者型患者会把自己的绝望和牺牲者心态投射到他人身上。被流浪者型患者弃如敝屣的朋友常常禁不住自问:"我究竟是做了什么,竟让她这样对待我?"

安吉拉是一名带着孩子生活的离婚女性,她对孩子们的状态在放纵和忽略两种极端状态之间反复切换。安吉拉会间歇性地爆发绝望,这种强烈的绝望感足以将她吞没,让她无暇顾及孩子,导致孩子感到自己被安吉拉遗弃了。而绝望与退缩之间的恶性循环进一步强化了安吉拉的失败感与绝望感。安吉拉觉得,自己配不上孩子们的爱。

所有边缘型人格障碍患者都会沉溺在自己的感受中难以自拔,于是她们挣扎着要自救。流浪者型患者会抓住任何可能帮助她的东西,不让自己沉下去。由于童年时期经历过被虐待、被遗弃或者被忽略的创伤,她们学会了用悲伤掩盖愤怒。当她们觉得自己被错待了,爆发出来的怒火会让他人大吃一惊。

在自己的母亲过世后,安吉拉跟随姨母、姨夫在一起生活。她觉得自己是一个不受欢迎的客人。12岁那年,姨夫对她实施了性侵犯。无助感铺天盖地向安吉拉袭来,幻想成了她逃离现实的方式。一本本书籍带着安吉拉进入了臆想的世界，在这个世界里，安吉拉发现还有和她一样的孤独的人们，男主角和女主角，他们的故事总有大团圆结局。和许多流浪者型患者类似，安吉拉也为自己创造了一个秘密的幻想世界，她绝少与他人提及这些。幻想，对流浪者型患者来说，要比现实世界安全多了。

流浪者型患者的孤独、抑郁和绝望不因为他们所处的经济阶层不同而不同，也不因为他们生活的年代不同而不同。夏洛特·都彭是19世纪都彭军工厂继承人的妻子。都彭军工厂赋予这位继承人极为丰厚的身家，而他的妻子则表现出了流浪者型患者的特质。虽然在那个时代，夏洛特·都彭所患的精神疾病尚未为人所知，但是有关她行为的详细记录体现了边缘型人格障碍的症状。1861年3月6日，夏洛特·都彭给她的姑姑写信，信中的内容与安吉拉的日记惊人地相似。她写道："你知道，我一贯对孤独寂寞深恶痛绝，现在范尼，我的表妹，马上就要离我而去了，我将要陷入彻底的孤独当中……这让我难以承受，因为我极度需要他人的陪伴。"

夏洛特·都彭的这种痛苦在她给其他家人的信中也表达得相当明确："我觉得，我生于黑暗之中，这黑暗如此浓重，没有一丝光线能够穿透——于是，我在沮丧的泥沼中摸索着，蹒跚着。这泥沼没有尽头，没有出口。但愿其他人比我幸运些。"亲人形容她是"一只会蜇人的蝴蝶"。她喜怒无常、举止轻浮，她怨毒、无聊、易怒，她的抑郁非常严重。她常常主动挑起和丈夫的争吵，从口头攻击发展到肢体暴力，摔花瓶、扯窗帘、抓、踢、咬，这样做之后她会陷入一种"麻木的恍惚"。

夏洛特·都彭是5个孩子的母亲。和安吉拉相似，她是个宽容而充满爱意的母亲，但是，她也时常退缩到自己的抑郁当中。最终，夏洛特被送到了位于美国费城的精神病人收容所。被收容所释放之后，她短暂地回到了家，随即又离开家到欧洲去旅行。再次回到美国的时候，夏洛特发现，在她离家期间家庭女教师对她的孩子们施加了身体虐待。夏洛特立即开除了家庭教师，然后陷入了崩溃，她悲伤、悔恨、不受控制地哭泣。她的丈夫把她再次送回了精神病人收容所，"哭泣和尖叫，她的样子就好像一个迷失的灵魂"。最终，她于1877年8月19日去世。

夏洛特·都彭的一生经历了许多悲剧,最让她不堪承受的莫过于因为没有保护好自己的孩子而产生的极度绝望。无法照顾好自己,被她有权有势的家庭拒之门外,亲人在美国内战中丧生,种种痛苦让夏洛特的人格四分五裂。感到自己是个失败者、牺牲者、被他人拒斥,最终将她消耗而死。

流浪者型母亲的主导情绪状态:无助

(灰姑娘)顺从了,但她抽泣了起来,她也很想去舞会……

——《灰姑娘》

就像被强风摧残的蝴蝶,流浪者感到无力去选择自己的方向或关注的重点。在社交场合,她们也像蝴蝶一样飞来飞去,但从来不会和任何人深交。她们开放的程度并不适当,过度的自我表露对其他人来说很有迷惑性,可是接下来,她们又会表现出一种淡漠,随后转身离开。她们可能会用一些手段让别人恭维她们,可如果别人真的恭维她们,她们又会拒绝这些恭维;她们会寻求他人的关注,然后自己转身躲起来;她们抱怨自己的不幸,接着却拒绝别人的帮助。

流浪者会让别人也感觉无助。在她们的潜意识里,她们需要保持这种无助,从而获得安全感。一位患者曾经说,"我不能允许自己在接受您帮助的同时还控制住自己。"这种痛苦而又诚实的剖白准确地抓住了流浪者型患者内心的基本冲突。

流浪者的自相矛盾之处在于,她们认为接受帮助就会让自己失去掌控感。流浪者型患者是一群拒绝帮助的牺牲者,而无助是她们抵御亲密关系和丧失的武器。传记作家史密斯在他的作品中这样评价戴安娜王妃:"在为戴安娜提供帮助时存在一个问题,那就是她的身上混合着脆弱与防备。她希望自己能够得到安抚与舒缓,但是,她又总是一成不变地极力抗拒别人对她的安慰——当对她的关心和安慰来自查尔斯王子时,尤其如此。沉默,通常是她要发难的信号。周围人特别难以准确解读戴安娜的沉默,这种沉默的根源在于戴安娜缺乏用语言表达出困扰她的那些事物的能力。"

一次又一次,家人把求生的工具抛向这些流浪者,然而让他们迷惑的是,流浪者会把求生的工具再扔回来。站在海岸上,那些爱着流浪者的家人会奇怪:"难道她想让自己淹死吗?"一位流浪者型母亲的女儿曾经写道:"悲伤连续打击着我,让我陷入沉默。我真不知道我还能和她再说些什么。她是我的母亲。当然,我是爱她的。我只是太累了,太累了,不断尝试去救她让我觉得太累了。我就连自己都快救不了了。"

乔恩·拉切卡(Joan Lachkar)解释说,有些边缘型人格障碍患者觉得自己是一个不值得喜爱的人,因此她们倾向于退缩,直至"与世隔绝"。流浪者型患者极易出现抑郁和退缩的问题,于是周围人会觉得她们靠不住,而且有时候让人感到筋疲力尽。把自己封闭在隔绝状态中时,她们可能会出现自毁行为或者物质滥用的问题。但是,她们的自毁行为带有隐蔽性。如果她们伤害了自己的身体,别人也很难看到她们身上的伤疤。即便她们出现了酗酒、滥交、吸毒或暴食等问题,这些行为也是悄悄进行的,并非为了引起他人的注意。而当她们希望别人关注自己时,她们会变得歇斯底里。

流浪者型患者似乎没有能力深入思考自己的决定可能带来的后果。她们眼中的自己就是一个无能的失败者,完全依赖于来自他人的肯定与认可。她们会错误地解读他人无伤大雅的评价,认为那是对她们的指责,她们也会在对自己很重要的人拒绝自己之前抢先拒绝对方。

拒绝和遗弃会触发流浪者的愤怒与抑郁。虽然她们发怒的对象可能是自己的孩子或伴侣,但是流浪者会认为是自己运气差,她们怨天尤人。她们可能会给自己贴标签,认为自己被命运诅咒了,被困在无休无止的坏运气里面,并且很容易崩溃。由于不具备坚实的自我价值感,所以她们不能忍受任何微小的错误、小小的失败或些许的失望。正如詹姆斯·马斯特森解释的那样,"心态健康的男性或女性会说,'嗯,这种事情我确实不太擅长',而对自我有错误观念的边缘型人格障碍患者会说,'你靠自己是靠不住的,你什么都做不好'"。

流浪者丰富的幻想让她们对于自己与男性之间关系的解读远远超出客观存在的可能性。这样一来，她们必然令自己失望。安吉拉18岁时就结了婚，她结婚的目的就是为了摆脱长久以来的孤单寂寞，但后来她还是离婚了。作为一个孩子，她并没有把自己视为一个牺牲者，她秉承的信念是"抓紧你能得到的"——安吉拉认为这样的策略才够稳妥，她从来没有期许过自己真正被他人所爱。在与男性的关系中，她给予得太多，付出得太快。流浪者会让自己很快被男人"得手"，因为她们几乎丧心病狂地渴望被爱。她们往往无法抵抗对她们投以关注的男性，不论这些男性能不能够和她们在一起，也不论这些男性适不适合和她们在一起。这样的脆弱导致她们很容易成为加害者的目标。她们会直白或隐秘地引诱对方，或者会错误地理解男性对她们的关注。流浪者型患者是无可救药的爱情至上论者。爱上她们的人常常会感到挫败、困扰，有时还会对她们的行为出离愤怒。

流浪者型母亲的内心体验：牺牲

……她必须要干所有的活，在破晓之前就要起床，挑水、生活、做饭、洗衣。除此之外，姐姐们还极尽所能地嘲笑她。

——《灰姑娘》

就像灰姑娘一样，流浪者型患者体会到，服从是逆境中最具适应功能的行为。在毫无希望的环境中，流浪者通过退缩的方式让自己熬过艰难的童年时期生存下来。由此，她的安全感和这种退缩联系在了一起。看上去荒谬，但事实如此。

成年后的流浪者常常在事情发生之前就让自己退缩到最坏的可能性当中。在一些情况下，她的行为会增加自己成为事件牺牲者的风险；在另一些情况下，她的行为反应会吓得别人丢盔弃甲。有一次，当一位流浪者型患者正要离开商店的时候，一个男人持枪接近她，威胁说，如果她乖乖跟着他走,他就不会对她开枪。这位患者当时恶狠狠地回答:"听着,如果你要对我开枪,你就现在动手。我哪里都不会跟你去的。"她的反应让这个男人大吃一惊,他本以为她会出于恐惧而乖乖听话的。而现实情况却是,枪手被吓坏了,赶紧从商店逃跑。

在另一个事件中,一位流浪者型患者介入了两个正在打架的男人。她直接站到他们俩中间,说:"不好意思啊。你们俩谁能帮我个忙,给警察打个电话?"两个男人都困惑不已,其中一个人瞪着她说:"你这女人肯定是发疯了!"流浪者的恐惧反应不稳定,并且常常具有拯救别人的强迫倾向,这些都导致她们很容易遭受侵害。而她们眼里的自己就是一个失败者,一无所有,没有什么东西可以再失去了。

流浪者在照料自己以及管理自己财物方面也存在着困难。因此,她们是一群极易被利用的人。她们觉得自己能力不足,甚至认为自己的智力水平可能远远低于平均水平。因为她们太容易放弃对外部世界的控制需求了,所以流浪者的下场就是成为牺牲者。

流浪者弱不禁风的行为表现会激起他人的照顾欲。朋友也好,家人也好,他们都会时常担心流浪者的身体状况,这种担忧还会拓展为经济和情感上的大量支持。但是,在被人利用、意外事故和患上原本可以预防的疾病等情形反反复复出现之后,流浪者没有能力照管自己这种事也会让周围人觉得不胜其烦。流浪者型母亲无力保护自己,会让做子女的感到疲于应付。

和许多流浪者一样,安吉拉从未学会管理自己的情绪,进食障碍的问题也一直折磨着她。大吃大喝和催吐的恶性循环反映出她在深深的羞愧感和满足感之间左右为难——她就是无法接纳或者忍受良好的感觉或感受。安吉拉总是会拒绝自己真正需要的那些东西,其目的只是让自己免于失望:如果不曾拥有,也就谈不上失去了。

流浪者的脆弱从她们小心翼翼踌躇不前的举止当中暴露无遗。她们在明确表达自己的需求方面存在困难,她们常为了没有必要道歉的事情而道歉,并且很容易就感到尴尬窘迫。因为流浪者不信任别人,于是她们更容易认同孩子而不是成年人,更容易认同被遗弃或忽视的宠物,或者更容易认同犯罪事件、灾难或疾病的受害人。虽然流浪者觉得自己无力自救，但与此同时，她们却强迫性地要去拯救别人。

流浪者型母亲的特征

◆ 过于消极，过于纵容

流浪者是消极纵容的母亲，她们看不到自己的无助感正在损害她们的孩子。一位流浪者型的母亲在女儿15岁生日聚会时送给孩子们一大桶啤酒，平时还允许没有拿到驾照的女儿自己开车。女儿长大后拒绝做家务，学业成绩一塌糊涂，经济上无法自立，只能靠着母亲微薄的收入"啃老"生活。虽然这样的母亲对此往往也多有怨言，但她们无法意识到孩子今时今日的行为正是她们长期纵容的结果。

流浪者型母亲的孩子可能会对母亲的消极咬牙切齿，也可能会利用母亲的这一特点。安吉拉的女儿就为自己的母亲感到难过，于是她承担了大部分的家务；而安吉拉的儿子却讨厌自己母亲不负责任的行为，有时候还对母亲恶语相向。安吉拉忍受了儿子的这些行为，因为流浪者从内心预期着自己被他人恶劣地对待。

由于流浪者型母亲情愿忍受虐待，她们的孩子可能会质疑母亲的判断。这些孩子会燃起强烈的保护欲，因为自己的母亲很容易成为某些事情的牺牲品，于是这些孩子倾向于选择帮助他人的工作作为自己的职业，例如医务工作者、社会工作者、心理学家或者精神科医生等。正如著名精神分析师桑多尔·费伦齐（Sándor Ferenczi）所说，"如果一位母亲长久不断地抱怨生活不如意，那么这会在孩子身上制造出一个生活的小卫士"。其中一部分孩子成年之后仍然会在情感上和经济上继续支撑自己的流浪者型母亲。

流浪者型母亲的孩子也可能成为牺牲者。流浪者糟糕的决策能力有时会将孩子置于危险的境地。她们把孩子留给不可靠的抚养者，让孩子暴露在遭遇忽视、性虐待或身体虐待的风险当中。在流浪者型母亲情感退缩期间，孩子很可能在外界或者家里出现意外。总之，流浪者型母亲的孩子需要学会自己照管自己。

◆ 不认可自身的能力，倾向于从事要求低于自身能力的职业

无论自己的受教育程度、智力水平或者职业如何，流浪者都认为自己的能力不足。流浪者眼里的自己是一个失败者，而且她们的这种信念会引发"自我验证"。她们对自己能力的不认可将对年幼的孩子产生负面影响，因为年幼的孩子没有能力去区分现实世界与母亲扭曲的观念。流浪者在生活中的各个方面都会表现出低自尊的特点，她们的失败感四处弥漫，她们是无能的家长、无能的伴侣、无能的员工。但她们实际的能力和聪慧程度比她们自己认为的要高，因此，这种特点导致她们经常选择从事那些职业要求低于自身能力的工作岗位。

与助人有关的职业对流浪者来说十分富于吸引力，她们倾向于认同那些遭遇虐待、处于弱势或者受到压迫的个体。她们很容易成为全心全意奉献自我的员工，她们加班加点，但收入总是低于付出。她们常常觉得自己被工作牢牢捆住，被公司或企业压榨剥削。

而流浪者的孩子可能会将母亲传递出来的这些信息内化，总觉得自己不够好，并且低估自身的能力水平。安吉拉的女儿名叫萨拉。萨拉的理想是成为一名内科医生，但是安吉拉对女儿的教育基金未做任何规划，萨拉上高中的时候就不得不去一家疗养院做兼职，最终也因为学费问题没能报考医科，而是去了护理学校。流浪者选择从事低于自身能力水平的工作不仅会损失直接经济收入，还会间接限制她们受教育的机会。

◆ 陷入慢性疾病的折磨，要么频频就医，要么完全忽视自身健康

承担起家长角色的孩子会认为自己对父母的幸福负有责任，并且压抑自己的情感需求。而另一些孩子可能会怨恨自己的母亲，觉得她们太过依赖。女儿萨拉长期被焦虑所困扰，因为母亲安吉拉总是向萨拉抱怨自己的

身体不舒服；儿子大卫则对母亲冷嘲热讽，厌恶不已。流浪者型母亲的子女长大成年之后，要么情感冷漠疏离，要么因担忧而筋疲力尽。

夏洛特·都彭的大女儿安娜经常被安排照顾4个年幼的弟弟妹妹。夏洛特的丈夫在得知妻子去世的消息时动脉瘤发病而死，于是安娜和她的弟弟妹妹们突然成了孤儿。这些孩子没有被其他家族成员所收养，而是"武装起了自己"，他们拒绝离开自己原来的住所。父母双双过世的时候，安娜17岁，她坚持认为自己有能力照料年幼的弟妹们。事实证明，她做到了，安娜成了一个合格的代理母亲。她后来在自传里写道："在不幸的环境中成长，让我们紧紧拥抱在一起，因为我们面对着共同的苦难和逆境。"流浪者型患者的孩子往往被迫过早独立，因为她们的母亲自顾不暇。

✦ 用药物（毒品）、酒精、金钱、食物或性来自我抚慰

流浪者可能会使用药物（毒品）、酒精、金钱、食物或性来重演自己的无助。由于减轻焦虑感是流浪者的长期需求，因此她们很容易出现成瘾行为。她们身上非黑即白的极端思维方式导致行为层面的变化无常，而这尤其令她们的孩子感到困惑。

安吉拉的孩子为母亲在两性关系上的糟糕判断力而忧心忡忡，同时他们也不认可母亲对男性过于主动的行为。每当有男人占安吉拉的便宜——无论是在经济方面还是在性方面——安吉拉已经进入青春期的儿子就难以抑制自己的憎恶之情。而每一次安吉拉结束与异性的关系时，她都会陷入深深的抑郁当中，遭受自杀念头的困扰。通常，12岁的女儿萨拉此时会十分担心母亲，而儿子大卫则表现得怒不可遏。他指责自己的母亲："为了那些混蛋就想自杀，却不顾我们这些亲生的孩子！"

有些流浪者型患者会无意识地引诱男性，而另一些则会避免和男性交往，这些不寻常的表现常常会被错误地解读为性的信号。夏洛特·都彭在她所处的社会环境当中曾被看作一名善于调情和富于诱惑的女子，"直到对方发现，夏洛特常常突然转变情绪。起初，她变得暴躁而难以取悦，接着，她指责对方，最后几乎算得上异常恶毒了。她待在他们身边，却突然有一抹

亮色浮上脸颊，她黑色的眼睛灼灼放光。夏洛特指责男人们'太出格了'，'妄想（令她的丈夫）看起来像个傻子'"。

安吉拉的日记显示，她不仅有酒精依赖的问题，还有对处方药上瘾的问题。萨拉讨厌自己的母亲滥用这些物质，并且也强烈反对周围人使用酒精和药品。但是，大卫不只饮酒，还吸毒，并且曾因为持有大麻而被警察拘捕。很明显，安吉拉的物质成瘾问题对孩子们造成了极大但却截然相反的影响。

某些流浪者型母亲可能在孩子身上花很多不必要的钱，远远多于自己身上必要的支出。安吉拉长期负债，为此她选择减少自己接受治疗的次数，变为每半个月一次，为的是能够给孩子们购买设计师定制的昂贵服装。一些流浪者型母亲不能接受孩子一丁点的需求没有被满足，因此她们毫无计划地大手大脚，但却让自己的经济状况陷入困境。这些母亲会不由自主地纵容自己的孩子，而不去考虑长期的后果，最终无法筹措出孩子应有的教育费用。

流浪者从不允许自己期待他人的爱。她们觉得自己满身缺点，一文不值，即便有人爱上她们，也只能是肤浅的、表面的。单身或离异的流浪者型母亲可能会通过寻求与男性之间的性关系来尝试安抚自己的情绪。每一次安吉拉结识了一个新的男人，和对方约会时，她都会启动防御机制，预防意料之中的失望："活着真的很好吗？我能看到，好吧，但只有一点点，不过我还看到另外一种可能性，存在着一种生活值得人们为它而死——虽然我可能没法经历那种生活，但它在闪闪发光，它流光溢彩，它是真实存在的。"

流浪者知道自己索求无度，知道自己为了获得爱而歇斯底里，但是她们无法控制自己的焦虑，这种焦虑最终会驱赶别人离开她们。流浪者会完完全全地交出自己，然后她们会发现，她们还是孤独一人，她们被抛弃了。安吉拉曾经写道："有时候，比起无休无止的痛苦，死亡似乎也是一种可以接受的选择。这些痛苦不断地重复着，重复着……"一些流浪者强迫性地滥用药物（毒品）、酒精、金钱、食物或性，以得到短暂的抚慰，但是最终却导致了越来越深重的羞愧和抑郁。

◆ 被抛弃引发自杀念头和疯狂行为，令自己和孩子陷入危机

当被他人拒绝或被抛弃时，流浪者会体验到深深的抑郁，其中可能包含自杀的想法或者自伤的行为。流浪者实施自伤行为是为了惩罚自己或者逃避情感上的痛苦。她们会殴打自己，用刀割自己，用头撞墙，或扯自己的头发。被抛弃还可能触发流浪者过度饮酒、过量服药，以及其他冲动的行为。比如，一些流浪者可能会通过超速驾驶来逃避心灵的痛苦。尤其可悲的是，有些孩子目睹了自己流浪者型母亲深陷致命危险，甚至不得不去拯救自己的母亲。

流浪者极度害怕被抛弃，以至于这种恐惧会扭曲她们对人际互动的知觉，她们往往会把正常的人际互动错误地解读为他人排斥自己。安吉拉的日记反映了她对被抛弃的极端敏感，她会因此而突然陷入绝望："他说他会给我打电话，但是他没有。他并没有真的说今天会给我打电话，但是我以为（当时我就是那么希望的）他是这个意思。你必须再一次面对黑暗，无畏地做好和黑暗开战的准备。它正席卷而来，或者它已经来了。"

有些人不能理解流浪者的这些感受有多强烈，他们因此指责流浪者太过夸张，像演戏似的——这一错误很可能致命。和许多边缘型人格障碍患者一样，安吉拉无法理解，为什么人际交往对她来说是如此艰巨的课题："我和他人的关系就像球场上的球一样。球场上的球很少到我的面前来，当球过来的时候，我就会特别兴奋，我可能会太早伸手，或者跑得太远，或者错误判断球路，或者奋力去抓它但却眼看着它从我的指缝中溜走。这是最好的情况。最坏的情况是，我可能会把这个球弄坏，因为我太缺少有关持球的训练了。"

被人抛弃会触发流浪者的自杀感受。安吉拉针对这种感受提供了清晰的描述："哦，天哪，没有人……没有人……就算我死了，也没有人会为我伤心。"流浪者极有时会"忘记"自己的孩子，看轻孩子对自己的爱，这种情况在安吉拉的文字中有相当明显的表现。安吉拉坚持认为，自己对于孩子们来说是一种负担，她坚信，如果自己死了，这对孩子们来说是一种解脱。

流浪者的孩子可能会对母亲面临危机时是否能活下去感到恐惧，同时也会为自己的生存惶惶不安。安吉拉的丈夫刚刚向她提出自己的离婚打算，安吉拉立刻就把两个孩子带上车，威胁说要把车开到河里去。虽然那时候大卫和萨拉还没有上小学，但是他们的这段记忆非常清晰、生动。如果自己的母亲经常做出这些疯狂的行动，那么孩子在成年之后仍会感到强烈的焦虑。但是，要记住重要的一点：不是所有的流浪者都会实施自伤的行为或出现自杀的倾向。然而，被他人拒绝或抛弃都会引发流浪者冲动的行为，即便母亲并非有意，但这些行为很可能会危害到孩子的生命，并且让孩子受到严重的惊吓。

✦ 一会儿纵容孩子，一会儿忽视孩子

流浪者觉得自己配不上孩子们对她的爱，于是她纵容和保护孩子。然而，流浪者的内心充斥着痛苦，她们无力保护孩子免受这种痛苦的影响。一些流浪者型母亲会放弃孩子的监护权，让孩子跟着前夫生活，因为她们觉得自己并不是好母亲。从流浪者本人的角度看，这是她们作为母亲的终极自我牺牲。但从孩子的角度看，这是母亲抛弃了他们。

和其他所有的边缘型人格障碍患者一样，流浪者需要避免被抛弃，这是她们行为的主要动机之一。因此，在与孩子的相处中，她们很可能无底线地去满足孩子，以保全自己与孩子之间的依恋关系。虽然其他类型的边缘型母亲在和孩子的关系当中常表现出极强的控制欲和冷漠，但流浪者型母亲的育儿方式是放弃对孩子的约束，纵容他们。流浪者型母亲的子女在成年之后可能会发现，自己很难和权威型人物打交道，很难容忍别人说"不"，也很难做好公平分配的工作。不过，对于那些承担了抚养者角色的孩子来说，他们身上则可能会出现强迫性的自负。

依恋关系研究者指出，如果母亲体验到的是不愉快的依恋关系，那么大多数这样的母亲"无法打破这种将不愉快的依恋关系传递给下一代的恶性循环"。流浪者与自己孩子们之间依恋模式的特点是：她们非常害怕失去孩子。她们被深深的焦虑感包围着，而这种焦虑感会损害孩子成年以后构建

健康人际关系的能力。夏洛特·都彭的儿子阿尔弗雷德就是一个悲伤且情绪化的人，"这幢房子里有一股强大的压迫感，逼迫他保持沉默，促使他缩回自己的世界"。流浪者型母亲的孩子需要的是什么呢？当然，他们需要的是一个既能照顾自己又能照顾孩子的母亲。

✦ 倾向于严苛地对待自己，而不是纵容

精神分析师、精神病学家奥托·科恩伯格（Otto Kernberg）解释说，自我剥夺可能是一种用来对抗恐惧的防御机制，就流浪者而言，这种恐惧是对希望的恐惧。希望会令流浪者受到伤害，因为它总是带来失望。安吉拉说："你不应该有希望，进而你会期待免于经受痛苦折磨。你做不到也逃不脱。"

流浪者类似于从小就在严酷环境中淬炼的斯巴达勇士，她们对生活中的一切都要求极低，因为她们内心深处认为自己配不上自己所需要的那些东西。流浪者体会不到快乐，也体会不到满意感，而这会让她们的孩子十分恼火。她们的孩子成年之后可能会高兴地邀请自己的流浪者型母亲去度假，给她们买新衣服，或者带她们外出吃饭，但是这些子女们会发现，他们这样做的结果只能是母亲要么拒绝自己的提议，或者即使接受了也从没乐在其中。最终，流浪者型母亲的孩子们可能会停止邀请母亲出去玩或送礼物给她——没有任何东西能够让流浪者感到快乐。

精神病学家约翰·冈德森经过观察后指出，边缘型人格障碍患者往往认为自己是个牺牲者，认为别人对待自己的方式是不公正的，其中流浪者型患者尤甚。由于她们惯于自我剥夺和自我牺牲，流浪者会认为自己是受害人中的受害人。安吉拉曾描述了自己反复深陷在自我挫败陷阱中的感受："我的灵魂有时会像强壮的鸟儿一样，试图展翅翱翔，但我始终在鸟窝里拍拍打打。每次我都把自己弄得血肉模糊，不得不蜷伏起来休养，然后积攒力气以便再一次飞起来。"

心理学家玛莎·莱恩汉解释说，边缘型人格障碍患者"通常会认为自己配不上任何事物，她们唯一可以拥有的就是惩罚和痛苦，这种信念非常牢固"。安吉拉的上述表达和夏洛特·都彭的一封信内容很相似，后者在这封

给自己婶婶的信里这样写道:"我想,我不过恰好受到了诅咒而已。"流浪者夏洛特·都彭认为自己被诅咒了,注定要一生悲惨,经受不幸和痛苦。并且她相信,这一切都是自己活该。

◆ 通过幻想来逃避现实,渴望童话式的人生

流浪者对人生充满着各种各样的幻想,这是极为常见的现象。流浪者会反复出现牺牲者体验,因此她们渴望逃离这种生活,一切可以奇迹般地好转,自己的不幸能够被童话世界里的魔法所终结。流浪者充满幻想的人生被深深地埋在她们心里,或者谨慎地藏在她们的私密日记中。虽然流浪者希望找到自己的白马王子,但是实际上她们总会选择那些内心对她们无动于衷的男人。流浪者的孩子们可能会因此而对母亲冷嘲热讽,或者会和母亲一样变得悲观而绝望。安吉拉的日记中有这样一段文字:"我真想知道,这个世上是不是真的存在我的灵魂伴侣。我和另一个人是心灵上的双胞胎——这个想法太让人着迷了。我的美好天使……我的王子,我的骑士。你会爱我爱到能够接受我的一切吗?我的好,我的坏。"

流浪者的内心世界一片荒芜,因而她们借助这样的幻想来逃避自己的内心世界。心理学家兼精神分析师露易丝·卡普兰(Louise Kaplan)解释说,"当她们幻想自己被完全满足,自我被完美地抱持时,她们会感到飘飘然……而当她们从这种幻想中跌落时,她们就会觉得颜面扫地,自己毫无价值。她们会胁迫某些人变成可以奉献一切的完美抱持者,并将对方理想化,幻想对方能够帮助她们维持那些完美的自我意象。"不幸的是,这种理想化的美梦很快就会终结,幻想的泡沫总是迅速破裂,因为真实世界中的人都是不完美的,人类必须学会忍受失望。

● 放弃、丧失或者毁坏美好的事物——美好的事物是无法长久的

流浪者认为自己没有资格去获得满足,于是她们会把自己需要的东西拱手让人。流浪者具备一种不可思议的潜意识能力,即她们常常破坏或者失去珍贵的物品。深深的无助感导致流浪者变得漫不经心,而漫不经心会

强化流浪者的信念：自己不配拥有好东西。流浪者可能会忘记锁门、弄丢车钥匙、乱放自己的钱包、错误使用以致弄坏家用电器，还有动不动就把自己需要的东西丢在脑后。心理治疗师往往会发现，流浪者经常从包里掏出已经用过的纸巾擦拭自己的泪水，这几乎成了她们的标志之一。

如果你想要给予流浪者希望，只能徒劳无功。夏洛特·都彭的姐姐曾经寄给夏洛特一些书籍，希望书籍可以成为夏洛特的希望之源。夏洛特在给姐姐的回信中这样写道："请不要认为我不知感恩，我只是觉得……虽说我恰好被诅咒了，但不去关心任何人和事，不对任何人和事寄予希望，这也是很艰难的。不过，我已经很适应这样的人生了。"无法拥有希望，这让流浪者深受折磨，而其原因在于，她们认为美好的东西都是不能长久的。

流浪者还会把有价值的东西拱手让人，因为她们认为别人能够更好地照管这些东西。安吉拉就坚信美好的事物不可能长久伴随她，而且她明白自己为什么会这样认为。在安吉拉还小的时候，童年短暂的幸福转瞬即逝，她认为自己是造成这种不幸的原因。由于悲伤往往比愤怒更有安全感，于是安吉拉缩回自己的世界里，将一生都用来自我否定。

而夏洛特·都彭的怒火让她大肆破坏自己的财物。在愤怒爆发之后，随之而来的是一阵近乎分离*状态的眩晕，在这样的恍惚中，夏洛特·都彭内心充斥着强烈的自我怨恨、内疚和羞愧。她的行为体现了流浪者的无望感。她放弃了自己。

◆ 哭泣、抑郁和惊恐发作比愤怒出现的更频繁

流浪者型患者就好像带螫针的蝴蝶一样，她们精致易碎，同时也尖锐残酷。流浪者的不快乐在周围人的眼里非常明显。电影、文章、回忆、闲谈或者她们自己的想法都很容易引发没完没了的哭泣。眼泪来得频繁而容易，但来无影也去无踪，难以捉摸。抑郁则是流浪者的忠诚伙伴。惊恐发作和

---

* 分离（dissociative），也译作解离，指个体感到自己与自身或所处环境中"分离"出来的特殊体验。——译者注

一波又一波的焦虑常常由流浪者身处的社交环境所引发,但最有可能出现此类症状的情形是流浪者必须要证明自己能力的时候。虽然流浪者可能在井井有条的结构化环境中表现良好,但是她们一直都在持续不断地和自己的焦虑对抗。

流浪者在生活中遇到问题时总是责怪自己,所以流浪者出现悲伤和焦虑的频率一般要高于出现愤怒的频率。比起对他人表现出攻击性,流浪者更有可能变得焦虑、偏执和多疑。她们的伴侣比她们的子女更容易面对流浪者爆发的怒火。她们的子女可能会对母亲的眼泪逐渐"免疫",对于与母亲之间的关系时好时坏变得无所谓了。流浪者的子女们要么会最小化或者弱化母亲的痛苦,要么会觉得自己被母亲的情绪起伏操纵着。

丧失或者抛弃会引发流浪者出现精神病反应。被伴侣抛弃或拒绝会诱发流浪者的怒火,因为她们觉得那些没有按照她们的意愿给予她们完美之爱的人,就应当受到狠狠的惩戒。流浪者身上的精神错乱症状可能包括了偏执的想法,对迫害的非理性恐惧以及令人惊骇的孤独感。流浪者可能出现精神病样的愤怒,但恐惧也可以触发她们与现实世界的分裂。夏洛特·都彭的婆婆曾经一度对她抱有敌意,因此后来婆婆提出帮夏洛特带孩子时,夏洛特的反应是首先爆发出无法控制的怒火,继而沉寂在抑郁当中。在夏洛特看来,婆婆提议帮忙照顾孩子旨在暗示她作为母亲不称职。她的表现反映出流浪者面对批评时极端的脆弱,并且容易因此出现精神病发作。

安吉拉则在日记中记录了自己精神病发作时的核心特点:

> 我走过了烈焰的炙烤,这是否就是世界另一边的样子?虚无,一片贫瘠、死寂、如止水般的虚无之地。没有什么是好的,也没有什么是坏的,因为一切都是虚无的。除了我的文字,此时我觉得我,或者也许是一部分我,略有些紧张僵硬,是一个呼吸困难的自己。我没有不开心。如果一个人连感觉都没有了,又怎么会不开心呢?一种愉快的状态,真的,除了我感到自己实在无法从床上起来以外。

流浪者的抑郁会吞没她们，威胁着她们的生存。夏洛特·都彭由于她的绝望而被子女们彻底无视了。她的传记中这样解释道："夏洛特并没有完全忽略她的孩子们——她总会在某段时间内为子女们奉献全部的热情——但是，有些时候她完全忘掉了他们的存在。"

流浪者型母亲的信条：生活太艰难了

生活确实不容易，然而流浪者传递给自己孩子们的信息却是，生活艰难到让人不堪重负，难以喘息，无论你想尝试着实现什么目标，都是毫无希望的。对流浪者来说，她们是忍受生活而不是享受生活，她们的孩子可能会由此继承她们的绝望，认为自己无法应对生活。与母亲分离导致的焦虑或负罪感，会令流浪者的子女感到自己被母亲的枷锁困住。当他们成年以后，强迫性的自负感或者不健康的依赖将成为他们人际关系的特征之一。

因为流浪者的生活艰难，因此其子女的人生也可能十分艰辛。流浪者的孩子成年之后可能要面对母亲的财务危机，承担其医疗、健康或住房等不小的花费。由于不知道提供帮助的界限在哪里，也不清楚应当多久去看一次自己的母亲才合适，伴随着愧疚和忧虑，子女们可能渐渐滋生出厌烦。在子女结婚或组建自己家庭时，可能发生有关"孝顺"的冲突。积怨会随着时间越来越深。

◆ 流浪者型母亲传递的信息

- ☐ "没有我，你们会更好。"
- ☐ "我不配得到你们的爱。"
- ☐ "我无法帮助你，所以你不需要我。"
- ☐ "你应得的东西我给不起。"
- ☐ "没有人关心我。"

- "我的人生比你们的人生糟糕很多。"
- "你们实在是太幸运了。"
- "让我为你做这个吧。"
- "我觉得自己被利用了。"

流浪者能够识别出其他遭遇生活困境的牺牲者。她们可能会收养孩子，或者接收亲生子女的朋友，还会选择一些处于弱势的人来当自己的伴侣。虽然流浪者的同情之心出自真情实感，但是她们的子女对此却感觉相当矛盾。一方面，子女会对母亲关心他人，慷慨大方而感到自豪。另一方面，她们可能会为自己不得不因此放弃一些东西而感到怨恨。

流浪者的子女在成年之后会对权利的边界而感到困惑与挣扎，要么觉得自己什么都应该管，要么觉得自己什么都没资格管。流浪者型母亲眼中的完美孩子可能会发展出奇幻思维和无所不能的感觉，这些孩子会认为，母亲的所有福祉都维系在自己身上。一名流浪者型母亲的成年女儿回忆说，自己曾买了一条新裙子，但就在那一天，母亲遭遇了车祸而受伤。她把自我满足的行为和母亲的车祸联系在了一起，去商场退掉了裙子。童年时代的她感觉到表达自己的需求是一件危险的事情，因此用自我否定去缓解焦虑。就这样，流浪者的女儿也成了流浪者。

流浪者被自己的绝望所蒙蔽，看不到身后被自己毁掉的道路，也看不到通向前方的道路会引领她们走向安全。治疗流浪者非常艰难，她们更愿意付费给对她们施以怜悯的心理治疗师，而不愿意配合能够帮助她们成长的治疗师。每当安吉拉遇到了一位新的男伴，她就会退出心理治疗。她始终幻想着能有一位完美的伴侣来解救她，而当心理治疗给她提供希望时，她感到的却是惊吓。流浪者很可能仅仅因为自己感觉变好了一点点就停止心理治疗。就像一只花蝴蝶一样，流浪者必须要被人温柔地捧在张开的手心。心理治疗师和她们的孩子都必须允许流浪者拥有随时离去的自由。

第 4 章

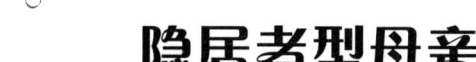

隐居者型母亲

第九章

文化與古代戲劇

> 但是，一整天白雪公主都是一个人，好心的小矮人们警告她说，"当心你的后母。她很快就会发现你在这里。不要让任何人进来。"
>
> ——《白雪公主和七个小矮人》

"我希望能感觉到自己被保护起来，远离捕猎者和他们对我的进攻，我总会因为愚蠢而屈服的。我想象着能有一双翅膀带我飞回桑德菲汉姆城堡，那里被护城河围绕着。完全没有人能进入。"

辛西娅是一名英语老师，她正犹豫着要不要接受心理治疗。她用沉默拒我于千里之外，她退回到自己内心的黑暗中，而来自黑暗的威胁只会吞噬她。如果不是看了她写的日记，我完全无法得知她内心深处的恐惧。流浪者型边缘型人格障碍患者的脆弱明白地体现在她们反复无常的行为举止当中，但隐居者型边缘型人格障碍患者（本书中亦称作隐居者型患者或隐居者）则不同，她们有着坚硬的"外壳"，让人难以打破。流浪者型患者会曲意逢迎他人，很容易放弃控制感，而隐居者型患者一旦丧失了控制感，就会感到惊慌失措。乍一看，她们似乎是内心充实的、自信的，甚至是努力上进的，但在她们坚不可摧的外表下却充斥着恐惧，一种混杂着敌意的慌张。这是一段辛西娅日记的节选，展现了她对生活的恐惧：

> 我诗中是我求之而不得的人生,
> 但是,我只愿写下它,不愿忍受它的折磨
> (向D.梭罗致以我的歉意)

辛西娅的梦想是成为一名作家,但是由于害怕被拒绝,她的理想形同虚设。这些拥有写作天赋的边缘型患者,为自己内心强烈的情绪体验留下了极为细致的描写。作家西尔维娅·普拉斯准确地捕捉到了隐居者型患者内心的体验:"唯一可以去爱的只有恐惧。"隐居者对恐惧的信任胜过了一切,无论是什么人还是什么事都无法与恐惧相比。恐惧让她们得以生存;失去了恐惧,她们只会感受到空虚,死亡。

西尔维娅·普拉斯于1963年自杀,当时她仅仅30岁。在那之前许多年,她曾在自己的日记里这样写道:"如果不去感受,不让外面的世界触碰你,那样会安全得多。"不幸的是,极少有人能够理解隐居者型患者的苦痛挣扎。恐惧让她们"隐身",不希望被别人看到,也不愿意请求帮助。她们将自己裹起来,再加上一道锁。她们有些人害怕照相,甚至会动手把自己从照片里剪掉。她们逃避人群,把自己藏在背景之中,并且防备着其他人。只有她们的孩子和最亲密的人才明白,她们内心的不信任感、不安全感、焦虑、愤怒以及偏执,究竟有多严重。

隐居者型患者往往成为作家、艺术家、学者、幕后工作者,她们被自己的恐惧驱动,也被恐惧摧毁。西尔维娅·普拉斯曾写道:"绝望,强烈的绝望:为什么我无法融入人群?我真的想要融入吗?"隐居者有追求卓越的欲望和动机,她们可能在自己的领域内出类拔萃,但是却无法享受成功所带来的喜悦。但是,如果允许其他选择的话,她们可能宁愿不工作。

隐居者型患者常常是一个完美主义者、一名战士,并且和绝大多数边缘型障碍患者类似,她们也会受到失眠的折磨。西尔维娅·普拉斯曾经写道:"黑暗的时间,夜晚的时间,是眼前最糟糕的。"辛西娅因为焦虑而夜不能寐。她在脑子里反反复复思考丈夫和孩子们的安全问题,还有自己的工作和健康问题。她给自己的丈夫和孩子们设定了不切实际的高标准,她严厉地批

评自己的女儿学习成绩不好，外表不漂亮，交往的朋友也不行。面对孩子们和妻子之间频繁发生的冲突，辛西娅的丈夫总是远远躲开。

　　隐居者型边缘型人格障碍患者喜爱独处，但同时又偏执地渴望归属感。在社交情境中，流浪者型患者可能会过多地谈论自己的私事，或许会给人话太多的感觉，而隐居者型患者则是封闭的、隐秘的，并且从不与人调情。隐居者型患者可能会出现突兀的举止，但是她们极少会大声说话、戏剧化地表达，她们也不会像女王型边缘型人格障碍患者那样仿佛在表演。隐居者型患者情愿从生到死都藏在自己的壳子里。被人关注，那感觉就像要了她们的命。

隐居者型母亲的主导情绪状态：恐惧

　　可怜的孩子一个人待在大森林里。她是如此害怕……

　　　　　　　　　　　　　　——《白雪公主和七个小矮人》

　　和白雪公主一样，隐居者型患者保持着极度的警觉，因为她们觉得自己就好像一个被欺负或者被侵犯了的孩子。西尔维娅·普拉斯的父亲在她8岁的时候就过世了。她写道，"我感觉受到了欺骗：我没有被爱过，但是所有的一切都告诉我，我曾经被爱过……"隐居者型母亲会表现出偏执的倾向，而且她们普遍提前预感到可能改变其精神现状的威胁。她们需要内心的踏实安定，但是却没有能力去接受这种感觉，她们既害怕被控制，也害怕被抛弃。亲密对她们来说，和被抛弃一样，都是威胁。

　　隐居者型母亲会对任何威胁到她控制权的事表现出迷信或者怀疑。由于她们的知觉过于敏感，她们可能会坚信自己能够"通灵"。但是，让她们恐惧的东西实在太多了，这破坏了她们放松、正常社交或者享受生活的能力。隐居者型母亲总是觉得针对自己或别人的伤害近在咫尺，这样的担忧让她们深受折磨，并且她们会将原因归结为别人怀有恶意。

对不熟悉隐居者的人来说，她们看起来十分坚强，因为隐居者型患者和其他类型的边缘型人格障碍患者不同，她们可以忍受孤独。对隐居者型患者来说，独自一人比和其他人在一起让她感到安全些，但独处并不能缓解她们的焦虑。辛西娅害怕权威型的人物，并且她的这种恐惧已经泛化，扩展到了拥有权威和权力的集体，例如政府机构。由于童年时与自己母亲共同生活的痛苦经历，辛西娅非常害怕被迫害，因为母亲曾经肆无忌惮地侵犯着她的隐私。在描述自己混乱不堪的童年时，辛西娅说她曾经时常对母亲大喊："离我远点，让我一个人待着！"。

隐居者型患者希望独处，但是不希望被遗弃，她们想要的只是不被打扰。成年后的辛西娅无法忍受与他人变得亲密，因为她害怕情绪的海啸会将自己吞没。虽然抗焦虑药可能有助于辛西娅，但是她对药物的恐惧导致她拒绝用药。生活在恐惧当中让辛西娅感觉更加安全，她认为药物会让她的知觉变得迟钝，弱化她对危险的敏锐。辛西娅的家人恳求她尝试一下药物治疗，却被她一口回绝，她还指责家人"企图给我下药，把我塞到疯人院去"。

和其他隐居者型患者一样，辛西娅总是预期会出现阴谋、背叛和灾难。她指责别人，包括自己的丈夫和孩子们，控诉他们对自己毫不关心。她会在贺卡、礼物、邀请函以及无害的评论中寻找隐藏在背后的意义。隐居者会反反复复地思考诸如"他们那样做到底是什么意思"之类的问题。她会以阴谋论为基础寻求盟友，在家族里像瘟疫一样散播着焦虑。隐居者与他人的关系也是起伏不定的，在"你和我并肩对抗全世界"和"你在对抗我"之间摆荡。在隐居者型患者的眼里，阴谋无处不在。

对内心状态的管理耗尽了隐居者型患者所有的情绪能量，于是与他人的交往只会让她们感到不堪重负。隐居者型患者不喜欢娱乐活动，也避免有人来家里做客。对孩子的小伙伴们，辛西娅一律不认可，并且极少允许他们到家里来玩。根据传记中的记载，当西尔维娅·普拉斯意识到自己对其他人毫无兴趣的时候，很明显，她自己也被这种想法吓到了。

反复纠缠在无关的细节上会严重损害隐居者型患者的社会交往功能。不合逻辑的规则、仪式性的行为以及异想天开的思维不仅不能扭转隐居者型患者的困境，事实上还可能会破坏她们的幸福。如果不一次又一次检查并确认门窗已经锁好了，辛西娅就无法离开家。离开家对于隐居者型患者来说是一种重大而严酷的考验，因此产生强烈的焦虑感足以让她们的孩子感到烦躁。

隐居者型母亲对孩子的健康过度敏感，导致孩子们也失去了判断自身幸福感的正常标准。每次辛西娅的儿子打一下喷嚏或流一点鼻涕，辛西娅就会反应过度，相应的，儿子则渐渐变得对自己的病痛置之不理。比如说，踢足球时受了伤，辛西娅的儿子不但不会把这件事告诉妈妈，并且会做出一副若无其事的样子。直到几天后，他见到了医生，才惊奇地意识到自己脚部骨折了。隐居者的孩子也许会学着忽略来自自己身体的病痛信号。

隐居者型母亲在社会交往中会假装一切正常，用这种方式来掩藏自己的猜疑、阴暗、难以接受任何挫折。对隐居者来说，人际关系都是事先安排好的，她得从生活的戏剧性当中寻求避难所。在社交的世界里，她必须像演戏一样，唯有如此才能生存下去。西尔维娅·普拉斯曾说，社会化就是一场对自我的背叛。一个朋友在传记中这样描述西尔维娅："一开始，她带着阳光和微笑的面具对待所有人，然后，如果事情没有按照她的方式来，那么你就会见到一个果决、执拗、有强迫性的并且没有耐心的人，紧接着这个人就会突然爆发出怒火。"

精神病学家吉拉德·阿德勒（Gerald Adler）解释道，边缘型人格障碍患者持续寻求从他人身上获得自我意识，目的是"在一定程度上控制自己的分离焦虑——避免出现毁灭性的恐慌"。其他类型的边缘型人格障碍患者都会主动寻求社交互动，只有隐居者型患者通过工作、兴趣爱好、写日记、与一个理想化的伴侣建立单方面的关系等来定义她们虚弱的自我。

作为一名教师，辛西娅在认识她的人眼里事业十分成功，但辛西娅的自信仍然会因为某个极其微小的错误而动摇。把自己出色的职业经历成书出版，让辛西娅感到极度危险；于是，她为了保护自己免于被拒稿，就干脆不交稿。西尔维娅·普拉斯非常害怕自己在学业和智力上不够成功，她把这种情况称为"对安全感最沉重的打击"。隐居者型患者希望通过自己的工作或作品获得他人的认可，因此，她们对自己的表现极端敏感。批评或拒绝足以摧毁她们的自我，"这个世界上就没有我了，因为我的存在就等于别人眼中的我，如果没有别人，也就不再有我了"。

虽然隐居者的行为看上去毫无必要地过分戏剧化，甚至常常是荒诞的，但她们确确实实体验到被迫害的感觉。在她们身上，不存在让自己冷静和舒缓下来的内部机制，仿佛她们自己的母亲对她们来说既是保护者也是加害者。在她们眼里，无论在所处的外部世界还是自己的内心世界中，没有任何一个地方是安全的。然而，对隐居者来说最大的折磨可能是没有人能理解自己。她们感到自己在这个世界上孤身一人，迷失在自己的内心和各种令其恐惧的想法之中。没有人相信她们。所以，也难怪她们总感到毛骨悚然。

隐居者型母亲的内心体验：被害

> 你自己要小心，我们不在的时候，不要让任何人进来。
>
> ——《白雪公主和七个小矮人》

隐居者型边缘型人格障碍患者内心的黑暗部分是她们的恐惧。她们忍受着强烈的被迫害的焦虑，终其一生都在防备着内心无名的捕猎者。她们坚信，整体而言，人类是危险的、邪恶的，而那些兴趣或价值观和她们不一致的人尤其危险。西尔维娅·普拉斯曾经说过："我……只爱我自己。"

隐居者型患者总认为自己会失去所需要的东西；于是乎，她们想要牢牢掌握一切。西尔维娅·普拉斯的丈夫泰德·休斯写过一首题为《忧惧》的诗，其中就描写了西尔维娅强烈的占有欲。关于这方面，西尔维娅写道，"如果有人打乱了我的安排，我就感觉到自己在心灵上被强奸了似的"。事实上，曾有朋友找西尔维娅·普拉斯借了一本书，归还时西尔维娅发现书上的某些段落有铅笔做的记号，"她的怒火熊熊燃烧，仿佛复仇天使"。

家庭成员常常把隐居者的占有欲误解为自私。如果别人移动或借用了她们的个人物品，隐居者型患者就感觉自己受到了侵犯，但是家人往往理解不了这一点。找到并保护自己的空间、自己的领地以及自己的东西，这是一种隐居者型患者保护自己的方式。辛西娅对隐居者型患者害怕他人拿走自己物品的心态有过这样的描述："这是我的。这是我的。这是我的。猴子坚硬锋利的指甲划过地板，不断捡起并贪婪地为她自己囤积着，那些你无法给她的，或者那些你给了她却又可能拿走的。"由于隐居者型患者害怕失去自我，于是她们疯狂地保护着自己的财物。

　　隐居者型母亲无法忍受暴露自己。西尔维娅·普拉斯的丈夫说："我从来没有见过她向任何人展现真实的自我。"别人看不见的东西，自然不会失去，也不会被拿走。辛西娅曾对自己的日记这样写道："只有你才了解我。"

　　和许多隐居者型患者一样，西尔维娅、辛西娅会惩罚自己所爱的人，或把对方封闭在心门之外。当隐居者型患者愤怒时，她们的家人面对的就是一堵冰冷沉默的石壁，或是肆无忌惮的怒火。西尔维娅·普拉斯的一个朋友曾经说，西尔维娅"有办法创造一种氛围，在这种氛围中所有人都有罪，每个人无论怎样做都不对"。西尔维娅自己也承认，"我有些过于脆弱，还有那么一点点偏执，我想，我会一直这样下去的"。

　　虽然隐居者型患者害怕被他人吞噬，但是，她们却用自己的恐惧与绝望吞噬自己的家人。如果家人试图和她们分开，即便只是暂时分开，隐居者型患者都会变得怒火冲天。西尔维娅·普拉斯写道："我在和泰德分离这件事情上有些迷信，即便只是分开一小时而已。我想，我必须生活在他的温暖之中，生活在有他的世界之中，他的味道，他的话语——就好像我所有的感觉都是不由自主地由他身上汲取而来，和他分开，即便只是几个小时，我都会憔悴、枯萎，然后从这个世上死去……"。

　　辛西娅绝少承认那足以致命的怒火源于她自己的内心。而另一方面，西尔维娅·普拉斯对此则有过生动的描述，"在我身体里有一股暴力存在，它像死亡鲜血一般滚烫"。隐居者的敌意可能表现为尖刻的讽刺、挑衅好斗、不合情理的要求、乱发脾气、甩脸色或冷冰冰的沉默。如果有一些小误会的话，还可能带来有关背叛、忽视或遗弃的指责。

隐居者型患者极少为她们不当的行为承认错误或者道歉。当她们的自我受到威胁时，她们自保的本能就会占据上风。对于隐居者来说，这事关自我防御，因此她们觉得自己什么都没有做错。

隐居者人生的痛苦之处在于，她们并不乐于独自一人，却又永远放不下对他人的警惕。她们害怕别人看到自己，而她们最不愿意看到的也是自己。绝少有隐居者型母亲能够忍受和心理治疗师会面。

隐居者型母亲的特征

◆ 过分的占有欲和控制欲

隐居者型母亲的教养风格充斥着对孩子过度的控制欲和占有欲。这样紧密的共生关系令孩子感到窒息，于是他们要么被恐惧禁锢，要么怀着怨恨被心中的叛逆推向危险境地。隐居者型母亲通常会过度保护她们眼里完美的孩子，诋毁她们眼里一无是处的孩子。母亲负面而偏执的投射会持续骚扰着一无是处的孩子。她们毫不顾忌地苛责这些孩子的外表、朋友、学业成绩和个人习惯，这些都是隐居者型母亲将自己的羞愧感和耻辱感投射在孩子身上的表现。另一方面，隐居者型母亲会不顾一切地和她眼里完美的孩子"黏在一起"，希望和这些子女结成统一战线，作为盟友一起去诋毁她的丈夫或者她眼中一无是处的孩子。完美的孩子会被自己的内疚感驱动和撕扯，因为隐居者型母亲要求他们对她奉上绝对的忠诚。

由于孩子自立的需求在隐居者型母亲眼中会被解读为背叛，于是孩子就可能陷入母亲恐惧的陷阱。隐居者型母亲的成年子女可能会由于焦虑而感到身体上的不适。在隐居者型母亲身边长大的来访者经常对治疗师提到，自己有各种各样的身体问题：肠炎、恶心、反复发作的疾病、头痛、肌肉紧张或者整体状态萎靡。童年创伤的记忆被压抑了，于是痛苦从身体上表现出来。隐居者型母亲的子女成年之后往往还会患上惊恐发作、幽闭恐怖症或者广场恐怖症，但是他们意识不到自己恐惧的源头在哪里——童年早期的感受被母亲封锁住了。

✦ 离群索居

隐居者型，从定义上来看，属于内向型，而流浪者型和女王型则属于外向型。西尔维娅·普拉斯写道："我和自己说话，看着漆黑的树木，幸运地没有情绪波澜。这比面对别人要容易得多，比不得不装出一副快乐、强健和聪明的样子要容易太多了。"不幸的是，隐居者型母亲会把自己的孩子拖入她的保护壳中，在一片黑暗之中养育他们，她认为这样才能让孩子免于危险，可这些危险只存在于她的眼中。但是，好奇是孩子的天性，因此他们想要探索世界的行为会威胁到母亲的安全感。于是，隐居者型母亲会阻挠孩子在独立性、社会化以及自主性方面的发展。

隐居者型母亲相信，她们在保护自己的孩子免受外面那个危险世界的侵扰。但对于渴望自由和独立的青少年来说，他们可能会反抗或者怨恨母亲的这种过度保护。一些隐居者型母亲的成年子女对治疗师报告说，自己年少时迟迟未能去考驾照是因为母亲对此十分焦虑。在美国，驾照意味着孩子向独立自主的方向跨越了一大步，并且它为孩子提供了一种离开家的方式。很自然地，当孩子进入青春期，隐居者型母亲的焦虑感便会越发强烈。

✦ 害怕被拒绝更甚于害怕被抛弃

对于隐居者来说，她们对被抛弃的承受力或许高于被拒绝，而她们比较能够容忍被抛弃是因为她们能够忍受孤独。拒绝，对她们来说是毁灭性的，因为拒绝代表着失败。对被拒绝的恐惧是辛西娅人生所面临的主要阻碍。她需要被别人认可，但她对自己的这种需求感到羞愧和害怕。她的小说体现出了她的一些侧面，就像小说《艾米丽和蜘蛛》（*Emily and the Spider*）里的角色一样，带着四副眼镜，显得十分滑稽。辛西娅因为害怕被拒绝而一直不把自己的小说书稿交给出版社，但西尔维娅·普拉斯则痴迷于出版自己的文字。艺术是隐居者型患者表达自己内心体验的一种途径，被拒绝对她们来说是一种情绪上的诋毁。事业上的成功让会让她们感觉舒适，满足她们心灵深处对自豪感的渴望。西尔维娅·普拉斯在丈夫离开她之后的一个月里写了30首诗。其中最后一首诗是在她自杀前写的，诗的内容是关于一个女人的死亡，死者的脸上还挂着骄傲的"成就者的微笑"。而这首诗的题目则揭示了西尔维娅的内心，她知道自己距离"边缘"（*Edge*）只有一步之遥了。

由于害怕被拒绝，隐居者型患者很难去向他人求助。治疗隐居者型患者是一项艰涩的工作，因为治疗师常常要面临来访者突然退出或自杀的风险。对于隐居者型患者来说，自杀带来的是一种胜利的感觉，而非失败；自杀，这是她们自由意志的最终体现。她们必须把死亡的控制权抓在自己手里，就像她们必须把生活的控制权抓在手里一样。她们会在自己刚刚开始信任治疗师的时候就退出，因为信任是危险的。

令人遗憾的是，有自杀倾向的隐居者型患者很有可能自杀成功。她们不愿对别人说出自己的自杀念头，因此不会为了威胁别人而做出自杀的姿态。她们害怕住进医院会丧失控制权。如果不加干预和治疗，隐居者型母亲的故事很可能没法用"从此幸福地生活下去"来结尾。

◆ 过度的反复思虑

心理治疗师丹尼尔·保罗解释说，对于边缘型人格障碍患者来说，情绪感受可以强烈到无法承受，因此她们"很难饱含感情"。在西尔维娅·普拉斯的案例中，她的日记、诗歌以及短篇故事都描绘出了情绪的洪流："我日益沉溺于悲观消极、自我怨恨、怀疑、疯狂——我甚至无力去拒绝那些例行公事、生搬硬套，好让一切简单点。不，我一直在蹒跚而行，我害怕空洞会突破我的双眼……"隐居者型患者恐惧自己内心的黑暗，也许更甚于她们对生活本身的恐惧。

隐居者型患者的反复思虑表明，她们的思维具有很强的毒害性。她们会主动搜寻那些让自己害怕的东西——痛苦的源头和起因。她们仿佛患上了忧虑的疾病，身体里充满了令人紧张的肾上腺素。辛西娅抱怨孩子和丈夫忽视她一直以来的警告。她的孩子叹着气说:"在我妈眼里,总有什么事。"他们取笑母亲说,其同事一句无伤大雅的评论就能引发她"一天的恐慌",让她接下来一个星期都不正常。"他们处心积虑地要甩开我!"辛西娅说。而丈夫的安抚换来的却是她的敌意:"你从来都不相信我。等着瞧吧!"

隐居者型患者会毫不留情地严惩自己的微小过错或无心之失。她们内心的混乱在家里表现为成堆杂乱无章的旧报纸、旧杂志,以及诸多未能完成的计划。她们的焦虑感弥散在方方面面,难以应付,因此她们可能会去关注某个无关紧要的事物,把它变成自己羞愧感的靶心。有一次,辛西娅的一个叔叔路过她家,顺道进来坐了一会。辛西娅因为叔叔的突然拜访感到非常尴尬,因为卫生间里有一把不干净的梳子她忘记收起来了。当她对丈夫说那把梳子让她丢脸的时候,丈夫笑了起来,问辛西娅:"你真的觉得叔叔会注意到那把梳子吗?家里到处都没收拾,你为什么偏偏在意一把梳子?"因为脏梳子代表着辛西娅觉得必须隐藏起来的羞耻感。

悲剧的是,隐居者型患者无法被取悦,她们无法冷静下来,别人也无法让她们安心。她们坚信,没有任何一个人能够理解她们所担心的那些事情的严重性。隐居者型患者挣扎于基本信任感的缺失,于是,她们注定要感到孤独。

✦ 嫉妒心极强

由于隐居者型患者缺乏起码的信任感,又有很强的嫉妒心,她们很难维持长久的人际关系。西尔维娅·普拉斯的一个朋友最初非常喜爱她,可是"不久之后……惊异地发现了西尔维娅贪婪的占有欲,最终,两个人友谊受损"。辛西娅不愿意与他人分享相关资源的信息,不愿意参加社交活动,也不愿意与其他人打交道,这些都让辛西娅的同事们疏远了她。她严守自己的教案,就好像保卫什么机密文件一样。辛西娅的冷漠被当成了势利,一些同事因此讨厌她,当然,这些同事不会意识到他们对辛西娅来说是一种威胁。

无论是辛西娅还是西尔维娅·普拉斯,她们对自己丈夫与其他女性之间的关系都表现出了强烈的嫉妒。西尔维娅·普拉斯的朋友诗人默温曾经这样写道："甚至泰德提议和什么人去哪里玩儿都会自动引发她或大或小的情绪爆发，如果'什么人'指的是女人，那么爆发的程度就要翻倍了。"传记作者安妮·史蒂文森表示，"很明显，局外人觉得看不懂西尔维娅，她古怪又任性，习惯于一直独占自己的丈夫，有时候，西尔维娅对待朋友和家人的做法如此不合情理，堪称粗鲁。"

辛西娅也控诉丈夫不忠，但是她没有证据支持自己的这种想法。她指责丈夫觉得她没有吸引力，在性方面拒绝她，还偏爱年轻的女性。有一次，辛西娅把一口平底锅往丈夫身上扔，过后却指责丈夫离开她往外走，辛西娅拒绝承认丈夫当时离开有可能是出于自我保护而不是抛弃她。

隐居者的嫉妒会导致她们做出破坏性和报复性的行为。曾有一次，丈夫泰德·休斯和英国广播公司（简称BBC）的一位女性制作人共进午餐后回来迟了。西尔维娅·普拉斯的偏执让她相信，"那个她从来没有见过的女人，将不可避免地给她完美的婚姻带来第一道裂痕"。这件事在休斯的诗《弥诺陶洛斯》（*The Minotaur*）里面有所体现。当休斯为了工作与人会面的时候，西尔维娅突然变得歇斯底里，毁掉了他的手稿和他最喜欢的一本《莎士比亚全集》，表现出无法克制的狂怒、不合情理的嫉妒和偏执。后来，休斯向一位朋友倾诉说，这是他们婚姻的转折点。传记作者史蒂文森评论道："没有什么比她骤然飙升的嫉妒更能破坏这段婚姻的了"。

✦ 感知过分警觉

隐居者型患者的知觉十分敏感，这是她们内心强烈的恐惧带来的结果。因为隐居者型患者时刻生活在警觉之中，所以她们会注意到其他人注意不到的东西。辛西娅的恐惧已经泛化到了她的饮食上，她害怕自己吃的东西会被污染，于是发展出了一套仪式来抵挡危险。辛西娅的家人取笑她给"被污染"的盘子和餐具消毒的行为。而且，她只在使用一次性塑料餐具、厨房透明可视的饭馆就餐。当附近的一家餐厅因为数名顾客染上肝炎而暂时停业，辛西娅就更加重视自己的仪式性行为。一旦被现实情况所强化，她的偏执思维就会变得更严重一些。

隐居者型患者的高度警觉可能是创伤后应激障碍的结果。由于童年的创伤造成了她们深深的恐惧，隐居者的头脑似乎按照错误感知危险的方式装配而成。她们会怀疑精神科医师和专业人员，并且拒绝寻求帮助。一位朋友曾说，在西尔维娅·普拉斯所有性格特征中最令人悲哀的一点就是，她把他人的帮助视为一种威胁，一种她必须要躲避的东西。

✦ 可能有些迷信

迷信包括了各种有关魔法的信念或运用某些仪式来减轻自己的恐惧和焦虑。西尔维娅·普拉斯的一个朋友为她塑了一尊头像，"迷信的西尔维娅像原始人那样守护着自己的灵魂，她惊恐万分地把它扔了出去……"。对于边缘型人格障碍患者来说，那些代表着她们自我的物品对她们来说具有举足轻重的意义，因为她们的自我很不稳定，极容易支离破碎。西尔维娅·普拉斯和她的丈夫最终把这个黏土做的头部塑像藏在了一棵柳树里头，这样它既不会被人找到，也不会被人打扰。

辛西娅的家人不介意她无伤大雅的仪式性行为，尽管那让他们有点烦，但是，他们讨厌她有关噩兆的感知。家庭度假计划被无数次取消或者重新安排，就是因为辛西娅对当次旅行产生了不好的感觉。买房子的时候，当她得知前任房主因为心脏病发而突然去世，就坚决要求丈夫撤回报价。辛西娅坚信，这房子已经被厄运缠上了。

隐居者型患者可能会有自己的幸运数字（西尔维娅·普拉斯的幸运数字是49），拥有特殊力量的幸运颜色，或者具备特殊意义的符号等。许多边缘型人格障碍患者在信件和日记里用心形符号代替书写"心"字，她们觉得这样可能会带来好运气或者能够赶走坏运气。休斯在诗作《图腾》（*Totem*）里提到了西尔维娅·普拉斯在私人物品上画小小的心形图案的习惯。使用幸运数字或符号可以给隐居者型患者一种掌控自己所处环境的感觉，从而缓解她们的焦虑。

✦ 对疼痛和疾病反应过激

虽然所有的边缘型人格障碍患者在压力状态下都倾向于做出歇斯底里的反应，但隐居者面对疾病时会感觉到格外强烈的威胁。她们无法忍受不舒服、不方便的感觉，也无法忍受疼痛。她们会出于恐惧而哀叹、呻吟、尖叫或者哭泣，而不是出于疼痛。当她们受到惊吓，她们会变得充满敌意。她们夸张的反应行为会迷惑周围关心她们的人。

泰德·休斯在他的诗作《狂热》（*Fever*）中发出了这样的疑问：妻子到底是不是因为食物中毒而像狼一样地嚎叫呢？对于隐居者型患者来说，被踩到一下脚趾和断了一根骨头可以引发她们同等程度的歇斯底里。由于她们会对身体方面的疼痛和疾病出现过激反应，导致家庭成员可能难以区分轻微的外伤和严重的紧急情况。

隐居者型患者无法自我纾解或自我安抚，于是她们会对疼痛或疾病做出过激反应。当隐居者感觉到自身的脆弱，她们就再也无法控制自己的焦虑感。以戏谑态度或者轻描淡写地对待她们的抱怨，这些都只会增加她们的焦虑。辛西娅的儿子选择忽视母亲对于身体不适的抱怨，而辛西娅的女儿则觉得自己必须照料好母亲。隐居者型母亲眼里的完美孩子通常都能让她们感到舒心，但这些孩子实际上扮演了家长的角色。

✦ 用食物、酒精和性来安抚自己

隐居者型患者可能会使用食物、酒精或者性来缓解自己的焦虑。她们和女王型边缘型人格障碍患者不同，后者会通过花钱来纾解，因为她们不怎么把关注点放在自己身上。虽然隐居者型患者也有可能爱好昂贵的物品，例如美食大餐、精致的瓷器或者高品质的东西，但是总的来说花钱并不能让她们觉得高兴，因为这种方式威胁到了她们的安全感。隐居者在感到自己被拒绝的时候，最有可能暴饮暴食、纵酒或滥交。

伴侣不在身边，最容易激发隐居者型患者的自我安抚需求。在这种时候，隐居者型患者可能产生各种偏执的思维和绝望的感觉，她们会抓住手边任何能用的应对机制去降低自己的焦虑。西尔维娅·普拉斯在日记中这样写道："让我不再感到绝望，扔掉我的骄傲只求获得慰藉；让我不再藏身于酒瓶，不再藏身于陌生男人面前那个血肉模糊的自己……"在和休斯结婚之前，辛西娅有过许许多多随意的性关系。在她的一篇日记中有着这样的文字，"我觉得我死了，毫无生气。昨夜我又把自己扔进一个男人怀里，当时我感受到的不是惊恐，不是羞耻，而是（谢天谢地，我猜是）一种陌生的空虚。"

精神病学家约翰·冈德森指出，边缘型人格障碍患者的功能水平与其最重要的人际关系有关。如果患者感知到自己的依恋对象是支持她的，那么她总体上处于轻度抑郁，并且对自己感到愤怒。如果她认为自己的伴侣令她遭受挫折，那么她会变得愤怒，会操纵和贬低对方。如果伴侣离开了，那么边缘型患者会惊慌失措、冲动异常，还有可能会出现精神病的症状。

◆ 激起他人的内疚与焦虑

隐居者型母亲常用内疚感来控制他人。和丈夫分手之后，西尔维娅·普拉斯想要和一位男性朋友住在一起。这位男性朋友向西尔维娅·普拉斯礼貌地解释了为什么他们不能这样做，在他所生活的那个小社区里，同居是很不妥当的。这位男士后来回忆说，西尔维娅当时的反应令他觉得相当内疚，他一直质疑自己是否对西尔维娅太苛刻了。另一些朋友也提到，西尔维娅·普拉斯常把人逼到角落，让他们不敢按照自己的真实感受去行动。西尔维娅的朋友诗人默温评价道，"所有关于西尔维娅对他人影响的第一手证据都显示出，她不健全的心灵不但让她成了自己最大的敌人，更是她自己唯一的敌人——一个充斥着怒火'瞄准了毁灭'的载体"。

隐居者型患者会通过各种方式无意识地投射自己的焦虑。有自杀倾向的边缘型人格障碍患者会在其家人身上激起强烈的内疚感和恐惧感，而她们的治疗师也不能幸免于此。对导致患者自杀的原因进行分类并不是一件容易的事情。有些隐居者型母亲从来不尝试自杀也不威胁说要自杀，因为她们对死亡的恐惧和她们对生存的恐惧同样强烈。另一些隐居者型母亲则厌倦了无休无止的危机感，并且决定用死亡作为终极手段，保护自己不再受生活的威胁（这显然是个悖论）。隐居者型患者就是她自己最大的敌人，也是对她活下去的唯一威胁。

隐居者型母亲的信条：生活太危险了

生活中可能存在着危险，但是隐居者型母亲教给自己孩子的却是：生活太危险了，你根本无力抵抗。隐居者型母亲的恐惧会投射到孩子的身上，内化到孩子的心里，孩子会把母亲的感受当作真实情况。这样一来，隐居者型母亲的孩子习惯于高水平的焦虑，只有当他们感到焦虑的时候，他们才觉得正常。在一些案例中，隐居者型母亲的孩子蓄意追求危险经历，以此表达叛逆，抗议母亲传递给他们消极信息。另一些孩子则会保护母亲，因为他们感到母亲无比脆弱、惶惶不可终日，于是随之而来的就是强烈的分离焦虑和内疚感。

隐居者型母亲传递出的情绪信号"生活实在太危险了"会蚕食孩子的自信心。孩子探索世界、犯下错误并从中汲取经验教训的重要机会被剥夺了。在任何特定环境中识别出危险信号，对生存而言至关重要。但是，隐居者型母亲的孩子可能无法区分什么是适当的焦虑，什么是神经质的焦虑。一个充满焦虑的孩子很难在学校集中注意力，他们在夜晚入睡困难，不容易和别人建立人际关系，也难以实现发展目标。隐居者型母亲的孩子学会了害怕，却并不理解自己害怕的到底是什么。

无法承受或无处不在的焦虑会让隐居者型母亲和她们的孩子寸步难行。隐居者型母亲可能会出于不切实际的恐惧而在家里自己教育孩子，阻止孩子参与课外活动，或是一旦孩子出现轻微的感冒或咳嗽，就不让他们去学校。由此，孩子接收到的信息是：自己没有能力去应对生活。

✦ 隐居者型母亲传递的信息

  ❏ "有些特别糟糕的事情就是会发生！"

- "你会受到伤害的!"
- "当心!"
- "你现在就做完它!"
- "别告诉任何人。"
- "他们是冲我们来的!"
- "永远都要锁好你的门。"
- "你到底怎么回事?"
- "要表现得就好像一切如常。"
- "别让他们进来。"

丹尼尔·沙克特（Daniel Schacter）在《寻找记忆：大脑、心智以及过去》（*Searching For Memory: The Brain, The Mind, and The Past*）一书中解释说，杏仁核会触发去甲肾上腺素的分泌，让各个感觉器官更加警觉，但会让人主观上感到急躁。隐居者型患者总是相当急躁。她们听到别人听不到的噪声，对气味过分敏感，周围环境尖锐地刺激着她们的感知。她们永远不会觉得安全。在辛西娅所写的短篇故事中，她最喜欢的藏身地点就是地下室。来自熨斗的温暖，洗衣机的声音，并且屏蔽了阳光，这些都可以给她一种安全感。

隐居者的子女成年之后会成为母亲社会交往的核心。她们没什么朋友，仅有的几个通常也是焦虑、缺乏安全感的人。对她们和她们的家人来说，度假是尤其困难的一件事，因为度假就意味着更多的社交。因此，隐居者型母亲的子女往往发现他们的假期不但让人失望，而且还让人抑郁。

隐居者型的母亲可能会养育出流浪者型的女儿，即过于轻易放弃控制权的女性。她们也可能会养育出愤怒、攻击性强的儿子，这样的儿子总是觉得别人要袭击他。不幸的是，极少有隐居者型患者有勇气接受治疗。即便有一些隐居者鼓起勇气接受治疗，可一旦她们开始信任治疗师，往往就会立即退出。她们卸下武装，展现一部分自我之后会，似乎会感到非常羞愧。起初，她们羞愧的表现形式是回避目光接触，不久之后，她们的羞愧就会表现为彻底停止治疗。

对于其他人来说，隐居者型母亲的恐惧确确实实是无法理解的。她们编织了一张看不见的网，保护自己不受他人的入侵，但是这张网会让她们的孩子变得无力。悲剧的是，隐居者型患者可能会一直生活在自己亲手编织的这张黏糊糊的大网中，直到死去。

第 5 章
女王型母亲

> "到你们该去的地方去！"女王大吼的声音如同雷鸣，人们开始四散奔逃，互相踩踏。
>
> ——《爱丽丝仙境历险记》

"我也能做一个贱人。我这人特别没有耐心……我一点都不否认这个。"林塞踢掉了鞋子，把两条腿拉向自己身边，看上去就像一只母老虎似的。"你不介意我让自己坐得舒服点，对吧？"

我不介意。但是，她看上去越舒适，给我的感觉却越不舒服。找个适合林塞的时间实在是不容易。同意在这个对我来说并不方便的时间会见来访者，这种事情以前从没在我身上发生过。怨恨的火花向我发出了警报：林塞希望自己能获得特殊的待遇。

精神分析师欧内斯特·沃尔夫（Ernest Wolf）解读了这种"镜子饥饿"（mirror-hungry）的人格，他们迫切渴望"展示自己，从而激起他人对自己的关注，以便通过他人的赞美来对抗自己一文不值的感觉"。人们总能注意到女王型边缘型人格障碍患者（本书中亦称作女王型患者或女王）。她们的外表、语调、举止以及人际关系，都能体现出她们对关注的渴求。女王型患者的行为动力是她们内心的空虚感。

女王型患者寻求特别待遇，源于她们在孩提时代感受到了情绪剥夺。独生女林塞的父母相当富有，他们在林塞只有7岁的时候离婚了。分手之后，林塞的父母并没有花时间去安抚她，而是把她送进暑期夏令营，然后又把她送到了寄宿制学校。经历了这一切的林塞十分渴望得到关注。她很快就发现，闹脾气可以引来自己想要的关注。于是，她学会了通过顽固抵抗和威吓他人来获得特殊待遇。林塞警告我说她为人很差，性格很糟，试图通过这种方式来操纵我。但是，如果我允许她索要特殊待遇的话，那么我将会怨恨她，讨厌她。在来访者和治疗师之间的关系中，毫无例外地会重新上演来访者童年时代与其父母之间的情绪体验。在我倾听林塞的讲述时，另一个著名的女王型患者出现在了我的脑海之中：玛丽·托德·林肯。

她被称为"共和党女王"，充满争议的美国第一夫人，干涉总统事务，在美国内战期间花费巨资重新装修白宫。"然而，有些时候，玛丽表现出来的是一个勇敢、正常并且情操高尚的自己，如果是一个初见她的陌生人，绝不会看出林肯夫人有任何精神异常的迹象。而在另一些时候，当她的头脑被痛苦的火焰灼烧，她会陷入黑暗当中，她的心中充满着苦楚，命运的悲剧攥住了她。"《玛丽：林肯之妻》（*Mary: Wife of Lincoln*）一书中如是写道。

历史作家马瑞恩·米尔斯·米勒（Marion Mills Miller）曾这样总结玛丽·林肯的一生：

> 林肯夫人
> 的头上
> 生前为荆棘所环绕
> 死后为嫌恶所包围

罗伯特，玛丽唯一没有夭折的儿子，曾经对自己的妻子透露："有件事，我不能跟任何外人说，我的母亲是一个在精神上无法完全为自己负责的人。"甚至亚伯拉罕·林肯总统本人都说过："我夫人的任性，源于她部分精神错乱，但我对她没有什么不满意的。"

"部分精神错乱"（partial insanity）——对边缘型人格障碍的简明定义，

出自这位以诚实著称的总统之手。玛丽·林肯是教科书般典型的女王型边缘患者。"（玛丽）是一个占有欲很强的妻子，她热衷于侍奉丈夫以及搅和家庭事务……白宫的内政事务工作人员对她颇有微词。她的行为毫无规律可循，难以预料。白宫里的一名助理曾经写下这样的文字，'那个泼妇一天比一天变本加厉'。"

威廉·斯托塔德是林肯任总统期间白宫的一名工作人员，他对这位第一夫人有如下矛盾的描述："你很难一下子理解为什么一位女士明明前一天亲切和善、关怀体贴、慷慨大方、细致入微、积极乐观，后一天突然就变得不讲道理、激动易怒、灰心丧气……无论对男人、女人或其他事物，她都只看见黑暗糟糕的一面。"

女王型边缘型人格障碍患者的体验被心理治疗师称为"口欲期贪婪"。女王型患者极度饥渴的行为表现，与因为两次喂奶时间间隔过长而嗷嗷待哺的婴儿很相似。饥饿、挫败，女王型患者无法让自己冷静，也不能自我安抚，她们又抓又打，又哭又嚎，直到乳房被安全地放到她们嘴里，甚至得结结实实地塞进她们的嘴里才算完。她们咳嗽、打嗝、呛奶并且吐口水，她们紧盯着专属于自己的乳房，就好像狼保卫着来之不易的食物一样。与此相似的是，女王型患者会守护一切属于自己的东西，然后攫取更多的东西，多到她们用不完。她们这样做是为了防止别人捷足先登。

林塞向我提出要求，希望我能够降低心理治疗的费用。她的理由是信用卡账单让她不堪重负。她说自己经济拮据，但是她左手上硕大的钻石和身上设计师定制款的服饰却出卖了她。林塞在与我第一次会面之前不久，刚刚享受了一次奢华的加勒比海游轮之旅。虽然林塞看上去很富裕，但是她自己的真切感受却是一无所有。这种感受扭曲了她的认知，就像饥肠辘辘的婴儿碰到了母亲的乳房一样，林塞拼命抓住她能够抓住的一切。然而，就算林塞得到了自己想要的东西，她也永远不会感到心满意足。

精神病学家吉拉德·阿德勒对边缘型人格障碍提出了这样的解释，"被遗弃的感受通常来源于患者生活中的真实经历，她们曾经被自己的父母或者代替父母角色的抚育者所抛弃，或是没有得到他们的照料与关注"。在玛丽·林肯这个案例中，玛丽的母亲在她年仅7岁的时候因为难产而死。父亲再婚了，而继母又生下了9个孩子。作为家里众多孩子中的一个，她要和兄弟姊妹竞争父亲的关爱。玛丽最终赢得了父亲的关注，她获胜的办法是和父亲讨论政治，这是父亲十分重视的话题，玛丽多次表示自己今后想要进入白宫生活。虽然玛丽后来真的成为第一夫人入主白宫，达成了她的宏愿，但是她对幸福的梦想却没有变为现实。她生命的最后几年充斥着悲伤，并在绝望中死去。

心理治疗师乔恩·拉切卡认为，边缘型人格障碍患者缺乏"我很特别"的记忆。女王型边缘患者没有体验过自己的独特，她们感受到的只是彻底的空虚、愤怒与难以满足的渴望。她们觉得自己有权践踏他人的边界，去夺取自己想要的东西。她们带有侵略性、高调、缺乏耐心，又喜好炫耀卖弄。她们很容易感到挫败，常常突然暴怒，吓得孩子瑟瑟发抖。她们虚伪不实，有时会通过谎言来得到自己想要的东西。

林塞抱怨说，自己的前夫离开时没有给她留下一分钱，导致她被迫改变自己的生活方式，没法过得舒舒服服。孩子还小的时候，林塞告诉他们，自己没有钱送他们去夏令营。虽然前夫给了林塞相应的费用，但是当前夫问林塞为什么孩子们没有去夏令营的时候，林塞瞬间暴怒，前夫便没有追问下去。和女王型患者打交道，做出让步比起正面对抗会轻松一点。

如果有谁胆敢和女王型患者发生正面冲突，那么在女王型患者眼里，这些人就和异教徒一样，应该被驱逐流放以惩罚他们的不忠诚。玛丽·林肯侄女描述了她如何对待顶撞她的那些人："玛丽的姐妹和其他亲戚对她表达不满，请求她控制一下自己兴奋过度的精神状态和异于常人的古怪行为，而这些只是点燃了玛丽的怒火，她和他们全都断绝了往来。"

女王型母亲的主导情绪状态：空虚

"女王！女王！"三个扑克牌园丁立刻面朝下扑倒在地上。

——《爱丽丝仙境历险记》

就像《爱丽丝仙境历险记》中的红心女王一样，女王型边缘型人格障碍患者对待别人就好像他们都是她手里的扑克牌，她可以洗牌、抽牌、出牌，好让自己获胜。女王型患者剥削起别人来是冷酷无情的。她们争强好胜，她们妒火中烧，她们渴望财富、美貌、关注、名望以及他人的敬仰。她们满脑子只想着自己，自我中心、贪婪并且颐指气使。而没有利用价值的人只会像小丑牌（Joker）一样，被她们从牌堆里扔出去。

女王型患者内心的阴暗面是她们的空虚。空虚与孤独是两种完全不同的情绪体验。孤独是由丧失造成的，它会触发悲伤；而空虚则是由于被剥夺造成的，它触发的是愤怒。但是，并非所有的女王型患者在童年早期都经历过丧失，她们的共同特点是体验到被剥夺的情绪感受。当她们还是小孩子的时候，她们感到自己被掠夺了；于是，她们觉得拿回自己所需的东西是正当的。

从青春期开始，林塞就常在商店里顺手牵羊，她总是偷一些价格不高的小东西，例如口红、洗发水、贺卡。以她的经济条件来说，负担这些东西完全不在话下，但她就是讨厌花钱买。对林塞来说，付钱买这些东西太麻烦了，和这种麻烦比起来，商店的损失不值一提。

由于对挫败感的承受力很低，并且缺乏耐心，因此女王型患者很容易做出具有破坏性和冲动性的行为。她们可能会吸毒、滥用药物、酗酒、暴饮暴食、滥交，又或者会毫无节制地花钱、危险驾驶。林肯夫人的冲动性消费，尤其还是在内战期间，曾引发美国民众的强烈不满。华盛顿的上流社会传言说，玛丽·林肯对于"得到更加华美的长袍和裙子有着近乎心理变态式的狂热爱好"。当她重新修葺白宫的花销超过了国会的拨款金额之后，林肯总统评价道："我绝不赞同这种做法。首先，这笔钱要由我个人支付。如果我说，总统批准了一笔超过20000美元的经费，仅仅为了修葺一下这座老房子，那么所有美国人民都会对这种行径嗤之以鼻的，尤其这还是在我们前线的士兵睡觉没有毛毯盖的情况下。"无论是在民众那里，还是在自己丈夫这里，林肯夫人这种花钱大手大脚的行为都她招来了诸多批评，而非赞誉。

空虚和愤怒是女王型患者的基本情绪状态，这种状态还导致她们出现一系列的心身症状（psychosomatic symptoms）。历史文献对林肯夫人的偏头痛有详细的记录。1847年，在她到达华盛顿的那天，林肯夫人的偏头痛剧烈发作，"她的儿子们感到十分疲倦和焦躁，这让林肯夫人处境艰难，因为此时她正经历着一轮头痛的折磨"。女王型患者可能会出现偏头痛、肌肉痉挛、溃疡、肠炎、纤维肌痛以及一些免疫相关疾病，这些都是由于愤怒和紧张而造成的。

女王型母亲的内心体验：剥夺与嫉妒

> 无论困难大小，女王只有一种解决方案。"砍头！"女王说。
> 她下命令的时候眼睛甚至都没有看一看周围。
> ——《爱丽丝仙境历险记》

就女王型患者而言，她们体验到的是极度"饥饿"与被掠夺，因此，她们寻求的是满足感和控制感。她们在社会交往中给他人留下的第一印象往往非常好，她们的外表和机敏掩盖了内心潜藏的被剥夺感和对他人关注的渴求。但有些时候，她们的嫉妒心还是会挣脱束缚，不受控制地冒出来。

（林肯夫人）想要什么就非要得到什么，有时候她想要的是别人衣柜里的东西，还有一次她想把朋友头上的帽子扯下来。宾夕法尼亚大道上有一家华盛顿最有名的手工帽子制作商店"威廉氏"。林肯夫人有一次在那里做帽子，但是店主找不到合适的淡紫色的绸带配在她的帽子上作为系带。突然，她瞄到一位熟人塔富特夫人的帽子上有一条别致的系带，于是林肯夫人拿出女王的做派，要求塔富特夫人交出帽子上的绸带，然后让店主威廉另找了一些散的绸带（颜色深了一点）给她。根据女儿的描述，塔富特夫人感到"惊诧而愤怒"，不过，最终她还是让步了。

对于那些无法满足自己要求或者那些没有给自己特殊待遇的人，女王型患者会贬低他们。林肯夫人出了名的吝啬，她购买商品和服务所给的价格远低于市场价。在林肯总统被刺杀身亡之后，林肯夫人对于自己可能变得贫困的恐惧达到了顶峰。她曾一度尝试拍卖掉自己大量的衣物来换钱，但是她标的价格却高得离谱，这一举动令人侧目，成为美国民众茶余饭后的谈资，更让她的儿子罗伯特蒙羞。

和林肯夫人类似，林塞也会用内疚感来操控别人。她会编造自己生活困苦的故事来激发他人的同情，或歪曲事实去换取他人的关注，经常因此毁掉朋友们对她的信任。有一次，一位朋友本来说要去拜访林肯夫人，但后来改变了主意并写信告诉她。林肯夫人在回信中写道："你应该言出必行……我觉得，我必须有你陪在我身边。我早已满心期盼着你的到来。如果你是真心爱我的，给我一个我乐意听到的答案。"

剥夺感会损害女王型患者的道德判断能力。因此，女王型患者不但睚眦必报，而且绝不会因此而感到丝毫内疚。林肯夫人和她绝大多数的亲姐妹以及表亲堂亲都形同陌路。琼恩·克劳福德也和许多人断绝往来，其中就包括了她自己的女儿和母亲。和每个男人分手之后，琼恩·克劳福德都会把对方彻底抹去——她会把对方的脸从所有照片中剪掉。抛弃那些在她们眼里没有用处、没有价值或者不忠诚于自己的人，对女王型患者来说轻而易举，做得十分熟练。

女王型患者和他人的关系是肤浅的，而且这些人际关系中始终弥漫着疏离的气氛。在女王型患者眼里，其他人，包括自己的孩子在内，都是对她们生存的一种威胁，除非周围的人为了她们而放弃自己的想法和需求。女王型的母亲会和自己的孩子竞争，竞争时间、竞争他人的关注、竞争爱，也竞争金钱。对孩子的关心流于表面，无法与孩子的情感需求调谐、同步，是女王型母亲的典型特征。

女王型母亲的特征

◆ 不顾一切地需要"镜子"，以便时刻照出自己

他人的关注是女王型母亲赖以生存的养分。她们脑子里充斥着自己的形象和自己孩子给人的印象。为了获得妈妈的欣赏和喜爱，女王型母亲的孩子必须遵从她们的兴趣、价值观、品味和偏好。女王型母亲希望自己的孩子时时盛装打扮，以此凸显她本人的重要性。美国内战结束之后，玛丽·林肯常常在去欧洲旅行的时候给自己的孙女购买昂贵的服饰。在她的儿子和儿媳看来，其中某些衣服实在过于奢华，相当不妥。不过，也有一些女王型母亲并不喜欢给自己的孩子花钱。林塞就只会给她的孩子买便宜的衣服穿。她在给孩子们买衣服的时候一定会讨价还价，而且坚决避免给孩子买不打折的衣服。但林塞给自己买衣服的时候却不是这样，她不但习惯于买设计师定制款的昂贵服饰，而且从不介意有没有折扣。两相比较，林塞对孩子们的需求显露出了一种微妙的憎恨。

颐指气使的女王型患者坚决要求他人100%地关注自己。儿童精神分析师伊丽莎白·葛烈德（Elisabeth Geleerd）曾经接触过若干边缘型人格障碍的孩子。她观察到，当没有别人关注的时候，这些孩子要么自己生闷气，要么变得相当有攻击性。女王型母亲也是如此，如果没有得到足够多的"镜子"，她们也会生闷气或者变得愤怒异常。我的一位来访者记得，每一次当父亲的注意力放在了来访者身上，而没有投向其母亲时，母亲都会大发雷

霆，导致我的这位来访者感到相当内疚。女王型母亲无法为自己的孩子提供充分的"镜映"，因为她们总是忙于让自己吸引他人的关注。这样一来，女王型母亲反而需要孩子做她们的"镜子"，映出自己的形象。

✦ 渴求关注、名望或优越感

所有幼小的孩子都需要沐浴在父母温暖的关爱之中。蹒跚学步的婴幼儿尝试探索外部世界的时候，抚养者给予表扬和鼓励对其情绪健康发展有关键影响。而当女王型患者还是孩子的时候，在她们的努力应当激发上述重要反馈的时刻，她们得到的却是成年人不真诚的反应、羞辱甚至忽视。因此，女王型患者即便在成年之后，也仍然渴求从别人那里获得这样的反馈，比方说"我看见你啦！""真的，你实在是太棒了！""看看你做得多好呀！"，等等。对自我价值的不确定，导致女王型患者过度依赖外部的认可。

林塞通过她的车子、房子和私人物品来衡量自己的价值。她需要让自己看起来富有，如此才会觉得自己有价值。并且，林塞承认自己结婚是为了钱，而非为了爱情。无论什么东西，她都想要最大、最好的，而且她和别人攀比的心思也十分强烈。为了激起别人对她的嫉妒心，她还经常公开谈论自己奢华的假期和私人物品的高昂价格。

女王型患者惯于奢侈铺张，她们需要对外展现自己的财富和成功，以此来弥补内心缺失的自我价值感。罗伯特·林肯曾经在信中对妻子提到："你可能无法相信，但这千真万确。我母亲向我抗议，说她实实在在需要那些东西。无论我做什么或者说什么都无法让她相信，她的情形恰恰相反。"入主白宫之后不久，林肯夫人就买了84双儿童手套，并因此负债。在林肯总统遇刺身亡之前3个月，她花了3200美元购买珠宝首饰。玛丽·林肯的强迫性购物行为随着时间的推移，愈演愈烈。

✦ 要求彻底的忠诚，抛弃背叛者

女王型患者可以轻而易举地把自己的感情从一个人身上转移到另一个人身上，这仅仅取决于女王型患者从对方那里得到了多少顺从与仰慕。《玛丽·托德·林肯》这本传记中记载道："绝大多数认识玛丽的人，要么爱她，要么恨她……"林肯夫人插手总统事务，目的是为了回报那些对她表现出特殊喜爱与崇敬的人。她向政府举荐官员，而那些被举荐的人会运用自己的权力为她谋取好处，"她表示支持的那些人并非她的亲属……她这样做的动机与那些希望获得官职的人是一致的：为了她自己的利益"。《玛丽·托德·林肯》的作者贝克遗憾地说："与其选择遗忘，她更愿意怀抱怨恨、积攒不公、重温愤怒……玛丽·林肯需要朋友们绝对效忠于她。"

女王型母亲会把对孩子的喜爱当成手里的王牌，有时甩出去，有时收回来，因此，女王型母亲的孩子会感觉自己受到了操控和利用。林肯夫人在被强制送往精神病院之后断绝了与罗伯特的联系，即便他是她唯一还活着的孩子。无论公开或私下，玛丽·林肯的行为都已经出现了失控的情形，这导致罗伯特十分忧心她的安全问题。不久，林肯夫人衣衫不整地在一家酒店的大堂里游荡，并且声称罗伯特要谋杀她，于是罗伯特只好向法院申请强制令。在这场令其声名扫地的审判之后，林肯夫人和她周围所有支持罗伯特的亲戚朋友断绝了一切来往。

虽然如今的读者可能认为林肯夫人的怒火合情合理，但罗伯特的行为应当要放在所处的时代背景中去理解。在那个年代，美国女性不仅没有选举权，连与他人订立合约的权利都没有，女性的生活质量取决于她最亲密的男性亲属。当时，对精神障碍唯一的应对措施就是收容至精神病院。罗伯特选择了伊利诺伊州的贝拉维疗养院来安置自己的母亲。这是一家私立疗养院，在那时十分少见。其办院宗旨是尽量不限制患者的人身自由，并且尽量为他们提供相对舒适的生活。由于患有边缘型人格障碍的母亲基本不会认为自己有何不妥，那么成年子女如要强制她们接受治疗，就很难避免她们的报复了。

虽然绝少有女性能够拥有像美国第一夫人那样的权力，但是所有女王型患者爆发怒火的时候都会燃起复仇心，在情感上要挟和勒索他人。林肯夫人曾经扬言要曝光罗伯特失败的投资经历，让他难堪，以此报复罗伯特把她送进疗养院。林塞和自己的两个孩子之间的关系也可以说是一塌糊涂。

当林塞发现自己的女儿吸毒之后,她直接把女儿扔出了家门,扯掉了女儿所有的照片,把家里的门锁也都换掉了,并且表示再也不认这个女儿。林塞认为自己有权和女儿断绝母女关系,因为女儿让她丢脸,背叛了她。忠诚,对于女王型母亲的孩子来说,不是一个选项,而是一种必须。

✦ 孩子是用来"秀"的

女王型母亲使用孩子来获得他人的关注、认可或欣赏,孩子必须映照出母亲的兴趣。女王型母亲的孩子们从小就不会被鼓励发现自己的天赋与特长,而是生活在自己母亲的阴影之下。女王型母亲往往会高估自己孩子的能力水平,因而鼓励他们参加有潜在危险或容易遭遇挫折的活动。

在家中招待朋友时,林肯夫人经常要求孩子们在宾客面前表演。《献给林肯夫人的一支玫瑰花》(*A Rose for Mrs. Lincoln*)一书提到,"先是罗伯特,再是其他几个孩子。他们要在客人面前跳舞、朗诵诗歌,以及——用一位并不乐于观赏这一活动的客人的话说——'总之就是炫耀'。"克里斯蒂娜·克劳福德也曾回忆过自己幼时的羞耻经历,母亲把她推到媒体面前展示,让她在聚会上穿着夸张的服饰,只为制造出一副华丽且幸福的假象。林肯夫人的儿媳曾经被婆婆寄给自己女儿的奢侈服装"吓着了"。令罗伯特妻子惊慌的不仅有这条裙子的价格,还有女儿穿上这条裙子之后受到瞩目的程度。

林塞希望儿子赚大钱,女儿嫁给有钱人,这对她来说比其他任何事都重要。但是,林塞的女儿却选择了和一些普通人做朋友,他们既不是富翁也不是名流。由此,母女之间关于女儿选择什么人做朋友、女儿穿什么衣服以及女儿的发型问题经常发生小摩擦,最终这些小摩擦演变成了一场硝烟弥漫的大战。女王型母亲的孩子如果想要争取自主权,那么关于对母亲是否忠诚,必将有一场硬仗。

✦ 歇斯底里的反应让孩子感到恐惧或困惑

女王型母亲的行为比较戏剧化,甚至有时候会歇斯底里,令她们的孩子感到害怕。《玛丽·托德·林肯》的作者贝克认为，林肯夫人与自己的孩子之间的关系属于"焦虑型依恋"。有一次，年幼的罗伯特捡到一个落进自家院子厕所里的青柠檬吃了，母亲知道后变得歇斯底里。她并没有像大多数人那样首先寻求帮助，而是大喊大叫："波比要死了，波比要死了，波比要死了！"林肯夫人已经被恐惧压垮了，因此她没有办法去安抚自己的儿子，也无力给出适当的解决方案。

林塞意识到，自己容易因为一些细节惊慌失措，但是，事后她往往会发现，这些细节其实无关痛痒。女王型母亲察觉不到自己在孩子心中制造了恐惧，她们经常在打开账单信封的时候说类似这样的话，"我们要破产了""我们必须卖掉这个房子"。女王型母亲的孩子能够逐渐学会忽视母亲的这种歇斯底里，但是他们仍然没有途径去认清事情的真相。

随着年纪渐长，玛丽·林肯越发偏执，身体上的病痛也越来越多。她的儿子罗伯特为自己母亲持续不断的健康和行为问题长期忧心忡忡。直至1882年，林肯夫人去世的前一年，罗伯特在一次探望过母亲之后，表达了自己的看法："她面临的问题在一定程度上是她臆想出来的。"区分女王型母亲真实的身体病痛和过激的情绪反应，对她们的孩子来说，是一件很困难的事。

✦ 具有侵略性，践踏人际边界

女王型患者几乎从不接受别人对她们说"不"，她们常常会践踏他人的边界。精神科医生理查德·莫斯科维茨（Richard Moskovitz）这样描述了女王型患者身上的典型特征："(你)觉得自己理应得到特殊待遇，你有权生活在规则之外，它们只对别人有效。你想要什么，你就有资格拿走什么，你觉得这个世界上所有的好东西都应当属于你。"13岁的时候，玛丽骑着自己新得到的小马驹到了国会议员亨利·克雷家里，她要求克雷先生出来看看自己的小马驹。克雷家的仆人告诉她克雷先生正在参加一个重要的政治会议，但是玛丽却坚持一定要见到他。亨利·克雷不得不做出让步，请她进门一起吃晚饭。玛丽"对于没有得到邀请半途闯进别人家吃晚饭这事一点也不觉得脸红"。然而，林肯夫人的这种入侵举动并不总是行得通。罗伯特的妻子就觉得自己的婆婆"占有欲强烈，其情感围攻几乎让她崩溃"。

林塞和自己女儿之间也经常爆发冲突，这些冲突通常是关于人际边界和个人隐私的。林塞觉得自己有权监听女儿的电话，搜检女儿的房间、书包、钱包和车子。她读女儿的私人笔记，质问女儿的朋友她们一起去哪儿、干了些什么。林塞甚至还试图控制女儿的体重。尽管女儿只比她所处年龄段的平均体重多5磅（约合2千克），但林塞还是把女儿塞进了医院的减肥门诊。

女王型患者在干涉他人方面可谓"不屈不挠"。林肯夫人曾经抱怨陆军的格兰特将军能力不足，林肯总统对她说："假设我们授予你陆军的指挥权，你肯定比目前为止我们所有的将军都做得好得多。"尊重边界，对女王型患者来说实在太难了。

◆ 坚信各种规则不适用于自己

精神病学家欧托·科恩伯格指出，反社会行为在边缘型人格障碍患者之中普遍存在。说谎、偷盗、过寄生虫一样的生活、剥削利用他人以及行贿受贿等行为，在女王型患者身上尤其常见。她们会隐藏自己的债务、资产，有时候她们还会掩盖自己的购物行为。林塞有一个柜子，里面装满了昂贵的晚礼服，可她一件也没有穿过。女王型患者的购物和囤积行为是带有强迫性的。正如精神病学家约翰·冈德森所说："缺少某一样重要的物品会让患者感到惊恐，因此，边缘型患者经常会冲动性地做出抑制这种惊恐的行为，并且和某些新的物品建立联系，从新物品上获得控制感。"

拥有和控制与自我有关的客体，对女王型患者来说是一种无法克制的需求。她们牢牢看管着家庭成员和私人物品。女王型患者获取并控制其所属物的举动能够暂时缓解她们内心的空虚感。罗伯特·林肯害怕有一天母亲会把她自己搞破产，于是他雇用了私家侦探去调查母亲毫无节制的购物行为。罗伯特解释说："从我的角度看，我绝对相信，只要条件允许，母亲可以在很短的时间里彻底毁掉自己。"

女王型患者贪婪的掠夺行为足以让自己的孩子感到抬不起头。她们无视规则，总认为自己是特例，这种心态令人瑟瑟发抖。在林肯总统被暗杀身亡之后，林肯夫人的行为让罗伯特陷入尴尬的境地，尤其是她努力游说国会支付给她养老金的时候。罗伯特看到了母亲写给多名国会议员的信件，在信中，林肯夫人言辞恳切地表示自己一贫如洗。但是，1882年她过世之后，罗伯特整理出她留下的裙子、首饰和衣服装了满满64个大箱子，而所有这些东西林肯夫人从未穿戴过。

◆ 野心勃勃，意志坚决，看上去很强大

在不熟悉她们的人眼中，女王型患者似乎所向披靡、无坚不摧、勇气非凡。林肯夫人的妹妹曾描述她是"我见过的最富于雄心壮志的女性"。而我的患者林塞，在她与其他人的关系中，她总是处于主导地位，无论在哪个群体中，林塞都是领导者。林塞专门选择她能够控制的人，与其发展人际关系。

贝克在传记中写道，"如果玛丽·林肯没有办成她想要办的事，那么她就会在她举办的招待会上拦截内阁官员，并向州政府官员们施压"。女王型患者极有主见，咄咄逼人，一心只痴迷于得到她们想要的东西。由于空虚感会导致破坏性的行为，因此只要这样做能够让女王型患者摆脱自己内心的空虚感，那么她们就会很高兴这样去做。

林塞的孩子们指责母亲对其财物比对他们更热情。当林塞的儿子打电话告诉她自己出了车祸，林塞首先询问的却是车子还好吧。儿子对她吼道："你只关心你自己和你的那些东西！"林塞担心，儿子说的是对的。

女王型母亲的信条：这一切都是关于我的

女王型患者的顽固与流浪者的绝望以及隐居者的离群索居形成了鲜明的对比。在女王型患者这里，从来就没有"放弃"这个概念。逆境，只会再次刷新她们攫取补偿的决心。在四种类型的边缘型母亲当中，女王型的母

亲是最不可能自杀的。虽然她们也会威胁说要自杀，但此时她们最有可能的动机就是获取他人的关注，而不是表达死亡的意愿。不过，任何自杀威胁都不应当被忽视。为了寻求关注而进行的自杀尝试很可能出现意外，最终导致死亡的结果。

林塞的孩子一丁点也不同情自己的母亲。林塞的儿子说，他厌恶母亲无理的要求和起伏不定的情绪。在她的孩子们眼中，母亲是一个彻头彻尾只在乎自己的人，于是，年复一年，孩子对她日渐疏远。虽然林塞偶尔也会抱怨孩子们不爱她，但是感觉到孩子不再指望她了，让她如释重负。

流浪者型的母亲会将自己置于被剥夺的境地，而女王型的母亲则恰恰相反，她们会奋力夺取自己想要的东西，并且不达目的绝不罢休。玛丽·托德·林肯一生经历了许多次丧失。在孩提时代，她失去了自己的母亲；成年之后，失去了她的三个孩子；最终，暗杀夺走了她心爱的丈夫并在情感上彻底摧毁了她。虽然林肯夫人的一生如此悲伤，但是她从来没有放弃自己坚定的决心，始终在拼命争取经济上的补偿。当林塞的律师指出她在离婚协议中提出的要求有些高得不切实际时，她却说："他的每一样东西都应该是属于我的！要是你不愿意为我争取这些，我就换一个律师！"林塞的丈夫满足了林塞大部分的要求，他同意负担孩子们上大学的费用，不单是为了自己的孩子，也是为了林塞。

◆ 女王型母亲传递的信息

- "你值得拥有最好的，但我值得拥有更好的。"
- "我的东西是我的，你的东西也是我的。"
- "永远不够多。"
- "我需要你的时候，我爱你。"
- "你需要我的时候，我恨你。"
- "我是一种特殊的例外情形。"
- "规则不适用于我。"
- "我值得拥有更多。"

❏ "永远不够好。"

子女成年之后可能会和女王型母亲维持一种疏远或者对抗的关系。女王们"我最优先"的行事原则不可避免地会让自己的孩子心中滋生怨恨，他们感到自己被剥夺了。年幼的孩子可能会出现退行表现，例如吮吸手指、像婴儿般咿咿呀呀、嘟嘟囔囔以及乱发脾气等，以此吸引他人的关注。随着孩子逐渐长大，所具备的能力越来越强，他们会和自己的女王型母亲去竞争他人的关注，于是母子之间的冲突也会随之升级。

没有人能够填补女王型患者内心的空虚。孩子可能憎恶母亲加诸他们身上的期待，不再试图取悦自己的母亲。女王型母亲在每一件事情上都极为较真，她们会拒绝不合自己心意的礼物，或者不愿掩饰自己的失望。因此，子女成年之后可能会害怕给她过生日、带她去买礼物或者为她准备餐饮。这些孩子渴望母亲的赞许、认可和肯定，但他们却要冒着感到绝望的风险。这些孩子还可能为了延续和母亲之间的依恋关系而迫使自己持续追求完美，但他们终会发现，母亲的爱都是有条件的。一旦孩子的努力失败了，女王就收回她的爱。

林塞的孩子似乎注定要走上自我毁灭的道路。她的女儿吸毒，以此来逃避两败俱伤的母女关系，她的儿子也辍学了。林塞的女儿身上出现了流浪者型患者的特征，她的儿子身上则出现了愤怒异常、理所应当地占有和掠夺，并且剥削利用他人的特征，而这些特点在林塞身上也一直存在着。女王型母亲的孩子未来的人生可能毁于这种不祥的黑暗。

应当让女王型母亲去掌管她自己的人生，而不要试图去控制她。但悲剧的是，有些孩子领会到这点的时候已经太迟了。罗伯特为了控制母亲的自毁行为付出了高昂的代价。从精神病院出院之后，玛丽·林肯的偏执演变成了复仇。她数次扬言要绑架罗伯特的女儿，还有一次威胁要杀死罗伯特。而罗伯特终其一生都在尽可能保护母亲的隐私。在他去世之后，他的孙子发现了一包标注着"玛丽·托德·林肯疯狂档案"（MTL Insanity File）的纸张，其中嘱咐后人，在他死后二十年内不可公开这些内容。虽然《玛丽·托德·林肯》一书中指责罗伯特"不可饶恕地背叛"了自己的母亲,但是这份"疯狂档案"却说出了令人震惊的真相,堪称一份穿越时间的证词。虽然女王型母亲在情感上牺牲了自己的孩子,但是孩子也许仍然保护着她们,直至走入坟墓的那一天。

第6章
女巫型母亲

第9章

天體物理學

> "老公，听我说，明天破晓的时候，我们把孩子们带到森林的最深处……他们将永远都无法再找到回家的路，这样我们就可以摆脱他们了。"
>
> ——《糖果屋》

"对母亲诉说我的恐惧，就像是拿苍蝇去喂蜘蛛。她会细细品味，认真消化。没有什么能够比让她知道如何使我惊恐更能取悦她的了。"

心理治疗师听过很多虐待儿童的恐怖故事，只是这些内容从来都不会成为头条新闻。媒体似乎更愿意报道那些儿童死亡的事件，仿佛那些幸存下来的孩子们的经历还不够恐怖。女巫型边缘型人格障碍患者（本书中亦称作女巫型患者或女巫）的孩子永远不会因为自己长大了而不再感到恐惧。50岁的艾美也不例外，她由一名女巫型母亲抚养长大。虽然幸存了下来，但她描述的那段经历仍充斥着令人窒息的恐惧：

"这么多年过去了，当我80岁的妈妈坐得离我很近的时候，我仍然会感到汗毛倒竖。我高度关注她的呼吸，导致我自己的呼吸变得很浅。我绝不能显露出我正等待着被袭击。因为长时间保持静止不动，我的肌肉会由于紧张而酸痛。当我终于找到一个机会离她远点，我才能放松下来。最糟糕的是要和她坐在同一辆车里。我不得不确保自己能够逃脱。"

有些孩子可能没办法幸存下来，因为他们太年幼了，无法逃离。1994年秋天一个温暖的夜晚，苏珊·史密斯，一名有两个孩子的单身妈妈，把她正在蹒跚学步的孩子们固定在汽车座椅上并带着他们去兜风。片刻后，她3岁大的儿子麦克哭了起来，因为母亲的驾驶状态非常不稳定，她一边啜泣，一边啃咬自己的手指甲。而麦克的弟弟，14个月大的艾利克斯，此时也一定意识到事情有些不对了。婴儿在7个月大的时候，就可以感知自己母亲的情绪了[†]。作为边缘型人格障碍患者的孩子，当自己的好妈妈转变成女巫时，他们会感受到这一转变的。

苏珊·史密斯驾车向附近的一个湖泊驶去，并把车停在船舱坡道的顶端。然后她下了车，松开停车制动，让车载着她的两个孩子滑入水中。当车向湖中滑去时，她跑上坡道，同时用手捂住耳朵，这样她就听不到孩子们的哭喊了。车子离开坡道，车头最先入水，完全沉没一共花了6分钟。大卫·史密斯，即艾利克斯和麦克的父亲，这样回忆道：

> 在这桩谋杀案的后续处理期间，我获悉了一些令人不安的事实……我只能得出一个结论，苏珊是眼睁睁看着车子不断下沉的。这实在是太可怕、太恐怖了，我真是无法想象。苏珊眼睁睁地等待着麦克和艾利克斯死掉。如果这是真的，那么苏珊的人格中毫无疑问存在一些绝对邪恶、不可言说的特质。

一开始苏珊·史密斯宣称有人劫走了她的汽车连同车上的孩子，美国民众相信了她的说法。她通过国家电视台恳求劫匪将她的孩子平安归还。9天之后，当她承认是自己淹死了两个孩子时，公众的怜悯转化成了愤怒。

[†] 精神分析师丹尼尔·斯特恩（Daniel Stern）解释说，婴儿在7至9个月大的时候，会发展出主观自我，这反映出他们具有与外界情绪调谐的需求。他们可以引起抚育者的情绪变化，也可以对抚育者的情绪变化做出反应。

苏珊·史密斯当时的男朋友是全镇最大产业的继承人，为了不被男朋友抛弃†，苏珊·史密斯牺牲掉了她的孩子们。因为男朋友写了一封信给她，信中说他没有兴趣与一个有孩子的女人约会。于是，她解决掉了自己的孩子们。电视观众们一开始被家庭录像里年轻妈妈与两个孩子一起玩耍的情景所迷惑了，在得知真相后，人们瞠目结舌。苏珊·史密斯看起来是如此的正常，怎么可能会发生这种事情？

在苏珊·史密斯的案件中，我们可以总结出两点经验教训。一是边缘型人格障碍患者对于被抛弃的强烈恐惧会导致她们孤注一掷的悲剧性举动。二是无法识别边缘型人格障碍患者中的女巫型母亲将导致非常惨烈的后果。家庭、朋友以及专业的医疗人员必须学习识别边缘型人格障碍的症状，坚定地让患者去接受治疗，否则他们将继续为自己的忽视付出高昂的代价。

很显然，大多数患有边缘型人格障碍的母亲没有谋杀自己的孩子，也从不在身体上虐待自己的孩子。但是，女巫型母亲的孩子会生活在她们幽暗的阴影之下。和母亲对视都能使孩子的恐怖直达心底，简单的话语就能让孩子的灵魂四分五裂。

孩子听到的第一个声音就是母亲的心跳。仪器监测显示，模仿母亲平稳的心跳有利于使新生儿平静下来。婴儿是非常熟悉自己母亲的说话声音和呼吸频率的，当女巫型母亲的心变得冰冷，呼吸变得轻浅，她的孩子就可能因为恐惧而动弹不得。当母亲身上女巫型患者特质显现出来的时候，任何事情都有可能发生。

1983年5月19日，戴安娜·唐斯驾驶着汽车，带着她的三个孩子驶进一条隐蔽的小路，从后备厢拿出一支来复枪，向坐在车子里无助的孩子们射击。她的行为致使7岁的谢莉·唐斯当场死亡，但是9岁的克莉丝汀和她3岁的弟弟奇迹般地幸存了下来。经过数月的身体治疗、语言治疗和心理治

---

† 苏珊和她的丈夫大卫·史密斯正在办离婚手续，发生溺亡事件的时候两人处于分居状态。1994年10月17日，苏珊的男朋友给她寄去了一封信，并在信中解释了他要和苏珊分手的原因，"……正如我之前跟你提过的那样，你身上有些情况不适合我，是的，我指的是你的两个孩子"。

疗，最终克莉丝汀可以证实向她和弟弟妹妹开枪的人正是母亲。9岁的克莉丝汀·唐斯代表所有边缘型人格障碍患者的孩子问出了他们的心声："为什么没有人听到我们的尖叫？我们在一遍一遍地嘶喊。"

对于大多数哺乳动物来说，幼崽的哭喊都是一种可以触发母亲保护反应的生理机制。自然演化使得幼崽的尖叫可以刺穿母亲的内心，促使母亲奔跑行动起来。人类的母亲可以在产后第三天就识别出自己孩子的独特哭声。但是，戴安娜·唐斯却在自己孩子哭喊的时候举枪瞄准他们，并扣动了扳机。

孩子们往往是第一个察觉，但却是最后一个承认他们的妈妈出现问题的人。可是，公众对克里斯蒂娜·克劳福德自传的反应说明，外人很难相信这样的故事，即便讲述故事的孩子已经成年。克里斯蒂娜·克劳福德后来又出版了一本名为《幸存者》(Survivor)的书，她这样写道："黑夜（而非信任）仍然笼罩着我……这个噩梦将永远贮藏在我心里……随着上一本《亲爱的妈咪》(Mommie Dearest)出版，我的自我认知再一次受到了冲击……我从来没有想过它会引发那样一场旷日持久又令人心神俱碎的争议，甚至威胁到我的生命和精神。"

很多时候，孩子的声音很容易就因为害怕不被信任而沉寂下来。如果3岁的麦克奇迹般的幸存，他会告诉公众是母亲试图淹死自己吗？会有人会相信他吗？没有人愿意去相信一个母亲会杀死自己的孩子，而她们的孩子则更是抗拒这一点。

在正常的情况下，精神分析师露易丝·卡普兰这样写道："母亲的存在就像是一座稳固的灯塔，给予孩子安全感，让他们安然地走出去探索世界，然后再安全地返回港口。"然而，女巫型母亲的孩子却没有安全的港湾。当女巫型母亲和孩子单独相处时，经常会显现出女巫的特性，但却没有目击者可以证实孩子们的这段经历。这些孩子感到自己好像被囚禁在秘密监狱里。他们长大之后，常常无意识地压制这些记忆，而童年的恐惧会转化为憎恨。女巫型母亲的儿子在成年之后可能会变成嗜虐的连环杀手，他们只能和女性尸体性交，因为只有死掉的女人才不会拒绝或羞辱他们†。

女巫型母亲的孩子知道他们的母亲可以使人崩溃。他们见过自己的母亲用言语将人撕成碎片，她们会砸烂那些背叛过她们的人的声誉，用虚假的指控在对方胸口捅刀。这些孩子懂得那种灵魂因为猛烈的言语攻击而沉入虚无深渊的感觉。艾利克斯和麦克在沉入黑暗湖底时明白了所有女巫型母亲的孩子都会明白的事——妈妈会牺牲他们，来拯救她自己。

要识别女巫型母亲，对其外在特征进行肤浅的观察是远远不够的。1994年，苏珊·史密斯愚弄了整个美国。美国人民为了找她的孩子，花费了超过200万美元政府资金，并且心碎落泪。后来，苏珊的丈夫大卫·史密斯写了一本书，书名就叫作《毫无道理》（*Beyond All Reason*）。惊骇不已的大卫在书中说，苏珊·史密斯似乎并没有真心悔过：

> 当我回顾这次探视时，最令我震惊的是，她似乎并没有真心感到抱歉，尽管她一遍又一遍地重复着这句话。如果角色互换的话，我可能会跪在地板上伸手抱住她的脚踝，垂着头号啕大哭，说我错了，并祈求原谅。
>
> 可她的表现就像她写的忏悔书一样。如果你读过那篇忏悔书，你会看到她并没怎么提起两个孩子。她说了几次对不起，但是，仅此而已。大多数时间她都是在说她自己，说苏珊·史密斯这个人的感受。

了解这种女巫型母亲的感受对于评估她们的孩子所面临的风险至关重要。那些女巫型母亲周围的人经常低估、否认以及忽视她们内心绝望的信号，直到悲剧发生。虽然否认有助于逃避不愉快的情绪，但它却会妨碍干预

---

† 对专门残害女性的连环杀手早期童年经历感兴趣的读者可以去读一读多萝西·欧特南·刘易斯（Dorothy Otnow Lewis）的研究。她发现，一些这样的连环杀手坚决接受死刑以保护自己的母亲，而压抑了自己被母亲性虐待的记忆。

和治疗工作，因此导致致命的后果。

　　苏珊·史密斯被捕之后，她写信给她的丈夫抱怨说"没有一个混蛋关心我"。大卫·史密斯表示："我不敢相信。这封信震惊了我。现在我相信苏珊·史密斯还没搞清楚现实。我开始思考，'究竟是什么样的人，能够在杀掉亲生孩子之后，写出这样一封信？'"

美狄亚式的母亲

　　美狄亚式的母亲是女巫型母亲中最为病态的一种。不过，这样的患者也会出现在其他三种边缘型母亲当中。而且，大部分女巫型母亲并不是美狄亚式的。美狄亚式的母亲是十分罕见的。

　　公元前431年，希腊的剧作家欧里庇得斯写下了一部令人瞠目的戏剧，该剧讲述了一个女人为了惩罚丈夫的不忠，而杀害了自己的两个儿子。千百年过去了，当这部戏剧1947年在百老汇上演的时候，一位戏剧评论家表示"一个被抛弃的妻子可能会用尽一切手段去除掉那个要替代自己的鲜嫩的继任者……但随后发生杀婴事件就太夸张了"。但是，这出叫作《美狄亚》的戏剧还是作为一部描写凶残母亲的史诗级作品被保留下来，因为它本身蕴含着一个真相，揭露了一个令人不安的事实——被抛弃可能会导致一些女人杀掉自己的婴儿，例如，美狄亚就遭到了丈夫的排斥，而"他就是我的全世界"。

　　和美狄亚一样，苏珊·史密斯觉得杀掉自己的孩子是合理的，因为她认为生活一直对她不公平。剧中，美狄亚这样自白："用短短的一天忘记你的孩子，然后哭泣不止；虽然你杀了他们，但他们仍然是你心爱的儿子。生活对我就是这么残酷。"苏珊·史密斯则写道："为什么我生命中的一切都是如此的糟糕？当我让孩子们从坡道滑入水中的时候，我跌落到了最低谷。"

　　精神病学家吉拉德·阿德勒解释说，患有边缘型人格障碍的母亲要持续不断地努力克制自己的分离焦虑，并且"被迫去依赖……（别人）……以此得到足够多的支持感与抚慰感，来确保自己的分离焦虑不失控——从而避免出现致命的惊恐"。被拒斥会触发她们关于陷入寒冷、黑暗的遗弃深渊的恐惧。对女巫型患者来说，被抛弃的命运比死亡还要更加痛苦。因此，谋杀变成了一个可选的方案。她那些瑟瑟发抖的孩子能够感受到自己母亲那种孤注一掷的决心以及脱离了母爱保护性本能的可怕转变。

被判谋杀罪名成立的戴安娜·唐斯拿到了一些法医给女儿尸检时所拍照片的翻印版。戴安娜·唐斯坚持拿这些可怕的照片给她的狱友看，就像在说："看看我多厉害！"在一次电视采访中，一名记者厌恶地打断了戴安娜·唐斯关于那辆血淋淋的汽车绘声绘色的描述，而此时摄像镜头捕捉到了她脸上阴险的表情，"那是一个微笑——但却如此诡异——眼睛眯起，嘴唇自鸣得意地咧着"。

出于操纵和掌控他人的需要，女巫型母亲会把引发他人恐惧和震惊的反应作为自己内心自豪感的一个来源。就像受了惊吓又无能为力的儿童一样，女巫型母亲会把自己内心压抑的愤怒和恐惧投向他人身上。她们的自尊感主要来源于她们引发他人恐惧的能力，而且她们并不掩饰自己由此产生的骄傲。

大多数的女巫型母亲并不会在肉体上残害她们的孩子，情感上的虐待要常见得多。例如，一名女巫型母亲发现丈夫在性骚扰女儿，那么女巫型母亲会通过送走女儿来惩罚她；这样一来，女巫型母亲也通过抹去她丈夫想要的东西间接地惩罚了丈夫。女巫型母亲只会从自己如何受到伤害的视角去看待这些经历，而不会承认孩子也经受了创伤。伪君子般的自我正义感或者基于宗教信条而做的辩解都揭示出她们内心并无悔恨。女巫型母亲坚信她们会被原谅，而且她们帮助了孩子不再受到更多伤害。从苏珊·史密斯冷漠的表述中透露出了这样扭曲的观念："我的孩子，麦克和艾利克斯，如今在天堂里和上帝在一起，而且我知道他们将永远不会再受到伤害了。作为一个妈妈，这抵得过千言万语。"

女巫型的母亲经常嫉妒自己的女儿，不能容忍女儿和丈夫互相表达感情，甚至会控诉丈夫乱伦。我有一位女性来访者，她的母亲就是女巫型边缘型人格障碍患者。这位来访者表示，无论何时，母亲见到父亲陪她玩耍就会暴怒，并且骂她父亲"有病"。这位来访者被母亲的反应所迷惑，认为自己一定做了什么错事。对父亲的爱使她充满了罪恶感，从而增加了解决其俄狄浦斯情结的难度。

  女巫型母亲之所以不能容忍女儿与丈夫之间的情感交流，是因为她觉得自己会被孤立，被抛弃。这种母亲会这样跟自己说："他从来都不这样跟我玩耍，我们在一起的时候从来都没有这样的欢乐。他是我的丈夫，应该把我放在第一位。他肯定出了问题。"于是，嫉妒的怒火可能演变为致命的怒火，燃向孩子。

  罪恶无法阻止美狄亚式的母亲，因为她感到自己的行为是有正当理由的。美狄亚式的母亲会说服自己："是的，我可以容忍罪恶，不论它多么恐怖；然而，我无法接受敌人的笑声。"当戴安娜·唐斯走进州立监狱服刑的时候：

> 她穿了一条紧身的"李维斯牌"牛仔裤，因为太紧了，她的身体线条的每一处起伏、褶皱都异常鲜明。牛仔裤的裤脚被塞进了一双无比狂野的靴子里……黑色漆皮闪闪发亮，还有6英寸（约合15厘米）的细高跟。是的，州立监狱里的每个囚犯都会记得戴安娜·唐斯的到来。她看上去刻薄、恶劣、性感，怎么也不像……一个悔过的母亲。

  美狄亚式的母亲可能会牺牲自己的孩子，但是绝对、永远也不会牺牲她自己的骄傲。

女巫型母亲的主导情绪状态：毁天灭地的愤怒

> 但是这个老女人只是假装和善。实际上，她埋伏在路边等待孩子们，并且建造了面包屋引诱他们落入陷阱。她是一个邪恶的女巫。
>
> ——《糖果屋》

加文·德·毕克尔（Gavin De Becker）在《恐惧带来的礼物》（*The Gift of Fear*）一书中告诫道："我们应该明白并且教导孩子们，和气并不等同于善良……试图控制他人的人起初都会表现出一副和气的样子"。柯兰奈·肯博在南加利福尼亚大学里担任行政助理一职，工作能力强且受到大家喜爱，同事们显然从来没有发觉她内在深藏的女巫特质。女巫型患者在工作单位往往一切正常，除非她们受到威胁或被逼入绝境。

传记作家切尼在书中描述了肯博先生对前妻的感受："和跟他妻子柯兰奈在一起生活相比，战争年代的自杀性任务和稍后的原子弹爆炸测试都算不上什么了。"肯博先生回忆道："（她）对我的影响就像是一个成年男子在战争前线不分昼夜地连续战斗了396天一样。她使我迷茫困惑，在相当长的一段时间里对任何事情都无法确定。"

柯兰奈·肯博是个身形高大、嗓门洪亮的女人，她生了一个儿子和两个女儿。当她的儿子艾德蒙9岁的时候，她和丈夫离婚了。一年之后，艾德蒙的父亲惊恐地发现，一到晚上，柯兰奈就会把艾德蒙关进地下室。小小的艾德蒙惊惧不已，而唯一的出口却被餐桌堵上了。

女巫型母亲内心的阴暗之处在于毁天灭地的愤怒。所有的母亲都会发脾气，但是普通妈妈不会陷害、嘲讽、羞辱她们的孩子，也不会因为孩子痛苦而感到快乐。普通的母亲会为了拯救孩子而牺牲自己的性命，与此相反，女巫型母亲会为了拯救自己而牺牲孩子的性命。心理治疗师乔恩·拉切卡观察到,"患有边缘型人格障碍的母亲经常牺牲自己、她们的家庭或者她们的孩子。在法庭有关抚养权的案件中,孩子变成了牺牲品,被放置在争吵的中心,被剥夺了权利,被当作各方的中间人,被当作一个小号的成年人,扮演着调停者、治疗者和拯救者等重要角色"。

几乎没有哪个患有边缘型人格障碍的母亲会一直显现出女巫特质,而且其中一些患者从未变成女巫型母亲。应当用孩子的视角来定义女巫型母亲。女巫的特质隐藏在流浪者型母亲、隐居者型母亲以及女王型母亲后面,只在触发其愤怒的人面前才会显现出来。女巫代表着一种自我状态,批评、背叛或抛弃可以引出这种状态。因此,女巫型母亲在外表和举止方面具有一定的欺骗性。就像是猫和老鼠一样,她可能会埋伏以待,等孩子开始有所期待时猛然出击,或者欺骗孩子们,让他们相信母亲已经不再生气了,然后突然释放她的怒火。每个女巫型母亲都有她自己独特的行为模式,这些行为模式会反映出她本人的一些早期经历以及她与某个孩子关系的具体性质。

而那些以女巫特质为主要特征的边缘型母亲,在童年时代曾为了生存而不得不完全顺服于充满敌意或嗜好虐待的抚养者,她们因此而自我怨恨。女巫型母亲可能会展现出反社会行为,例如撒谎成性、剥削利用成性、性滥交以及身体虐待、性虐待、言语虐待等——或者,她也可能是一个冷酷、势利、私以为是、克扣盘剥的女巫。总之,女巫型母亲会设计陷阱困住她们的孩子或者把她们自己以前受骗的经历安排在孩子身上重演。她可能会诱导孩子,让他们说出自己想要什么,然后故意扣押这些东西不给孩子。她可能会强迫孩子去面对令人尴尬以及羞耻的情境,然后嘲笑他们。她可能会背叛孩子的信任,把他们的秘密公之于众,并且挖掘他们的恐惧。女巫型母亲精心计算,其残忍的举动花样百出,但她们却总是坚信自己的行为是正当的。

那些敢于抵制女巫型母亲掌控的孩子只会面临进一步的惩罚。但是,女巫型母亲会把孩子逼到绝路从而激发反抗。孩子可能会在肢体上对女巫型母亲造成威胁,也可能用小刀或其他武器来逃避母亲的伤害。然而,大多数情况是,他们会将这些武器指向自己。"不要再靠近我,否则我就自杀"这样的威胁，或许是一个绝望的孩子唯一的求救方式。艾德蒙·肯博回忆道：

> 我和母亲展开了一系列骇人的斗争，就是那种恐怖的战争，暴力而邪恶，我之前从来没有和任何人使用过如此恶毒的语句。对于其他人，可以诉诸拳头打一架，但这是我的母亲。一想到我要和母亲拳脚相向，我就不能接受。即便在一些很愚蠢的小事上，她也非要那样。我记得有一次为了我是否应该去洗牙，我们吵得要把屋顶掀翻。

小女孩倾向于伤害自己而不是母亲，这些女孩子的自残行为意味着她们将怒火发泄到自己身上，以代替母亲。小男孩则倾向于将怒火向外燃烧，相对于伤害母亲，他们会选择肢解小动物作为宣泄。在一个案例中，一个正处于青春期的儿子冲着他患有边缘型人格障碍的母亲挥舞着一把小刀，威胁说要捅她。然而，在最后一分钟，他掉转刀尖，刺向了自己的肚子。无论是儿子还是女儿，边缘型母亲的孩子大多数都宁可伤害自己，也不愿伤害母亲。年幼的孩子本能地在身体上和情感上保护他们的母亲。

女巫型母亲的怒火就像蜂蛇的咬伤一样，具有毒性。她们使用的言语难以记住，因为其措辞总是太出乎意料、太富于侮辱性质。她们的语气语调中也暗藏着她险恶的目的。正如丹尼尔·戈尔曼（Daniel Goleman）解释的：

> 就像理智思维的模式通过言语表达一样，情绪的模式是通过非言语方式体现出来的。当一个人通过言语所表现出来的信息与他通过音调、姿势或者其他非言语渠道表现出来的信息不相符时，对于真实情绪的判断蕴藏在他"怎么说"而不是他"说什么"当中。传播学研究中有一条经验法则表明，90%甚至更多的情绪信息都源于非言语方式。

女巫型母亲的语调里明显包含着恶毒的憎恨，但是女巫型母亲的孩子们就像经常被咬的捕蛇者一样，产生了免疫力。随着时间的推移，厚厚的疤痕最终会覆盖这些伤口。作家苏珊娜·卡伊森（Susanna Kaysen）生动地描绘了这个现象："疤痕组织没有特征。它一点也不像皮肤。它无法显示年龄或者疾病，也不会变得苍白或被晒黑。它没有毛孔、没有毛发、没有皱纹。它就像是一个沙发套子一样，保护着并隐藏着下面所发生的一切。这就是为什么我们需要它，因为我们有一些东西要掩盖。"

母亲的攻击会触发肾上腺素的分泌，而成功地控制住自己的肾上腺素并不容易。反抗的孩子会被惩罚，自残的孩子会被视作疯子，伤害他人的孩子则会被送上法庭。女巫型母亲的孩子别无选择，必须屈服于母亲的控制，并承受着将愤怒内化的种种后果。

儿童精神分析师伊丽莎白·葛烈德在给一个7岁的男孩提供治疗时，男孩提出希望伊丽莎白能够痛打他。她解释说，这个男孩觉得自己唯一可以控制的事情，就是决定自己将在什么时候被打。所有的孩子都需要掌控身边的环境，以此来建立安全感。由于女巫型母亲的攻击总是出乎意料且难以预测，她们的孩子陷入了巨大的不安全感。女巫型母亲的袭击好似龙卷风一般：随机、摧毁一切、不可预测。自然而然地，对于周围可能预示着母亲何时何地会"转变"的氛围变化，这些孩子持续保持着警觉。

"转变"

对于边缘型母亲的孩子来说，最具毁灭性的经历之一就是母亲的"转变"。转变是一种突然发生的攻击，边缘型母亲将她的爱和感情生硬地撤回，像剃刀一样锋利的词语如同利箭一样直刺内心，痛彻心扉。这些以伤害孩子为目的的信息包括："我让你滚出我的生活""没有你我会过得更好"以及"我就不该生下你"。孩子无意的举动就可能触发这种转变，其中包括：①对母亲以外的人表达喜爱；②违背母亲的意愿，或者表达独立的思想；

③轻忽母亲的权威；④与母亲相区别；⑤对母亲提出异议。还有一种令人不安的情况就是，女巫型母亲的转变可能会被与孩子无关的其他环境因素所触发。在任何情境中，只要她们感受到了背叛、拒绝或者抛弃，一位好妈妈就可能会转变成女巫型母亲。当边缘型母亲的伴侣不在她们身边或令她们感到挫败时，她可能就会转变状态去面对她的孩子。

边缘型母亲的情绪状态主要是由她们与其主要依恋对象之间的关系状态所决定的，然而孩子们无从知晓这一点；有时候边缘型母亲会把孩子的存在视作对自身存在的一种威胁，可是这一点孩子们同样一无所知。因此，母亲的状态转变对孩子来说，是完全不可捉摸的。

加文·德·毕克尔解释说："就像鲨鱼的攻击一样，在人类暴力行为中最让人感到恐惧的特点就是随机性和缺乏预警。"虽然加文·德·毕克尔在这里谈的是成年人，但儿童由于能力不足，所以他们应对暴力时更加需要可预测性。和掠夺成性的母亲生活在一起的孩子，会无意识地将所有心力都用于观察和判断母亲的情绪。一个游移的眼神、一个神秘的姿势、突然的减速以及方向的改变都是转变即将到来的信号。打起精神防备、躲藏起来或者仅仅坚持下去不要崩溃，都能给予孩子他们特别需要的控制感。建立控制感的其他方式还包括把门关起来、避免眼神接触以及逃离现场。

女巫型母亲的孩子会感觉自己被母亲的怒火席卷、驱逐。女巫型母亲所针对的孩子在经历母亲的转变后会产生剧烈的痛苦。虽然一些成年子女曾受到母亲的威胁，母亲会威胁要杀了他们，但是大多数孩子回忆起来的片段都与情感上被抛弃或被否定，以及言语上的羞辱相关。这种要被抛弃的孩子会被他们的母亲去人格化（depersonalized），被称为"那个"或"这个"女孩（或男孩），而不会说"我的女儿"或"我的儿子"。女巫型母亲会故意避免使用带有亲密色彩的代词或者孩子的名字，这样不仅剥夺了孩子的人格，并且象征着对孩子的放逐。加文·德·毕克尔指出，对于孩子来说，放逐意味着死亡："对于所有社会性动物来说，从蚂蚁到羚羊，身份的认可就意味着融入，而融入是生存的关键性因素。如果一个儿童失去了作为其父母的孩子的身份，一个可能的后果就是被遗弃。对于人类的婴儿来说，被遗弃就意味着死亡"。

"转变"让母亲与孩子之间的关系从一种充满爱意的接纳改换为危及性命的拒绝。詹姆斯·马斯特森引用了一个边缘型母亲的孩子描述其童年生活时的原话,"像生活在一个永恒的坟墓中一般,我感觉自己可能很快就会被埋葬"。边缘型母亲的孩子对于自己被遗弃的可能性极为敏感,他们就像非法的偷渡客一样,时时生活在被驱逐出境的恐惧当中。

女巫型母亲可能一分钟前刚刚袭击了她的孩子,一分钟之后就表现得跟没事发生一样。盲目的怒火似乎会抹去她们的记忆。欧托·科恩伯格提供了这样一个实例:

> 一名住院的边缘型人格障碍患者在每天早上的半小时例行谈话中会持续对她的主治医生嘶吼,整栋建筑里面所有办公室都能听见她的声音。这种情形大概持续了两周左右,主治医生认为其病情已经严重到任何心理治疗手段都不可能起作用了。就在此时,有一天这位病人刚离开主治医生办公室,医生恰巧又碰见了她。直到现在,他一想起他当时看到的场景就会不由自主地战栗:那个病人刚刚走出他的办公室,似乎就完全放松下来了,她十分友好地与其他认识的病人微笑、寒暄。

从事心理健康研究的专家都会因为唤起边缘型人格障碍病人的怒火而瑟瑟发抖,更何况是她的孩子呢?边缘型母亲的孩子会尽一切可能躲藏起来。和成年人为了生存而斗争一样,他们可能会乞求宽恕,会哄骗、哭泣或辩解,会发誓今后做个好孩子。当母亲身上的女巫特质消失之后,她的孩子会感到一种无法描述的解脱。母亲说话的声音是判断女巫特质显现的早期指标,而她们的孩子会敏锐地捕捉这一信息并使自己与母亲保持调谐一致。一旦母亲的语调变得傲慢而冷酷时,这些孩子心中就会拉响警报。

经历了漫长的演化,人类的大脑天生就会对危及生命的最大威胁保持高度的关注。一项专门针对暴力犯罪受害者的研究发现了一个被称作"武器聚焦效应"（weapon focusing）的现象。目睹了暴力犯罪的人准确地记得罪行当中出现过的武器，但却很难回忆起其他细节。与此类似，女巫型母亲的孩子或许并不记得之前袭击的细节，但是对即将到来的袭击的征兆却格外敏感。他们记得母亲的声调、面部表情和肢体语言的变化。

与女巫型母亲互动，对母亲和孩子双方都具有破坏性，并且潜藏着进一步的危险。女巫型母亲具有嗜虐的性格结构，并且极难改善，几乎没有任何可能。女巫型母亲就像是飓风，她们会略过一些孩子，但摧毁其他孩子，猛烈攻击她们眼中的威胁。虽然女巫型母亲的袭击会引发孩子的报复，但是这些报复会让母亲为接下来的虐待找到更多理由。这是一个始于母亲内心投射的恶性循环。

女巫型母亲和她用来宣泄怒火的孩子之间会发展出病理性的心理动力结构，柯兰奈·肯博的死亡就是一个很好的例子。艾德蒙·肯博趁他母亲睡着的时候杀死了她。他猛砍她的喉咙，将她斩首，并和她的尸体性交。然后他切下她的喉咙，把它扔进了垃圾箱，"以此报复这么多年来她对他说过的那些令他痛苦不堪的话"。柯兰奈·肯博和她儿子关系中的施虐成分被完整地复制到了儿子谋杀她的方式之中——对其脆弱时机的利用、死后的凌辱以及毁天灭地的愤怒。

女巫型母亲的内心体验：自我憎恨以及自认邪恶

> 女巫们有着猩红的眼睛，看不清远处。但是她们的嗅觉如动物一般敏锐，只要有人来到这里，她们就会察觉到。
>
> ——《糖果屋》

对于别人身上的脆弱之处，女巫型母亲拥有如激光一般精准的观察力。就像格林童话《糖果屋》里面的女巫一样，患有边缘型人格障碍的女巫型母亲对他人的弱点有着"灵敏的嗅觉"。女巫型母亲知道怎么说话可以伤害和恐吓她们的孩子，并且会运用羞辱和贬低来惩罚他们。

女巫型母亲会对她们怒火所指向的孩子格外尖酸、苛刻、挖苦甚至残酷。其他的孩子可能并不会认为她是个女巫，只要他们不具备触发她愤怒的特征。女巫型母亲在愤怒时会发出"我要杀了你""我要让你活得就像在地狱里一样""你永远也看不到尽头"等言论。这些阴险、残忍的信息传递出了彻底毁掉孩子的愿望。当这个孩子长大成人之后，角色可能会发生对换，母亲的性命将陷入危险之中。

艾德蒙·肯博最终被判包括谋杀他母亲在内的8项谋杀罪名成立。他解释说，杀死母亲是一件他不得不做的事情，"有些人只是远远地站在一旁……并没有真正靠近去了解事情内在的道理、规律或原因"。

在四种边缘型人格障碍患者当中，女巫型患者是最不可能去寻求治疗的。女巫型母亲自认邪恶，并且自我憎恨，这些都导致她无法信任医生。她们害怕会被困在医院，一旦住院的话，她们很有可能变得暴力。女巫型母亲会通过攻击或挑衅医生来换取惩罚或驱赶。此外，女巫型母亲会被其强大的破坏欲所驱动，以至于她似乎无法容忍受人帮助。她从不相信自己拥有基本的美德，也没有能够感知他人善意的能力，哪怕是她自己孩子身上的善意。

詹姆斯·马斯特森指出，有些边缘型人格障碍患者只想"回到原状，而不是变好"。女巫型母亲对于获得帮助一点兴趣也没有，她们只想复仇。女巫型母亲可能会为她们的孩子寻求治疗，但是绝对不会为了她们自己。她们会诋毁精神卫生行业，因为她们害怕它的影响力。女巫型母亲最恐惧的是缺乏控制感以及被关起来。

精神卫生专业人员对女巫型母亲来说是一个巨大的威胁，她们会因此毁坏东西、破坏个人财物、殴打、撕咬，并且变得在肢体方面非常好斗。她们还会试图伤害那些努力帮助她们的人。曾经有一位女巫型母亲带着儿子寻求心理治疗，在治疗师提出这位母亲也应该接受治疗的建议后，她向治疗师所在的专业机构进行了投诉，要求吊销这名治疗师的执照。虽然这项投诉被撤销了，但是这位母亲的破坏意图十分明显。

女巫型母亲比较容易带着她们的孩子去寻求治疗，而绝不会自己去接受治疗。她们将自己的病理状态投射到孩子身上，而且常常期望孩子可以被收进精神病院去。因为，女巫型母亲往往把她们的自我憎恨投射到她们眼里一无是处的孩子身上，所以希望把孩子送走——她需要并且想要摆脱自己身上那个可恨的部分。配合女巫型母亲的孩子一起工作时需要周密的思考，治疗师一边为了孩子尽可能地提供治疗，另一边也需要采取妥当的方法保护自己。任何人都不应低估女巫型母亲的报复心，但最重要的是，任何人都不应让女巫型母亲的孩子孤立无援。

女巫型母亲的特征

✦ 残暴地控制和惩罚她的孩子们

精神分析师欧内斯特·沃尔夫指出，拥有"融合饥渴"人格特质的个体需要完全地掌控其他人。女巫型母亲就具有这种人格特质，从而导致她们的孩子有一种被吞噬、被扼制、被压迫和被囚禁的感觉。即便在成年之后，女巫型母亲的孩子仍会做有关集中营、大屠杀、侵略、战争以及自然灾害有关的梦。他们担心自己活不下去。

女巫型母亲需要彻底控制她们的孩子，而且会虐待辱骂那些被她当作泄愤对象的孩子。与其他三种类型的边缘型人格障碍的女性患者不同，女巫型母亲的行为会带来他人的服从和恐惧，而不是引发同情和担忧。她们的孩子被迫屈服于她的控制，而且有可能遭受情感、身体或性方面的虐待。女巫型母亲的女儿可能会延续这个循环，这些女儿长大成人后，也会变成女巫型母亲。

当年幼的孩子被自己的母亲蓄意伤害，他们的第一本能是，将母亲是他们痛苦来源的这一认知压抑下去。如果一个周岁左右的幼儿被母亲扇了耳光，他可能会看着母亲说："有人打我！"为了在心理上不被摧毁，年幼的孩子需要将母亲作为一个正面形象保存起来。因此，孩子会得出结论：自己理应受到伤害。言语、身体或性方面的虐待，都在清晰且不容置疑地向儿童传递出"你是坏孩子"这样的信息。

这些长期遭受虐待的孩子们会渐渐将爱恨混淆在一起。艾德蒙·肯博就讲述了这样的困惑："我对我妈妈有着爱恨交织的情结，我很难处理好它。所以我退缩了，好逃避这样的现实。我无法处理我的恨意，至于爱，它实际上是一种强加到我身上的情绪。"

这样的孩子会对自己所爱的人产生一种预期：对方将伤害他们。欧托·科恩伯格指出，这种预期会被伤害而产生的焦虑令人难以承受。因此，为了避免受到伤害，他们必须完全控制自己所爱的人。艾德蒙·肯博（和其他针对女性的连环杀手一样）对于被拒绝的恐惧如此之大，以至于他无法与任何一个活生生的女人建立起正常的关系。他杀死受害者之后，会沉迷于幻想自己与她们的关系，保留她们的一些随身物品，并和她们被斩下的头颅对话。

女巫型母亲的儿子长大后可能会犯下重罪或者成为性犯罪者。亨利·李·卢卡斯就是这样一个例子。认识卢卡斯妈妈的人一般都会用女巫这样的字眼来形容她。卢卡斯杀死了几百个女性，其中包括他的母亲和女友。卢卡斯小时候，他母亲用扫帚杆、棍子和木板抽打他，同时不许他哭。虐打之后，她又跟卢卡斯解释，她这样做其实是为他好，因为他生来邪恶。母亲经常跟他说，他将来会死在监狱里。卢卡斯的老师曾在他身上发现多处淤青和伤痕，但对此无力干预。

✦ 怀有可以毁灭一切的愤怒

吉拉德·阿德勒指出，"边缘型人格障碍患者的愤怒在意图上和强度上都是毁灭性的"。他解释道，"识别记忆愤怒"（recognition memory rage）是一种非常强烈的愤怒水平，以至于边缘型人格障碍患者会暂时无法识别出那个触发她愤怒的人，她不再把对方当作人去对待。吉拉德·阿德勒提到了一位边缘型患者，她说阿德勒让她非常生气，因此她要把他从心里"践踏"

出去。当孩子被自己的母亲从心里"践踏"出去，他们会感到自己从大地的边缘坠落，从母亲的保护雷达显示屏上消失，跌入无尽的深渊。如果孩子相信母亲爱着他们，那么他们很可能还来不及感受到母亲的毁灭欲就被孤零零地抛弃在大街上。对于女巫型母亲的孩子们来说，相信母亲会稳定不变地爱着他们，是完全不可想象的任务。

巨大愤怒的受害者表示，自己仿佛"被卷走了"。女巫型母亲会摧毁他人，这样一来在她们心里，这些人就不存在了。那些成为边缘型人格障碍患者泄愤目标的孩子代表着母亲想要摧毁的某些特质。不幸的是，由于这些孩子经常遭受虐待，他们的自我认知建立在憎恨和有关行为的基础之上，从而强化了女巫型母亲原本的看法。

✦ 组织诋毁攻击

患有边缘型人格障碍的女巫型母亲会寻求同盟，共同抵制她发泄愤怒的目标。这些母亲可能会寻找目标对象的朋友、家庭成员（包括兄弟姐妹和孩子们）和同事等，并在这群人当中蓄意传播她编造的谣言去诋毁她敌人的名誉。女巫型母亲会故意隐瞒自己所作所为，仅仅描述对方的行为以显示他们不可理喻。一位来访者在回忆童年时提到，她的女巫型母亲经常会打电话给父亲抱怨她品行不端。有一次，这位来访者无意中听到这样的对话，当场被母亲这种扭曲事实的陈述激怒了。而她的母亲立刻开始向她的父亲大声控诉："看吧，她又来了。她已经完全失控了，不停地大喊大叫。你回家以后一定要好好管教她。"我的这位来访者说，她对于母亲的欺骗行径感到诧异和恶心。

听者可能会由于女巫型母亲在陈述过程中表现出强烈的情绪而相信她们的控诉。但这些被歪曲的事实都是经过巧妙算计和编造的，目的就是要损害受害者的名誉。有些不明真相的人未必能够注意到女巫型母亲故事中的自相矛盾之处。由于这些女巫型母亲在陈述过程中情绪非常激动，听者无法追问相关细节，因此真相非常难以被识别出来。

艾德蒙·肯博的姐妹显然加入了母亲的阵营，参与了诋毁活动。艾德蒙的大姐"有时候会模仿母亲的做法，因为艾德蒙的拒绝而惩罚他"。大姐曾经试图将艾德蒙推到火车前面。还有一次，大姐把艾德蒙推下了游泳池的深水区，差点淹死他。

患有边缘型人格障碍的母亲最常发动针对前伴侣的诋毁攻击。离异、分居或分手都会引发一场大型战役，这可能导致对于监护权的争夺持续数年之久。女巫型母亲的怒火熊熊燃烧，因此她们要寻求金钱上、情感上以及肉体上的报复。曾有一位患者，在丈夫向她提出离婚后，不假思索脱口而出："我要像他伤害我一样伤害他。我要毁了他。"

✦ 在群体中煽动矛盾和冲突

分而治之、逐个击破是边缘型母亲经常使用的一种策略，用来分化群体，从而控制他人。人们并不知道自己听到的是同一个故事的不同版本，他们会彼此对立，而不是当面质疑女巫型母亲。

克里斯蒂娜·克劳福德提到，她的母亲试图欺骗负责管理克里斯蒂娜所在寄宿学校的修女。母亲在寄给她的信件中总是有意显示母女关系多么温暖、充满爱意，因为母亲知道修女会阅读这些信件。但实际上，母亲与克里斯蒂娜的对话常常弥漫着敌意。后来，克里斯蒂娜发现她母亲每周都给寄宿学校打电话，期望学校告诉她克里斯蒂娜在校品行不端。

女巫型母亲拉帮结派的能力可以扰乱和分裂群体。住院治疗的边缘型人格障碍患者常常在不同的工作人员面前表现出不同的自己，从而在工作人员当中引发矛盾冲突。吉拉德·阿德勒发现：

> 感受到病人残忍、折磨人的一面的工作人员，倾向于以严苛和具有惩罚性的方式来对待病人。感受到病人可爱、理想化的一面的工作人员则会对病人产生一种充满保护欲的父母之爱。这两组工作人员之间将产生冲突和分歧是显而易见的。这一点，也有助于我们理解为什么不同的工作人员会对同一个病人产生不同的印象。

这种具有破坏性的群体生态会带来毁灭性的后果。家庭成员（包括孩子们）可能被其他人疏远或者列入黑名单达数年之久，而他们永远没法知道自己做错了什么。

✦ 敌意掩盖着恐惧

脆弱、信任、失去控制、无能为力以及受伤害，都让女巫型母亲感到非常害怕。吉拉德·阿德勒指出，边缘型人格障碍患者身上"弥散性的原始愤怒"其实是"未经引导的、泛化的释放仇恨与攻击性"。他认为这类患者的分离焦虑会演变成灭顶的恐慌。换句话说，当女巫型母亲察觉到孩子在抵御她的控制（仅仅因为他们表达了自己的意愿）时，她们就会认为孩子对自己的生存构成了威胁。她们的思维定式是"只要你不和我一起，那么你就是在和我作对。"

女巫型母亲的敌意表现为拼命贬损那些拥有力量的人。她们把敌人描绘成软弱、无能或一文不名的模样，从而降低对方的威胁性。因此，她们总是乐于看到别人衰落、脆弱或无力的样子。而女巫型母亲的孩子能够感受到母亲对自己的幸灾乐祸（施虐的快感）。事实上，羞辱他人的确让女巫型母亲感觉好受多了。

那些和女巫型母亲打交道的人必须知道却经常忽略的是，女巫的强烈恐惧激发了她们具有敌意的行为。女巫型母亲总能高效率地将自己的恐惧投射到别人身上，因此即使是最有经验的临床医生都有可能识别不出这份恐惧源于女巫自己。

✦ 嚣张、跋扈，践踏人际边界

女巫型母亲可能会从各个方面侵犯孩子。她们可能会性虐待孩子，或者在性方面贬低孩子。她们可能会让孩子接受毫无必要医疗处置，并在公共场合羞辱孩子。她们不能在自己和孩子之间设立恰当的界限，还会利用孩子对她们的信任。她们可能会把孩子的私人物品翻个底朝天，询问具有侵犯性的问题，绝不容许孩子保有一丁点隐私。

女巫型母亲察觉他人弱点的能力极高，近乎神奇。她们密切留意着恐惧、羞愧或内疚的迹象，并蓄意在孩子身上激发类似的感受以便控制他们。因此，女巫型母亲的孩子会学着隐藏他们的感受以及所有他们喜欢的事物，如此才能活下去。克里斯蒂娜·克劳福德在描述童年经历时说，她感觉母亲可以读出她灵魂中每一个隐秘的弱点。

艾德蒙·肯博怨恨母亲入侵他生活，无孔不入。从最微末的细节到他生命中的重大决定，母亲都认为自己有权控制。杀死自己的祖父母之后，艾德蒙感到困惑迷茫，无力思考。他转向母亲寻求指点——这并不令人意外。在那一刻，对母亲的憎恨与谋杀祖父母的原因之间有何内在联系，他还一无所知。

✦ 毁坏有价值的物品或者故意扣留

心理学家玛莎·莱恩汉提到，边缘型人格障碍患者曾在她的诊所里损坏钟表、撕碎简报、偷盗信件、抛掷物品、在墙上胡乱涂鸦。女巫型母亲会毁坏他人喜爱的东西或有价值的物品。女巫型母亲也会故意扣留孩子需要或者想要的东西，包括药品。当孩子躯体受伤，这样的女巫型母亲很可能不会去寻求适当的治疗，即便孩子处于死亡的边缘。

我的来访者表示，小时候母亲曾把他们最爱的玩具要么弄坏要么扔掉，以此惩罚他们。其中几人小时候饲养的宠物也突然消失不见。亨利·李·卢卡斯曾经告诉自己的母亲，他很喜欢家里那头宠物骡子。随后，母亲就射杀了它。一位来访者提到有一次自己与母亲吵架，母亲就把她的宠物兔子放跑了，她一边回忆一边放声大哭。琼恩·克劳福德把克里斯蒂娜最喜欢的一件裙子剪碎，并迫使她穿着破烂的裙子出门。琼恩·克劳福德式的母亲内心深处坚信，拿走孩子们喜欢的东西能够教会他们如何去给予。

另一些来访者悲伤地诉说了母亲故意扣留他们喜欢或者想要的东西的经历。一位来访者痛苦地说，她小时候最喜欢吃意大利细面条，但是母亲故意安排其他家庭成员吃意大利细面条，却只给她苹果沙司作为晚餐。这样一来，女巫型母亲的孩子渐渐学着不要透露自己喜欢或者想要的东西。然而，女巫型母亲坚信自己的所作所为都是为了孩子好，自己只是在重复童年时期所学到的东西罢了。

✦ 相信自己邪恶缠身

有些边缘型人格障碍的患者会感觉自己仿佛"恶魔附身"，而其中的女巫型患者不仅自己有这种感觉，她们的表现和举止也仿佛真的被魔鬼缠住了似的。女巫型母亲拼命斗争才活过了自己的童年，她们成年之后仍会持续这样的战斗。显而易见，女巫型母亲的孩子具有自己也患上边缘型人格障碍的风险。对于这些孩子们而言，生存取决于他们的适应能力——要么让自己隐身，要么坚持一场永无休止的战争。女巫型母亲的孩子很可能终生都要忍受强烈的焦虑，或者内心燃烧着致命的愤怒。

冈德森指出，"对于自身劣根性的潜在信念最终可能会压垮一些边缘型人格障碍患者"。精神科医生杰诺米·科洛观察到，有些边缘型人格障碍患者感到自己"值得被特别优待，与此同时又太过邪恶，压根不配活在这世上"。这种自身的邪恶感促使女巫型母亲产生了别人会来惩罚她们的预期。一些女巫型母亲依赖于严格进行宗教仪式，以试图救赎自己的罪过。正如丹尼尔·保罗观察到的一样，"当一个人在宗教仪式中否定自己的意志和需求，隐去自己的存在时，就会感到其自我被自己或他人的阴暗面所占据。这种阴暗的力量会被拟人化，成为一个无所不在的魔鬼"。

丈夫大卫·史密斯曾说，"苏珊的人格中毫无疑问存在一些绝对邪恶、不可言说的特质"。这句话恰好说出了女巫型母亲对自己的看法。当这种阴暗邪恶的力量浮现时，她们的孩子自然能够感受到。母亲心中深藏着令人难以承受的可怕之处，孩子们对这点一清二楚。

✦ 害怕自己被捉住

女巫型母亲无法容忍受别人控制。如果令其住院或限制其行动，她们往往会释放出原本潜藏起来的、具有破坏力的愤怒。为了逃离，她们可能会猛烈地攻击别人，或是挑起一系列冲突矛盾，来找到一种让自己掌握主动权的方法。杰诺米·科洛在讲述与女巫型母亲相处的经验时，曾经提到：

> 一名27岁的离异女性把她3岁的儿子带来医院。孩子被诊断为患有肺炎，住进了医院。经过详细检查之后，医护人员怀疑这个孩子遭受了虐待和忽视。第二天，这个女人要求带儿子回家，但医院工作人员拒绝了她的要求。这位母亲变得非常沮丧，开始谩骂工作人员，因此被遣送出了儿科病房。几个小时之后，这位母亲趁着夜色回到病房，试图将她的儿子带走。被发现之后，她激烈挣扎，医生和护士叫来了安保人员维护现场秩序。她猛踢一位安保人员的腹股沟，但最终四肢都被绑在了病床上……我赶到现场，做了自我介绍，并告诉她需要和她讨论一下目前的尴尬局面。而她叫骂着，让我"操自己"。

后来，这位患者成功操控科洛医生给她松开了四肢的捆绑，一边咒骂他一边跑出了医院。

可悲而讽刺的是，女巫型母亲面对他人控制时所表现出来的好斗与抗拒反而会招致控制力度的升级，惹来更多束缚和限制。戴安娜·唐斯曾在1987年7月从俄勒冈州监狱成功越狱，但随后被抓回，并被转送至新泽西州，进入安保等级最高的监狱。然而，女巫型母亲的意图比任何监管设施都要更加顽固。

✦ 治疗的预后不良

欧托·科恩伯格指出，那些在虐待成性的抚育者身边长大的边缘型人格障碍患者被成功治愈的可能性最小。事实上，女巫型母亲还会诋毁精神卫生专业人员。女巫型母亲对他人缺乏信任，而且很容易将正常的人际互动误解为带有攻击性的，这都使得旁人无从帮助她们。她们在激怒别人方面如此得心应手，以至于生存之战接踵而至。女巫型母亲往往还没接受别人帮助，就先伤了自己。

在琼恩·克劳福德病重卧床期间,她拒绝朋友和亲戚的探视。在死前长达一年的时间中,她体重不断减轻,早已无力自己洗澡。即使如此,琼恩·克劳福德依旧拒绝药物治疗。在她临终之时,只有一个女佣人在她的床前。克里斯蒂娜后来才知道:

> 那人意识到自己什么都做不了了,便开始为我母亲祈祷。起初她的祈祷是默默的,但是当她意识到母亲死亡的时刻越来越近,她就开始出声祈祷。母亲听到她祈祷的声音,抬起了头,嘴里说出了最后一句话:"该死的……你竟不敢求上帝来帮帮我!"几分钟后,母亲就死掉了。

女巫型母亲至死都不会放弃控制权。

女巫型母亲的信条:生活就是一场战争

女巫型母亲的童年经历教会她们:生活就是一场围绕着生存的战斗。她们会按照这种认识去抚育自己的孩子,让他们准备好在集中营里度过一生,准备好去憎恨、去争斗、去杀戮。她们的孩子要学着不惧怕危险——事实上,孩子可能要学着去主动寻求危险。他们沉浸在掌控他人所带来的快感当中,随时探寻别人的脆弱之处并加以利用。他们长大了,但精神上支离破碎,无法正常地去爱、去信任、去感受。这些孩子的灵魂被谋杀了,只有在遭受折磨或者施加折磨的时候,他们才能感觉到自己还活着。

✦ 女巫型母亲传递的信息

- ☐ "我可以杀了你。"
- ☐ "你会后悔的。"
- ☐ "你逃不掉的。"

- "你活该受苦。"
- "没有你我会过得非常好。"
- "你永远逃不出我的手掌心。"
- "作为你的家长，控制你是我的权力。"
- "我会让你付出代价的。"

女巫型母亲的孩子在绝望无助的环境中成长。女巫型母亲需要掌控和支配一切，导致她们的孩子内心充斥着愤怒、恐惧与自我憎恶。她们言语恶毒，心肠像石头一样冷酷。但我有一名叫艾美的来访者从这种童年的恐怖阴影中幸存了下来。虽然由于母亲的虐待，艾美留下了终身残疾，但她仍然成了一名饱含爱意的妻子和母亲，同时也是一名受人尊敬的职员。她一直坚信自己是被爱着的，这样的信念将她从母亲的破坏力中拯救了出来。外人无法想象，艾美在孩童期间经历了什么，以及她的内心是何等坚忍不拔。

女巫型母亲的孩子们要逐渐学会在母亲面前不展露任何喜怒哀乐，如此才能平安度过自己的童年。这些孩子长大成人后，会感觉自己终于挣脱了情感的地狱。但如果没有任何外力干预，年幼的孩子可能无法幸免于难。

第 7 章

不真实的假孩子

> "哦,邪恶的孩子……这就是我所听到的!我想,我要把你严严实实地藏起来不让世界上任何人知道,因为你背叛了我!"
>
> ——《长发公主》

"我童年时代的每一篇日记都是这样开头的,'我今天过得不错。我很开心。'我彻底隐藏了自己真实的感受,我自己都没有意识到自己在伪装。我忠诚、听话、随和、安静,希望以此赢得母亲对我的爱。我变出她想要我变成的任何一种样子,任何样子都行,唯独变不出开心。"

瑞秋是一名出色的科学家,在一家大型制药企业里工作。她是一名有魅力、有能力、受人尊敬的女性,她为人可靠、忠诚、顺从、随和。她的一切堪称完美,只是,她并不开心。

瑞秋是家里唯一的孩子,父母离婚后她跟着母亲与外祖父母生活在一起。根据瑞秋的描述,她母亲是一个性关系混乱的流浪者型患者,几乎从不关心自己的女儿。母亲厌恶瑞秋,说她自私又邪恶。无论瑞秋努力成为一个多么优秀的人,她都无法获得母亲的认可。一旦母亲对她表现出一点点爱意,瑞秋都会立刻警觉起来,防备母亲向女巫型转变。长大成人之后,关于这些让她痛苦的事实,瑞秋在日记中这样写道:"她的话语就像硫酸一样灼烧着我,直到我枯萎,直到我变黑。我所能做的一切就是转身离去,但是她又会因此斥责我过于敏感或者误会了她。当她针对我的时候，我觉得自己就好像一件没有生命的物品在空间和时间中飘荡。我不再是她的孩子，她也不再是我的母亲。我只是一件无用的物品，她随时都可以将我弃如敝屣——我是一件没有价值的垃圾。"

瑞秋害怕别人发现"真实的"她，发现她实际上是一个没有价值的人。她对此解释说："我算不上'一个普通人'……我必须比任何一个人都要更努力才行。"瑞秋的内心世界很脆弱，因此，她很容易就感到自己变得支离破碎。她强烈地感到自己必须保持优秀，给自己设定了不切实际的超高目标，因此时时刻刻都无法放松下来。她习惯了通过母亲的视角来审视自己，而在母亲的眼里，如果她不能确保自己"有用"，她就会被遗弃。

有一个挥之不去的梦魇，贯穿了瑞秋的童年。在那个梦里，她在一个地下室里独自和着她最喜欢的音乐兴奋地舞蹈着。就在这时，窗外的一声低吼吸引了她的注意。窗口有一只狼正用能够刺透她的眼神死死盯着瑞秋，口水从狼牙上滴下。瑞秋瞬间被恐惧攫住了，动弹不得，她无法喊叫，甚至无法呼吸。最后，瑞秋的母亲出现了，瑞秋拼命指向窗口的狼。然而，就在母亲看向窗外的那一刻，狼消失了。"你怎么回事？"母亲训斥道，"那里什么都没有！"

瑞秋知道那只狼不是想象出来的，她跟在母亲身后往楼上走。她非常害怕，她确定一旦自己落单，那只狼就会回来的。在她们俩到达楼梯顶端的那一刻，瑞秋回头看了一眼窗户，发现那只狼压低身子趴在地上，死死地盯着她。瑞秋每动一下，狼也动一下。只有瑞秋自己看见了这一致命威胁，而她的母亲则一无所知。

瑞秋诡异的梦境让人想起了一首歌，《像狼一样饥饿》(Hungry like the Wolf)，7岁的谢莉·唐斯被自己母亲杀害之前听的就是这首歌。一旦孩子意识到与自己共同生活的母亲会在情感上摧毁他们，他们就无法摆脱对此的恐惧了。孩子们会下意识地在梦里体验到这种恐惧。例如，瑞秋总是看见窗外的那只狼。当然，真正的危险并不在窗外，而在家里。但只要孩子被母亲控制，需要依赖母亲，离开母亲就无法生存下去，那么他们就会否认这种危险,并且会去保护自己的母亲。瑞秋的噩梦终止于她上大学的第一年,这时候,她已离家千里。

和瑞秋讨论完她童年的梦境,之后过了几周,我问她是否回避与母亲进行目光接触。"是的,我想是这样的,"她回答道,"这只是一种习惯而已。我以前从来没有想过这件事……但是,我确实害怕看母亲的眼睛。"渐渐地,瑞秋把自己对母亲的恐惧和窗外的那只狼联系在了一起。而回避目光接触恰好是一种避免遭到攻击的本能反应。

瑞秋说她母亲就像一个赝品,而当母亲态度和善的时候,瑞秋又会感到自己正被母亲操纵着。有些时候,母亲对待她的态度就好像瑞秋是完美无缺的,而另一些时候,母亲对待她就好像"一文不值的垃圾"。因此母亲的和蔼,总是令瑞秋起疑。

"我只能这么说,有时候她说话的声音就会让我瑟瑟发抖……你知道,就好像我身上某种程序被启动了。她会给我打电话,在电话里哭,用特别甜蜜的方式说'我爱你,你知道的'……吧啦吧啦,诸如此类。我感到不寒而栗……真的就是这样。那种感觉就好像一个虐待成性的丈夫因为刚刚揍了你一顿而表示深深的歉意似的,一模一样。如果你相信了他的话,那么你早晚会死在他拳头底下的。但是,我的天哪,这可是我的亲生母亲啊!"

瑞秋准确地看到了惯于施加家庭暴力的丈夫(男性边缘型人格障碍患者)和她母亲之间的相似性。这类男性殴打自己的妻子之后通常会表现出极端的悔恨。虽然边缘型母亲不太会像边缘型人格障碍的男性患者那样实施躯体暴力,但情感上的虐待和人格上的诋毁也具有同样的杀伤力。懊悔、愤怒和内疚,如此循环往复,逐渐把边缘型患者的孩子推向致命的漩涡。

边缘型人格障碍患者的孩子慢慢学着如何放弃真实的自我,因为,对她们来说,如果想要生存下去,必须首先满足母亲的情感需求。詹姆斯·马斯特森对真实自我给出了一个定义:"它是完整的,其中包含着好的部分也包含着坏的部分,并且以现实为基础;它具有创造力和自发性,通过自我论断来发挥作用……以一种自主的方式进行。"自主,指的是自我导向和自我表达的自由,但对于边缘型患者的孩子来说,实现自主是不可能的。因为在边缘型母亲的眼里，分离就代表着背叛，她们会惩罚孩子的自我论断，所以她们的孩子只能发展出一个不真实的自我。孩子的真实自我被活生生地埋葬了。

即便只是犯了一些无伤大雅的小错，瑞秋也觉得自己将受到严厉的惩罚。当她还是个孩子的时候，母亲会因为她忘带午饭钱而把她大骂一通。于是，瑞秋成了一个完美主义者，无论何时，哪怕只是出现了一个微不足道的小失误，都会令她觉得自己毫无价值。她会对自己的决定、人际互动以及一些小事翻来覆去地琢磨。每一件事情都必须处理得严丝合缝恰到好处。如此一来，她的精神极少有放松的时刻。

和瑞秋一样，许多边缘型患者的孩子可能永远无法拥有足够的安全感，好让自己放手、随心所欲，或者允许自己去玩耍。精神分析大师温尼科特曾经写道："玩耍是人类的共性，是健康的一部分：游戏促进个体的成长，继而对健康有益……所谓自然，就是玩耍。"边缘型患者的孩子可能是任劳任怨的工作者，他们很难找到欢乐。他们不知道该如何放松，或者不知道该如何持续地让自己感觉良好。

* * *

韦氏大词典对母性行为的定义是，"照料或保护。"《母亲的奇迹》(Mother's Miracles)一书整理了许多有关母爱的真实故事。其中一位叫迪娜·戈德伯格的女性讲述了自己的成长经历，她母亲童年时期贫瘠困窘，但抚育她的时候却情绪平和：

> 我6岁的时候，生日蛋糕上点缀着如落霞一般的粉色玫瑰花，这些玫瑰花是妈妈在花园里种的。曾经那个衣衫褴褛瘦骨嶙峋的小孩如今已经是一个戴着厚厚帆布园丁手套的淑女了。妈妈为我们烹制大餐。她给我们的盘子里盛满食物，但从来不用她挨饿的故事来责备我们。我们的浴缸里全是香喷喷的泡泡，从来没有听她提过小时候为了洗头洗澡，和妹妹偷加油站的香皂的故事……她的过去存在着真实和虚幻的怪兽，但她保护着我们不受这些怪

兽的影响。

约翰·鲍尔比在阐述依恋理论时写道,"一个人在婴儿和幼儿时期与自己母亲的关系温暖、亲密、稳定连贯,对其心理健康至关重要"。但是,边缘型人格障碍患者的孩子童年时期的母子关系却与鲍尔比所述的理想关系有质的不同。幸好,大多数孩子在听到自己母亲声音的时候都不会"瑟瑟发抖"。

边缘型人格障碍患者的孩子通常都会成为解读深层隐秘情绪信息的高手。长大之后,他们也会一心想要挖掘他人行为背后隐藏的动机。这些已经成年的孩子解释说,"当我还是一个小孩子的时候,事情从不遵循它们应该遵循的路径。现在,只要事情发展顺利,我就会忍不住起疑。"这些孩子成年之后在自我表达方面出现困难,他们害怕别人会利用自己的诚实。他们无法确信自己所持的观点,也会质疑别人的表态是否藏有弦外之音。因为在孩提时代,那些他们前一分钟所相信的东西,后一分钟就变卦了。他们四处搜寻确认,搜寻那些或许可以肯定他们真实性的人。

丹尼尔·戈尔曼设计了一项研究任务,以考察人类的情绪脑对威胁自身生存的信息的关注程度,即"瞬间做出决策反应,比如'我会吃它,还是它会吃我?'之类的"。边缘型患者的孩子会全神贯注于研究人员所说的"风险评估"上——判断母亲这一刻或下一刻的心理状态的性质。结果显示,这是一种无意识的非自主加工过程,就好像呼吸一样。也就是说,孩子意识不到自己正在做这件事。否认,筑起一道厚厚的围墙,保护着这些孩子不去面对那些他们无法面对的恐怖。

割裂

边缘型患者非黑即白的思维模式会导致她们对自己的孩子产生一种割裂的看法。因为瑞秋是独生女,所以她在母亲眼里时而是一个完美无缺的孩子,时而是一个一无是处的孩子,来回摇摆。著名儿科医生 T. 贝利·布拉泽顿（T. Berry. Brazelton）指出，所有的家长都会无意识地在自己的孩子身上投射要么积极要么消极的属性。从出生的那一刻起，新生儿的各种特征就会令人们下意识地将之与家长的过往经历联系在一起。布拉泽顿医生解释说："就像童话故事里的善良仙女或邪恶女巫一样，她们会在孩子身上施以美好的祝愿或者恶毒的咒语。"布拉泽顿医生还指出，通常来说，孩子真正的自我会破除家长原本给予他们的那些投射，"随着家长对孩子的养育，祝愿或咒语都会退至幕后"。但是，边缘型母亲对孩子的投射不仅十分强烈，而且很可能是起伏不定的，她们前一分钟认为孩子完美无缺，后一分钟又认为孩子一无是处。一位边缘型母亲的女儿用她11岁时所写的小诗描述了她童年时期的情感环境：

风

无时无刻不在改变
从来不知它的方向
有人猜测着
它就又变了
如此强烈如此尖刻
有时又是如此温柔如此无形
有时它偃旗息鼓
随后又席卷天地
凉了炎热的夏日
冻了冬天的雨滴

心理学家玛莎·莱恩汉认为，边缘型患者不应当被区别对待：

如果把这类个体和我们区分开，我们就贬低了她们。而且，有时候，恰是由于我们轻视她们，她们才变得与我们不同。然而，一旦我们认识到，影响人类正常行为（包括我们自己的行为）的原则同样也是影响边缘型人格障碍行为的原则，我们就比较容易共情，并设身处地地去理解她们给我们造成的困扰了。

我们不应当任由边缘型患者的孩子认为自己的经历是正常的。边缘型患者感觉自己与众不同，自己所受的痛苦折磨值得他人的肯定与认可。她们的恐惧、愤怒、嫉妒和怨恨都超出了正常的限度。如果我们宣称这些都是正常的，那么就是轻忽了她们和她们子女的感受。肯定与认可，必须以现实为基础。

有一位已有孩子的来访者，她本人是边缘型人格障碍患者，她的母亲也是一名边缘型人格障碍患者。这位来访者向治疗师提出了一个问题：正常人如何规划自己一天的时间？因为这位来访者的母亲的日常行为飘忽不定，因此来访者从来就没有机会学习如何规划时间。她回忆说，童年时代，她朋友的母亲每次都会在同一时间打来电话喊朋友回家吃饭，而这位来访者从不知道自己每天什么时候有晚饭吃，甚至有没有晚饭吃。安排并烹饪一顿饭对她母亲来说是一项无法承受的重担。多年来，这位来访者一直没能理解为什么人们喜欢喝牛奶。对她来说，母亲经常给她已经变质的牛奶或者任由牛奶搁置在室温环境中。终于，这位来访者发现了变质牛奶和冰鲜牛奶之间的差异，这令她兴奋不已。生活是可以多姿多彩的，时间安排是可以秩序井然的，目标也是可以实现的。只是，边缘型母亲和她的孩子都需要帮助，以便理解究竟什么是正常的，什么不是正常的。

孩子只了解他们体验到和经历过的东西。他们可能很难认识到其他人的妈妈并不会因为一些微不足道的细枝末节而突然间大发雷霆，也很难认识到其他人的妈妈不会长期处于消沉、抑郁、恐惧或濒临崩溃的状态。孩子不具备丰富的人生体验去判断这个世界和自己，他们能够依靠的只有自己的经历。不幸的是，边缘型母亲会把她们自己对孩子割裂的认知投射给孩子，令孩子的自我印象发生扭曲。家长如何看待孩子，孩子就会如何看待他们自己。

在多子女的家庭中，一个孩子在边缘型母亲眼里十全十美，其他孩子则一无是处，这取决于边缘型母亲投射的特征。如果母亲曾经有过被男性性虐待的经历，那么家里的男孩子在母亲眼里可能会变得一无是处。母亲会在潜意识当中把自己对男性的怨恨投射到自己的儿子身上。如果家里有几个女儿，那么边缘型母亲可能会把第一个出生的女儿当作敌人，因为这个孩子会和自己争夺丈夫的爱。在另一些案例中，一个孩子的某些特征会在潜意识中提示母亲联系到她自己身上，有些是她怨恨自己所带有的部分，有些则是她欣喜自己所带有的部分。总而言之，不同母亲的投射起源也各不相同。如果没有心理治疗的介入和干预，那么投射的源头可能永远不会为人所知。没有哪一个家长是故意选择偏爱一个孩子多过另一个孩子的。

完美无缺的孩子

"我从来都不理解为什么母亲对姐姐那么刻薄。母亲曾经对姐姐说，她生来就是一个邪恶的祸害……母亲和姐姐之间的对抗太可怕了。我藏在角落里，就像懦夫一样，事后我尝试着去安慰姐姐，是私下里背着母亲的。因为母亲待我不错，让我觉得我不配，我只感到内疚和抑郁。姐姐并没有做错任何事。母亲不应当那样对待她，而我也不值得母亲这样对待我。我没有那么好！我非常害怕。"

在长达三年的心理治疗中，乔安娜逐渐说出了她的秘密和恐惧：她一直隐藏着自己对母亲的真实感受。就像一朵盛开的鲜花，她在安全的治疗关系里释放了自己。最近治疗中的一次里程碑式事件赋予了她新的视角。她开始看清自己的过去，以及自己今后要走的方向。

"当时我正在收拾衣服，我意识到自己的心脏跳得比平常快许多。我在床边坐了下来，心里想着，要是我按时吃午饭就不会这样了。几分钟之后，我开始觉得头晕、虚弱还有害怕。我告诉自己，'别慌张，没事的……过会儿就好了'。我继续叠衣服，但是我的注意力都集中在自己的心跳上。我觉得自己的头变得很轻，好像跟身体分开了似的。我的胳膊和手指都虚弱无力。可我才40岁啊，这个年纪突发心脏病实在是太年轻了吧。"

乔安娜拨打了急救电话。救护车到达的时候，医务人员看见乔安娜坐在沙发上，摸着自己的脉搏。医务人员检查了她的血氧水平，很快便发现了问题所在，乔安娜是出现了换气过度。她的呼吸短而浅，导致血液中的氧过多，因此才会出现心跳很快、头晕以及手和胳膊麻木的情况。在接下来的一次心理治疗中，乔安娜发现了诱发这些症状的原因。

在乔安娜40岁的生日蛋糕上，人们开玩笑地安排了一块玩具墓碑。但是，人到中年的乔安娜并不乐意庆祝这个生日。为什么40岁生日会触发乔安娜的焦虑？她和治疗师讨论了一种可能性：她忽然意识到她从来没有真正按照自己的意志去活，随后就出现了惊恐发作的症状。此时，这次治疗的时间恰好结束了。而在下一次治疗中，乔安娜对于自己母亲的愤怒和怨恨开始"浮出水面"。

乔安娜是一个十全十美的妻子和母亲。她从来不反对，从来不质疑，也从来没有站出来表达过自己真实的想法和感受。事实上，在乔安娜惊恐发作的时候，她仍在试图通过叠衣服履行家务职责去压抑自己的焦虑。就像一个未开启的瓶子受到了猛烈的摇晃，乔安娜的真实感受爆炸了。

完美无缺孩子的特征

✦ 不会发展出边缘型人格障碍

完美无缺的孩子是不会发展出边缘型人格障碍的，因为母亲投射在这个孩子身上的是她身上仅存的理想化的部分。但是，这个孩子身上会出现其他严重的心理冲突，因为母亲需要和这个完美无缺的孩子融为一体。对于母亲眼里的完美孩子来说，他们身上最致命的心理冲突就是"不真实"——当别人认为他们是美好的、能干的，他们却感到对方只是受了误导和欺骗。

完美无缺的孩子是被家长化了的孩子——他们被训练成自己家长的家长。完美无缺孩子的典型特征是听话和忠诚，他们也许还会充当家庭内部的小小治疗师。边缘型母亲赋予了这个完美无缺的孩子特殊的权力，使其拯救和保护她的情绪。因此，这个完美无缺的孩子会得到信任，知晓秘密，被当作母亲的代理伴侣，并且由于从小就被当作一个成年人对待而发展出一种冒充者综合征（imposter syndrome）。冒充者综合征当中潜藏着的信条是：无论外部指标表明他们有多能干，成年后的孩子都不配获得成功。成就，并不能让这样的孩子内心得到满足感，因为他们会把成功归因于运气好，而不是自身付出了努力。

边缘型母亲会无意识地强化自己与这个完美无缺孩子之间的联盟。可以说她通过这个孩子间接地活着，并且她企图借助这个孩子的成就来让自己获得认可。边缘型母亲会忽略完美孩子与母亲分离的需求，在情绪上和这个孩子融为一体，而孩子则会因此感到自己被母亲吞噬了。但是，完美无缺的孩子害怕背叛母亲，因为那也意味着背叛他们自己。完美无缺的孩子无法拒绝母亲所要求的亲密关系，因为拒绝母亲会令他们觉得极其不适和无比内疚。

加文·德·毕克尔把这种策略叫作"强制组队"（forced teaming），它是骗子和罪犯所使用的最为精巧的控制手段之一。"强制组队是一种提早建立信任的有效方式。因为这是一种'我们在同一条船上'的态度，人们很难在拒绝对方这种态度的同时让自己感觉心安理得。"边缘型母亲会无意识地强制和自己眼中的完美孩子组队，她们会用这样的语言迷惑孩子，诸如"你和我一模一样""没有人能够像你一样理解我""你是我唯一能够依靠的人""要不是为了你，我没必要活在这个世界上"。

母亲希望和这个完美无缺的孩子融为一体的需求会驱使这个充满内疚的孩子远离她。这个完美无缺的孩子被母亲当作自己身上理想化的那部分。于是，她只会从自身的需求出发去关注这个孩子，而不是从孩子本身的需求出发。当母亲觉得冷，她就会要求孩子穿上毛衣，无论这个孩子自己感觉冷还是热。如果这个孩子拒绝穿毛衣，那么母亲就会觉得孩子在排斥她并责骂这个孩子。

然而，加文·德·毕克尔指出，任何人想要关系融洽都应当努力让关系中的另一方感到自在。而一个被家长化了的孩子本能地知道自己的角色是不恰当的。让家长幸福的责任落在自己一个人身上，令孩子感到恐惧不安。孩子永远都不应当被放在这样一个不可能、不合理的位置上，他们不应当担负父母的人生。

◆ 焦虑、抑郁，被内疚所驱使

完美无缺的孩子压抑着自己的真实感受，因此，焦虑和抑郁很容易找上他们。由于他们时时关注着其他人的情绪状态，所以他们很难体验到愉快的情绪。虽然他们的感知力十分敏锐，但是他们缺乏对自身精神状态的洞察，未能识别自己心中微妙的抑郁。

完美无缺的孩子常常因为感到满足而产生内疚，这是一种伴随着例如度假、休假或聚会而出现的噬骨之痛。他们感到自己没有资格代表母亲理想中的那个人，认为自己不配拥有美好的生活。他们会觉得自己已经拥有的太多太多了，自己不应再得到更多了。他们可能还会强迫性地把自己需要的东西送给别人。

研究显示，当母亲患有边缘型人格障碍，而女儿没有边缘型人格障碍的时候，这些女儿往往极其担心自己是否有能力去取悦自己的母亲。于是，母亲眼中的这些完美孩子很容易出现情绪耗竭，因为她们会强迫性地去寻求他人的认可。此外，她们身上出现抑郁、焦虑和内疚倾向是相当常见的。她们感到自己被照顾别人的责任压得喘不过气，同时她们又觉得自己不配获得别人的关爱。她们难以表达自己的感受和需求，而别人对她们的认可和关注会让她们觉得极端不适。

虽然边缘型母亲眼里完美无缺和一无是处的孩子同样需要心理治疗的干预，但是完美无缺的孩子寻求治疗的可能性较小。当母亲患有边缘型人格障碍而女儿没有的时候，这些女儿往往很难区分什么是正常的感受，什么是较为原始和基本的情绪，而且她们还容易把感受和行动搞混。她们害怕成为母亲那样的人，在她们看来，表达强烈的情绪和边缘型的行为是联系在一起的。她们会克制自己的情绪表达，摆出冷静随和的样子。这样一来，焦虑、内疚和抑郁逐渐内化,她们意识不到,也就无从处理。

✦ 容易在事业上获得成功

完美无缺的孩子会成为一个成功的成年人,但不一定能成为一个幸福的成年人。他们要求自己时时刻刻都做得正确妥当,这种需求过于强烈,足以扼杀真正的、富有创造力的自我。完美无缺的孩子可以忍受不讲理的上司、不愉快的工作环境以及不美满的婚姻,因为满足他人的期望比自己获得幸福重要得多。他们可以获得名望、财富或成功,但是极少能够获得快乐。

在成年人之间的关系中,完美无缺的孩子会继续扮演家长化的角色,勤勤恳恳、一丝不苟,经常超出对方的预期。他们常常做出过分的承诺,并且全情投入,因为他们害怕会令对方失望。他们总是无法说"不"。微不足道的小错就能引发他们的自尊灾难式下跌,而早已被内化了的焦虑导致他们无法为自己的成就感到喜悦。完美孩子的大部分情绪能量都放在避免犯错上,因为犯错会击碎其自我的根基。

虽然完美无缺的孩子不会将自杀的念头付诸行动,但当他们犯了小错,自我出现崩裂之后,他们仍会想着"我希望我死了"。成功,会诱发完美孩子出现惊恐发作。他们越成功,也就越焦虑。完美无缺的孩子极少会有心满意足的时刻或内心平静的时刻;如果他们认为母亲牺牲了那个在她看来一无是处的孩子时,就更是如此了。

✦ 边缘型母亲传递给她眼中完美无缺孩子的信息

- □ "你是唯一一个能让我开心的孩子。"
- □ "没有你,我活在这世上也没有意义了。"
- □ "永远不要离开我。"
- □ "你是特别的。"
- □ "我的幸福就系在你的身上。"
- □ "你要对我的人生负责。"

母亲眼里一无是处的孩子害怕被人拒绝，而完美无缺的孩子害怕成功。完美无缺的孩子十分幸运地没有像一无是处的孩子那样遭受母亲的虐待，因此成功会触发他们的羞愧和内疚，而不是自豪和喜悦。完美无缺的孩子目睹了母亲对一无是处的孩子的虐待，而自己幸免于难让他们有种负罪感。下面是乔安娜的一篇日记，展示了她深深的痛苦：

> 在本月的《时代》杂志上，我读到了这样一篇文章，这篇文章让我的胃部感到一阵阵不适。文章的标题是"战争的创伤"。文中配有一张照片，照片里是一个13岁的女孩，她的胳膊被当地的一支叛乱武装砍掉了。女孩的家人流着眼泪，帮助她学习用简陋的假肢吃东西。文章引用了女孩的一句话："我不明白他们为什么要这样对我"。我很想给这个女孩写信，告诉她，她是幸运的，她至少还有完整的灵魂和爱她的家人。
>
> 这个女孩的遭遇让我想起了我的姐姐。可是，我的姐姐并没有这么幸运。她也是一场战争的受害者，只不过这场战争发生在美国的郊区，发生在紧闭的家门之内。我不明白为什么母亲要让姐姐的灵魂四分五裂。母亲毁掉了她身上的一部分，而且那是永远无法修复的。40年过去了，我的姐姐仍然在生存边缘苦苦挣扎。对于人类的灵魂来说，没有可用的假肢。
>
> 没有人发现这一切，因为姐姐的身体并未残缺。没有人有兴趣了解这样的战争。没有人想到整个美国有多少孩子在一扇扇家门之内的战争烈焰中留下残疾。而且，也没有人知道如何去修补由于这种战争而破碎的灵魂。

参加过战争的老兵都了解这种"幸存者内疚"，这种内疚感会让幸存者感到自己不配活下去。母亲眼里完美无缺的孩子不曾像一无是处的孩子那样受到虐待，因此他们会感到非常内疚，以至于成为具有强迫性的抚育者，他们会感到自己非得去解救那些遭遇压迫、疾病、不公或不当对待的人不可。

他们没有意识到,亲眼看见兄弟姐妹被母亲打垮给自己造成了怎样严重的伤害。虽然完美无缺的孩子不会发展成边缘型人格障碍患者,但是他们的内心已经被战争的"流弹"击穿。他们总是感到悲伤与内疚,却不知道这是为什么。

慢慢地,随着时间的流逝,乔安娜开始处理自己所受的伤害。她让心中被掩埋的愤怒"浮出水面",因为这些年来她为母亲做出了太多牺牲,同时,她一直为了自己没有能力解救姐姐而深深地悲伤。她曾经把自己的时间全都投入到为母亲服务当中。现在,战争结束了。

如果我们可以用 X 光照一照母亲眼里完美无缺的孩子的自我,我们会看到一件精美的瓷器,但是上面布满了细小的裂纹。虽然表面上似乎没有什么缺陷,但这个孩子的灵魂已然出现断裂,内心脆弱不堪。他们内在的自我与外在的自己一直在相互斗争。完美无缺的孩子默默地忍受着折磨,他们说不出自己痛苦的源头,因为它埋藏得太深、太久,难于挖掘。虽然灵魂上的裂痕无法完全修复,但是完美无缺的孩子学会了保护自己,以免再受到更大的伤害。否认、压抑和升华等心理防御机制都阻隔了他们对痛苦的觉察。虽然完美无缺的孩子和一无是处的孩子同样需要心理治疗的干预,但是她们不太会去寻求心理治疗的帮助。而精神分析取向的治疗是终结内心战争的关键,也是开打幸福人生大门的钥匙。

一无是处的孩子

"有时候,我真的很迷茫。我不知道我该怪谁。凌晨 2 点钟,你坐在外面抽烟,你想做什么?你什么都没做,只想用你身上全部的肮脏和黑暗去毒害美国人软弱的心。拿走他们的电视机,然后用其他的想法去替换:杀掉自己的兄弟姐妹、自我怀疑、提心吊胆。有时候,我想成为一个令人厌恶又令人生畏的神……坐在最丑陋不堪的山脉之巅……穿着绿色的衣服。我想看看这出闹剧……从高处俯瞰这酒池肉林,然后放声大笑。我从没想过下去参与其中,那样……那样粉饰自己。"

卡特莉娜痛恨她的生活,也痛恨她自己。她想知道,为什么午夜时分她常感觉自己想要抓起武器、一阵打杀、取人性命,这种愤怒甚至使得血液涌向她的手掌和指尖。她以为自己已经对母亲恶毒的言语攻击免疫了。她和母亲生活在一起,而母亲总是无情地斥责她,令她心中充满愤怒,但只有在夜晚独自一人时这愤怒才会显现。卡特莉娜能够记起来的梦境不是自杀,就是杀人。

长期的心理贬抑,无论是对一个孩子还是一个成年人来说,都会造成非常严重的不良后果。卡特莉娜在和母亲争吵之后会退回自己的房间。在自己的房间里,她用小刀割伤自己,并写下自己的感受。卡特莉娜的日记本沾着她的血滴。

一无是处孩子的特征

✦ 发展出边缘型人格障碍

如果母亲患有边缘型人格障碍,那么对于母亲眼里一无是处的孩子来说,他们也成为边缘型人格障碍患者只是时间问题,并且女儿在成年之后也会成为边缘型母亲。边缘型母亲对女儿的负面投射会植根于这些一无是处的孩子的自我概念当中,让她们憎恨自己。这些孩子在母亲的眼里是邪恶的,因此他们只有两个选择:要么相信自己就是邪恶的,要么拼死去变成好孩子。孩子不可能免于母亲观念的毒害:一无是处的孩子无论多努力,也绝对没有赢过母亲的希望。

如果没有心理治疗的干预,一无是处的孩子将不可避免地发展出边缘型人格障碍。常见的发展路径是,他们从小时候就开始接触毒品与酒精。在学校里,他们的各种表现会反映出其消极的自我概念以及内心的绝望感。而诸如反社会行为、偷窃、吸毒、滥交以及离家出走等臭名昭著的行为宣泄(acting-out)则进一步强化了母亲对这些孩子的负面看法。詹姆斯·马斯特森解释说,家长"会说这些青少年是因交友不慎,被引诱而误入歧途,而不承认是家庭内部的矛盾冲突将他们推过去的"。边缘型母亲会坚决否认自己对孩子行为的影响。她确确实实认识不到这点。

✦ 出现疼痛失认

一无是处的孩子可能出现"疼痛失认"(pain agnosia),即对疼痛不敏感,缺乏正常的疼痛反应。在一项研究中,75%的有受虐经历的儿童表现出自毁的倾向,包括拔毛发癖(即强迫性地拔自己的头发和毛发)、跌跤、啃咬指甲、用头撞东西、食用无法消化的物品、强行吞咽硬物以及随意摄入药品,等等。但是,把这些孩子转移到没有虐待的环境中之后,这些自毁行为就停止了,正常的疼痛反应也恢复了。

由于疼痛失认,一无是处的孩子会表现出对惩罚的淡漠,因而加剧了母亲的愤怒。这些孩子对疼痛不敏感是因为大脑释放了一种类似鸦片的神经化学物质,它会给人带来欣快感,产生类似麻醉的效果。人类抓住小奶猫的后颈把它拎起来的时候,它会变得眼神迷蒙、软弱无力,其原理就与此相近。至于有虐待经历的孩子是有意用自毁行为来麻醉自己,或者自毁行为只是他们应对虐待环境的一种适应性反应,这些问题还需要进一步的研究求证。

✦ 感觉自己注定一生厄运

卡特莉娜觉得自己在家里就像是一个癌症肿瘤。詹姆斯·马斯特森指出,有些边缘型母亲的孩子会感到"自己唯一能够取悦母亲的方式就是自杀"。一无是处的孩子会觉得自己很扎眼,自己的生命注定衰败,如同地球上的一片荒漠。他们无所不在的绝望感会通过他们的艺术作品、文字和行为表现出来。心理治疗师乔恩·拉切卡对此总结说,边缘型人格障碍患者的艺术作品中常常出现黑洞,它代表着由空虚和孤独形成的情绪深渊。一些患有边缘型人格障碍的成年人报告说,每当自己感到获得一线希望的时候,比如刚刚开始一段新关系的时候,她们脑中会出现一个黑色的星星图案。这些患者解释说,这些黑色的星星代表了希望会落空。

母亲眼中一无是处的孩子在自己身上、在这个世界上或者在自己的未来里看不到任何美好的东西。他们十分确定自己将会毁掉所有美好的东西、美好的人以及美好的时光。当他们对着星星许愿，眼前却只有一片漆黑。一无是处的孩子看不到希望。

◆ 边缘型母亲传递给她眼中一无是处孩子的信息

- "你毁掉了一切。"
- "没有你，我会过得更好。"
- "你让我恶心。"
- "你是个恶心的人。"
- "我真想杀了你。"
- "你是这个家的耻辱。"

在一无是处的孩子人生中的所有悲剧里，最令人心碎的，就是即便如此，他们仍然不懈地想要去取悦自己的母亲。约翰·鲍尔比解释说，即使依恋的对象会引发孩子的恐惧，孩子"还是倾向于粘着这个令人害怕或充满敌意的依恋对象，而不是离得远远的"。一无是处的孩子坚守着对母亲的依恋，放弃了他们自己。不幸的是，这样一来，他们也就放弃了被爱的希望。

如果能用仪器去透视这类孩子的自我的话，我们会看到一个缓慢生长的肿瘤正在蚕食这个孩子的灵魂。一无是处的孩子害怕观察自己，尤其害怕审视自己的内心。他们感觉到自己的内在是阴暗的，有些东西已经枯萎锈黑，变质腐坏。无论这些东西具体是什么，它都是这些孩子控制不了的，对他们来说太过可怕，无法面对。因此，那些来寻求心理治疗的孩子必须具备极大的勇气。他们必须愿意去正视自己枯萎的灵魂，并且允许它沐浴在接纳与理解的温暖照耀之中。

迷失的孩子

"他从来没去找过任何心理治疗师。他只觉得他的人生不值得再去做这些努力。波比是那种和谁都能成哥们儿的人。他对别人掏心掏肺的。但这就是他的问题。我们都只有十几岁的那会儿,我对他特别生气。他非常聪明,但从不用在自己身上。他一天到晚只想着和兄弟们混在一起,去打篮球。他死于服药过量。但很早很早以前,他就已经放弃自己了。"

哥哥死后不久,玛丽就来寻求心理治疗。她的悲伤中掺杂着对于哥哥生命戛然而止的愤怒。迷失的孩子就好像一个空空的贝壳,被波浪冲到岸上或卷进海里——无论是哪一种,它都永远找不到方向。

要从边缘型母亲所发出的矛盾混杂的信息中幸存下去,必须具备驾驭情绪激烈摇摆的能力。而迷失的孩子选择了随着母亲的情绪浪潮去漂流,不再试图控制自己。迷失的孩子对于自己是谁感到困惑不解,并且抗拒权威人物对自己的控制。他们很难保住工作,也无法信守承诺,或承担责任。他们可能会用毒品或酒精来麻痹自己,屏蔽自己的情绪感受。就像彼得潘一样,他们觉得自己没有母亲,也拒绝长大。

迷失的孩子面对依恋具有极强的防御性。无论是个人财物还是人际关系,他们都认为不是生存所必需的。尽管他们表现得友善、逗乐、可亲,但他们很难成为可靠、稳定、值得依赖的人。他们会回避一切形式的承诺。

迷失的孩子表面上看起来很好相处,但是在这种表象之下是对生活的玩世不恭。他们感到人生空虚,毫无意义。迷失的孩子可能看上去什么都不在乎,但是他们并不快乐。他们生活在社会的边缘,只遵循自己的那套规则。他们的生命往往以流落街头、无家可归而告终。家庭成员可能数年都见不到他们,家里人通常会说,"我不知道他在哪儿。我和他失去联络了。"他们缺乏自我价值感,或是感觉不到自己存在的意义,迷失的孩子在人际关系当中轻佻来去,"不带走一片云彩",很少引起注意。

边缘型母亲的孩子很难成长为健康并自主的成年人，除非他们找到理解自己童年经历的办法。丹尼尔·戈尔曼指出，他们很难用语言去描述自己的早期经历，因为他们的记忆"作为一张情绪生活的粗糙而无言的蓝图，贮存在杏仁核里"。就像天生聋哑的孩子一样，边缘型母亲的孩子从未学会如何组织自己的情绪生活。他们意识不到自己与众不同，意识不到另一些孩子生来就活在一个有声音、有光线的世界里。情绪世界缺乏一致性会带来无意义感，仿佛人生原本就是荒唐无稽的。

心理治疗能够帮助边缘型母亲的孩子整理并表达自己的感受，并且帮助他们找到自身存在的意义。治疗师扮演着类似于安妮·莎莉文的角色，作为教师，她以无与伦比的耐心教会了从小盲、聋、哑的海伦·凯勒用手语和外界交流，但是她首先要做的是让海伦认识到词汇是有意义的。海伦·凯勒无法用词汇来描述自己对周围世界的感受，直到有一天她理解了"水"这个词的意义。海伦后来在书中写道："没有指南针或测深杆，我没有任何方式去了解港口离我有多近。'光！给我光！'这是我的灵魂在无言呐喊。"边缘型母亲的孩子也在黑暗中寻找着光明。慈善家塞缪尔·格瑞雷·豪威曾经呼吁社会支持聋哑妇女：

> 从重重掩埋下挖掘出一个人的灵魂，我们完全无能为力吗？我们确实来晚了，但可能还不算太迟。如果这名女性被活生生地埋进深坑，整个邻里社区都会冲上去救她……机会确实渺茫；但是，机会渺茫只会令人们更加拼命地挖掘，好救她出来。难道拯救一个人的灵魂比不上拯救她的身体吗？

詹姆斯·马斯特森关于患有边缘型人格障碍的青少年及其母亲的评论呼应了豪威的观点："心理治疗举步维艰，耗时漫长，充满了……阻碍，但它绝非不可能达成。我们秉持着信念去追求这个目标，并不仅仅是为了证明我们的努力有意义，而是它确实提供了一份生命的维持器，去解救和支持这些曾经被剥夺被放逐，在苦海中拼命挣扎的来访者们，最终它会成为一座灯塔，指引他们的人生。"对于边缘型母亲和她们的孩子来说，自己被活生生埋葬的感觉十分常见。没有外力的帮助，他们难以获救。

但是，家里的父亲，可以让局面变得不同。正如弗洛伊德曾经说的，"我不认为，儿童的任何需求能够比需要父亲的保护更加强烈"。父亲要么强化母亲与孩子之间病态的心理动力结构，要么提供一股健康制衡力量。父亲究竟发挥怎样的作用，取决于他自己在童年时期是否获得过健康的爱。

第 8 章

童话式的父亲

> "不，老婆，"男人说，"我不会这样做。我怎么能把自己的孩子独自留在森林里呢？"
>
> ——《糖果屋》

1999年9月，阿肯色州首府小岩城的一对父母将两个孩子扔在野外，任他们自生自灭。其中一个18个月大的男孩尸骨被人们发现之后，孩子的父亲告诉警察，他们当时把两个孩子丢在了一个靠近池塘的地方。随后，警察在那里搜寻到了另一个孩子的尸体，这个孩子才2岁半。负责此案的检察官后来表示，这对父母的作案动机是"想摆脱这两个孩子"。

不真实的假母亲和童话式的父亲虽然都让人难以置信，但他们的确在现实中存在。儿童虐待领域的研究者约翰·蒙尼（John Money）观察后指出："一方家长与另一方家长在虐待和忽视儿童上的共谋参与，意味着这两个成年人拥有共同的非理性信念，即法语所称的二联性精神病（folie a deux）。两人中一方有固定的非理性信念，或者说妄想，另一方则顺应和接受了自己同伴的这些非理性的信念与妄想。"

作为家长的成年人如果在小时候经受了非人化的待遇，那么他们成年之后对待自己的孩子通常也会缺乏同情心。这样的一对父母会彼此强化对方病理性的行为，把内心长期压抑的自我怨恨释放在孩子身上。但是很显然，绝大多数边缘型母亲和她们的丈夫都没有杀害自己的孩子。这样的父母迫害孩子的程度取决于他们两个人内心潜意识冲突的激烈程度。

父亲，连同母亲，重演着深深植根于各自被压抑的童年经历中的潜意识。父亲在边缘型母亲和孩子之间的这出大戏当中起到了相当关键的作用，决定了这个孩子最终会是什么样子。

乔恩·拉切卡在《自恋型/边缘型人格障碍伴侣》（The Narcissistic/Borderline Couple）一书中指出，边缘型人格障碍的女性患者经常会和自恋型人格障碍的男性患者结婚。有自恋型人格障碍的男性需要别人认为他很特别，因此他们总是寻求他人的仰慕。这些男性需要别人为他们付出，相当自私，同时又是迷人而富有领袖魅力的，他们既爱控制别人，也爱放纵别人。当这样的男性觉得自己不被对方所欣赏或倾慕时，就倾向于退缩。他们不允许自己需要别人，这样一来，认识他们的人会感到自己被贬低。于是，患有边缘型人格障碍的妻子和患有自恋型人格障碍的丈夫之间常发生冲突，前者很容易被他人贬低，而后者经常贬低他人。

但是，若认为每个患边缘型人格障碍的女性都会和患自恋型人格障碍的男性结婚，这既不公平也不准确。虽然玛丽·林肯形容自己的丈夫是莎士比亚笔下的理查二世，但是林肯总统并没有展现出自恋型人格障碍的特征。不过，或许玛丽从小就希望入主白宫的野心使得年轻的林肯先生在她眼里变得特别有吸引力，"因为这个男人身上有通往至高权力的潜质"。并非所有和边缘型女性结婚的男性都是自恋型人格障碍患者，这一点是显而易见的。

读者应当了解什么是概括：与经历（具体的、个人化的）相比，概括是不具体的、不个人化的模式。研究者和治疗师在实践中发现，和边缘型女性结婚的男性有多种类型，但他们身上的共同点在于：倾向于强化母亲与孩子之间病理性的心理动力结构。在围绕边缘型母亲及其孩子的研究中，詹姆斯·马斯特森观察到，"这些父亲，在大多数情况下，都是比较被动的男性，他们接受妻子的主导，但又与妻子保持着相当远的距离。他们放弃自己作为父亲的权柄，以此来交换完全的自由，从而埋头到工作中去"。詹姆斯·马斯特森认为，许多边缘型母亲结婚的理由是对方会照料她们，她们不大可能找一个把她们当作平等伴侣的男性结婚。

理解父亲与边缘型母亲之间的关系是理解孩子经历与感受的关键。流浪者型的边缘型母亲通常会和青蛙王子结婚，这是一个她能够拯救并且希望自己也会被其拯救的人。在结婚那天，一个尚未达成上述心愿的流浪者可能会想："好吧，也许他是可以改变的。"流浪者能够发觉青蛙王子的无助感，并且幻想着把自己所需要的那些东西提供给青蛙王子。不幸的是，她的梦想基本没有实现的可能，因为，青蛙王子很享受作为一只青蛙的人生。

隐居者希望能够遇到一个猎人作为伴侣，希望他能够怜悯自己并且保护自己。隐居者型的女性患者嫉妒猎人的勇气，无比渴求他陪伴身边，好让自己不再恐慌。女王型的患者四处搜寻着一位国王，这个男人的地位、财富或权力可以帮助她引来周围人的注意力。因此，和流浪者型、隐居者型或女巫型的患者相比，女王型患者更有可能嫁给自恋者——即一位国王。女巫型的患者希望找到一名渔夫，一个她能够主宰和控制的男人。她选择一位屈从于她的伴侣，对方崇拜她的勇气，会放弃自己的意愿而俯首听命。

青蛙王子、猎人、国王和渔夫，这种概括的方式只有在鉴别男性身上的某些倾向时才是有价值的，而不适于用来理解某一位具体的男性。世上没有任何两个个体拥有相同的经历，因此，个体在满足自身需要和表达自身需求的时候，存在着无数种可能性。

青蛙王子

> 但是，当他落到地上的时候，他再也不是一只青蛙了；他变成了一个王子，拥有迷人微笑的王子……
> ——《青蛙王子》

"我的父亲在很多方面都是一个令人失望的人。他的性格实在是令人感到乏味，就像牛奶吐司一样平淡无奇。我真不知道母亲到底看上他什么了。我还记得自己有一次问母亲，为什么她不和父亲离婚。她说，'他不是表面上看起来的那样……你不像我这么了解他……'母亲一直在等待父亲发达的那一天。但这些都是母亲发现父亲赌博、有婚外情之前的事情。当父亲为了另一个女人离开母亲的时候，他留给母亲的还有各种债务。"

丹吉尔家里有三个孩子，她是最大的那一个。她是母亲眼里那个完美无缺的孩子，但这样的角色让她又爱又恨。丹吉尔在情绪上比她任何一方父母都要成熟许多，她从来没有机会去做一个小孩。母亲18岁的时候就生下了丹吉尔，看上去更像是丹吉尔的姐姐而不是妈妈。

流浪者型患者寻找着青蛙王子，一个不被其他人看好的人，她希望把这个人变成白马王子。在她的美梦中，这个王子将把她从生活的悲苦中解救出来，但是，青蛙就是青蛙，免不了让她希望落空。因为青蛙王子型的父亲无力提供可靠的情感支持，于是他们的孩子往往在情感上受到忽视。

青蛙王子型的父亲多种多样。他们可以是退缩、压抑的男性，也可以是暴力、施虐的男性。不被他人看好的男性，或者说青蛙，最基本的特征就是，他们会激起人们的同情心，而具体的表现可能是他们的外表毫无吸引力，也可能是他们在人群中不受欢迎。流浪者型患者对这种青蛙式的人物感到不忍，他们的脆弱让流浪者深陷而不能自拔。她希望为他提供实际上是她自己所需要的那些东西，这样一来她就会觉得自己是一个有用的人了。最终，王子没有出现，此时流浪者型患者虽然失望，但她们仍然可以紧握住对自我的良好感觉。她会指责伴侣利用了自己，不珍惜自己为他所做的一切。丹吉尔的父亲既不施虐也不暴躁，他只是在情感上脱离了这个家庭。丹吉尔描述自己的父亲是屋子里的一件摆设，一件没有感知的物品。而其他青蛙王子型的父亲可能会有酗酒、吸毒、殴打妻子或虐待孩子的问题。不过，父母离婚，无疑令丹吉尔的流浪者型母亲再一次成了受害者。

青蛙王子的特征

> 按照她父亲的吩咐,他成了她亲爱的伴侣和丈夫。他告诉她,自己被一个邪恶的女巫下了咒语,世界上唯有她能够从这泉水中解救他,明天,他们就可以一起回到他的王国去了。
>
> ——《青蛙王子》

◆ 不被人们看好

德国民间故事《青蛙王子》是这样开头的,"很久很久以前,在一个美好的国度里,人们的许愿是能够实现的,那里生活着一位国王……"青蛙王子和流浪者有着共同的人生幻想,即许愿是有用的。青蛙王子能够吸引流浪者的原因也是他们都希望自己能够被拯救。乔恩·拉切卡指出,在现实世界中,人们都明白"伴侣中的一方不可能满足另一方的所有需求,成为对方的拯救者,把对方从被迫害的焦虑中解脱出来,或弥补对方失去和被剥夺的一切"。在现实生活中,人们绝不会只许愿:他们必须行动起来。

丹吉尔的父亲为自己创设了一个秘密的幻想世界,就是赌博。在这个世界中,他感到自己大权在握,甚至是无所不能、战无不胜的。在赌桌上大胜一场的幻梦帮助他屏蔽了现实世界,因为现实世界里待付的账单和债主的电话都威胁着他的自尊。让人烦心的妻子,招人讨厌的孩子,这些都加重了他的沮丧,驱使他更加沉迷于自己的幻想世界之中。在丹吉尔的母亲发现他赌博的那一天,现实终于狠狠打击了他。之后不久他就离开了丹吉尔的母亲,因为他找到另一个女人来负担他的债务了。青蛙根本就不会变成王子。

流浪者绝非出于爱情而和青蛙王子结婚。她把爱情和怜悯混为一谈,也无法分清自己的需求和对方的需求。她只是认出了他的无助,而认不出他的行为会带来怎样的负面后果。但是,青蛙王子是低自尊水平的男性,这一点最终会伤害到他的子女。幼儿需要崇拜自己的父母;不幸的是,孩子无法尊敬青蛙式的父亲。青蛙王子型的父亲不会参与家庭的情感生活,在最严重的情形下，即便他们离开这个家，也无人在意，无人想念。

✦ 情感束缚；可能以药物或酒精来麻痹自己的感受

青蛙王子可能会觉得自己仿佛受到了诅咒，邪恶的女巫企图把他变成别的什么东西。许多青蛙王子年幼时在情感或生理上遭受过虐待。低自尊、缺乏满足感、长期抑郁以及成瘾行为在青蛙王子式的男性身上相当常见。他们倾向于用药物和酒精去麻痹痛苦，而这会成为他们和妻子、孩子建立亲密关系的一大障碍。

丹吉尔尽可能地不让自己在任何事情上依赖父亲。他在接丹吉尔放学回家这件事情上非常靠不住，以致小丹吉尔宁可自己走回家也不愿意在学校等他。丹吉尔从来不邀请朋友到家里来玩，因为她觉得父亲醉醺醺的样子实在是丢脸。父母最终离婚的时候，丹吉尔觉得自己终于解脱了。

青蛙王子型的父亲通常都记不起自己幼年时候的经历。那些令其痛苦的情境记忆被压抑了，而且他们很早就开始滥用药物或酒精，因此那些可能触发回忆的感受也被掩埋下去。丹吉尔只听父亲提过一次他小时候的事情。那是在一次吃晚餐的时候，丹吉尔的弟弟说他不喜欢今天的晚饭，她的父亲也跟着淡淡地说了一句："有一次我也这么说，我爸爸差点把我打死。"

✦ 自身可能也患有边缘型人格障碍

青蛙王子可能和流浪者型的女性拥有同样的信念，即"生活实在是太艰难了"。两人共同的无助感以及把自己视为受害者的想法，预示着糟糕的婚姻质量，继而导致整个家庭的悲剧。有一位女性来访者的母亲就是一名流浪者型患者。这位女性来访者在一次团体治疗过程中提到，自己的母亲常常威胁说要自杀，她对此感到十分厌倦，希望母亲干脆自杀身亡算了。这位流浪者型母亲嫁给了一个青蛙王子型的父亲，而这位父亲在一年前自杀了。在父亲死前，夫妻两人原本约好一起自杀，可是这位流浪者型的妻子对于是否履行自己的诺言拿不定主意。由此，家里正值青春期的女儿觉得，自己宁可要一个死去的母亲，也不愿意要一个长期在自杀边缘徘徊的母亲。

如果青蛙王子型的父亲自己也有边缘型人格障碍的问题，那么他通常会表现出虐待妻子或孩子的行为，或是实施自杀冲动的行为。边缘型人格障碍患者身上的症状群过多过杂，以至于我们很难列出男性患者和女性患者的所有婚姻组合方式。他们的生活充斥着动荡不安，而孩子所面临的危害严重程度取决于每一对父母能够在多大程度上承担起家长的职责。

不幸的是，边缘型人格障碍的男性患者很可能是不忠的丈夫。他们寻求与众多女性建立关系，以此来对抗被他人抛弃的恐惧，避免被彻底抛弃或孤独的可能性。糟糕的冲动抑制能力是这些男性患者做出自毁行为的主要原因，常见的自毁行为包括出轨、吸毒、酗酒、冲动性赌博、暴食、杀人和自杀等。

史蒂夫·唐斯的三个孩子都死在他前妻戴安娜·唐斯的枪口之下，而他本人可能患有边缘型人格障碍。有信息表明史蒂夫·唐斯有酗酒和婚外情的问题，而且他经常一边和哥们儿喝酒一边照看孩子。他曾在大女儿克莉丝汀还是个婴儿的时候，就把她一个人留在家里。即便是在前妻戴安娜杀死三个孩子之后，他也任由她对抗法庭命令，和她单独待在一起消磨时光。

但是，孩子们看待青蛙王子型父亲的方式往往和流浪者型母亲不一样；在孩子们眼里，只有青蛙，没有王子。和流浪者型母亲一样，青蛙王子型父亲无法理解子女的情感需求，因为当他们自己还是孩子的时候，情感需求就从未被满足过。就像面对一种他们没有学过的外语一样，这些青蛙王子型的父亲对于如何与他人交流情感一无所知。因此，他们的孩子将不可抑止地感到愤怒、恐惧和孤独。

猎人

> "哦，亲爱的猎人，请让我活下去……"因为她的美貌，猎人对她心生怜悯……
>
> ——《白雪公主和七个小矮人》

"我的父亲是一个斯文有礼的人。他是绝不会和我母亲离婚的，因为那样直接背离了他的原则。事实上，他为母亲感到遗憾。当母亲暴怒的时候，父亲不会配合她。他会温柔地抱住母亲，说'冷静下来，杰妮'，接着他就会离开房间到车库去。母亲想和父亲大吵一架，但是父亲从来都不会对着母亲提高自己的声音。他表现得好像他没听见母亲在说什么一样。不幸的是，父亲似乎觉得既然他能这么做，那么我们应该也能。但是，这对于小孩子来说是不一样的。我们没有其他任何地方可去。"

艾米丽前来寻求心理治疗的时候是28岁。她的母亲在艾米丽还是小孩的时候就因为抑郁症的问题多次住院，于是当父亲去工作的时候艾米丽得留在家里照顾弟弟妹妹。艾米丽个性活泼又坚毅，她承认自己从不知道如何依赖他人。在艾米丽的整个童年，隐居者型的母亲都依靠着她，而不是她依靠母亲。

隐居者型女性内心潜藏的恐惧和焦虑使得她们会被能够提供安全和保障的人吸引。隐居者会将猎人的形象理想化。她人格特征中对完美的饥渴令其盼望和一位刚正的人成为伴侣，他坚定而又忠诚。欧内斯特·沃尔夫对这种完美饥渴的人格特征做出了定义："追求理想化的人格只有在找到一个仰视的对象，并且感到被这个对象所接纳时，才会觉得自己是有价值的。"隐居者型的女性很有可能和猎人型的男性结婚，她们认为对方能够保护她们避免危险，并且能够提供她们极度渴求的稳定感。但是，隐居者型母亲和猎人型父亲的孩子可能感到双亲同时背叛了自己，特别是在母亲虐待自己而父亲坐视不理的情况下。

艾米丽的父亲同时做两份工作来养家。就像一个无畏的殉道者一样，父亲从不抱怨什么。小时候，艾米丽崇拜自己的父亲。她模仿父亲的敬业精神、他的奉献行为以及他的悲天悯人。但是，随着艾米丽逐渐长大，她发觉父亲的幻象在心中破灭了，她开始质疑，为什么在母亲虐待自己和弟弟妹妹的时候，父亲不保护孩子呢？

在童话故事里，猎人放过了白雪公主，因为猎人的良知不允许他杀害白雪公主："没有杀死她也让他卸下了心头大石。"和隐居者结婚的猎人也受到良心的制约，他不能打破自己忠诚与忠贞的原则。他会压抑并否认自己的情绪，这样一来，他也就不会认为自己的幸福有多重要了。猎人型的父亲会出于良知而履行自己的义务，因为自己的行为是否符合自己的原则，是他们判断自身价值的标准。

猎人型的男性是谦卑的，即使他们在事业上获得了成功也是如此。他们不追求人们的倾慕或者名望。他们把功劳归功于他人，自己更愿意籍籍无名，因而隐居者型女性自我隐藏的需求正好让他们感觉舒适自在。猎人型男性的核心人格特征是愧疚。他们在自己还是小男孩的时候就觉得自己是有罪的、不够格的，因此他们对别人给予的爱十分感激。他们害怕成为别人的负担，因为从小时候开始，他们就觉得自己是别人的负担了。

猎人的特征

✦ 好心肠、忠诚、刚正、随和并且努力工作

猎人满足了隐居者渴望保护的需要。他对别人的怜悯之心源于自己早年的人生经历，小时候他曾经被富有同情心的抚育者拯救。艾米丽的父亲就是一位心软的人，他常为艾米丽的母亲感到遗憾。艾米丽的父亲6岁时被一对叔叔阿姨从孤儿院里领养出来，他太了解那种惶恐和孤独的感觉了。正如柔韧的襁褓能安抚烦躁的婴儿一样，猎人型男性会给隐居者型女性裹上一张情绪的毯子，保护她免受外界的惊吓。

猎人型男性会用努力工作来填补自己的不满足感，他们表现出色、任劳任怨并且稳重可靠。他们的冷静可以平衡隐居者型女性的躁动。虽然猎人自己也有脆弱的一面，但是他能够看到隐居者渴求保护，并且对此能够感同身受。

◆ 用否认和回避来调节情绪

猎人型男性经常使用否认和回避来作为自己的防御机制，这样做的结果就是在他身上出现了消极、被动的特征。在发生冲突的时候，他会主动远离妻子和孩子，以免自己生气发怒。当妻子对丈夫的需求和孩子对父亲的需求相冲突时，猎人型的父亲为了守住自己忠诚的原则，运用否认的防御机制可以保护他们的自尊。但是，每当父亲说"你母亲没有什么错处"的时候，艾米丽还是觉得自己在情感上被父亲抛弃了。

猎人型的父亲为了避免让自己内化隐居者型母亲的焦虑，他们在情感上会疏远家人，甚至有时候会在物理上回避家人。艾米丽的父亲在家庭之外花费大量的时间，他为各种各样的机构工作并提供志愿服务。当他在家的时候，他也是躲进车库里，在那里他有一个自己的工作间，他会在里面忙到深夜。父亲需要一个空间来逃避母亲的喋喋不休，对此艾米丽表示理解。

◆ 通过责任、荣誉和奉献来积累自尊

猎人型男性的自我评价取决于一套严格的行为准则，例如强烈的职业道德感、诚实、忠贞，等等。当别人对他的期望非常明确的时候，当他作为丈夫和作为父亲的角色不相冲突的时候，猎人型男性的安全感达到最高。周围人会因为他出色的工作业绩、奉献精神和端正的品格而敬佩他。隐居者型女性对被抛弃的偏执恐惧不太可能成为现实，因为猎人型男性很难遗弃这样的女性。

艾米丽的父亲在他们所居住的社区里非常受人尊重。虽然经常被各种组织提名为领导者，但对于伴随着这些职位而来权力、肯定与褒奖，艾米丽的父亲一直觉得自己受之有愧。得到的赞许越多，他就越努力地工作，艾米丽很少见到父亲有放松的时刻。因为猎人型男性受到周围人的高度认可，所以他的孩子们也会更加信任父亲的判断，而不是自己的判断。

猎人型男性微妙地鼓励着孩子容忍隐居者型母亲的虐待行为。履行个人的职责，待在自己的地方，并且不要引起麻烦——猎人型的父亲传递的这些信息会令他的子女身处险境。他不会承认孩子们的感受，由此把孩子们的痛苦最小化。否认和回避、固执地坚持自己的行为准则，并且不认可孩子们的感受，这些都是猎人型父亲和隐居者型母亲维系依恋关系的方式，然而，他这样做的代价就是牺牲了自己的孩子。

国王

> 国王把他的手放在王后的胳膊上，然后胆怯地说："再考虑一下，亲爱的，她只是一个孩子。"
>
> ——《爱丽丝仙境历险记》

"当我还是个小孩子的时候，我曾经深夜不眠，因为父亲而哭泣。只有和他在一起的时候，我才感觉安全，可是这样的时间并不多。他一走就是几个星期。我还能清晰地记得，当我第一次意识到别人的父亲每天都回家时的情景。"

凯蒂的父亲频繁出差，但他每次回来都会给她带昂贵的礼物。虽然凯蒂极为渴望父亲的关注，但是她感受到了来自母亲的嫉妒。每当父亲和凯蒂之间表现出诚挚的感情，她的母亲就很容易暴怒。有一天，凯蒂从学校回到家，发现自己最心爱的娃娃被弄坏了。虽然母亲坚持说是不小心弄坏的，但是凯蒂不相信她。因为她记得父亲把这个娃娃送给她的那天，母亲脸上挂着厌恶的表情。

凯蒂的父亲很享受别人的认可与奉承。在这个装饰奢华的家里，书房墙面铺着精致的镶板，挂满了玻璃相框，里面全都是父亲获得的各种嘉奖。父亲似乎驾驭着所有人，除了凯蒂的母亲。他对凯蒂母亲的诸般讨好让凯蒂感到迷惑不解，她本来希望父亲可以保护她免受母亲的虐待。

詹姆斯·马斯特森通过观察指出："有一点很有启发，即在这些家庭中，母亲允许父亲大量缺席，而没有对此发出任何抱怨。除了父亲常常缺席这个事实以外，他每一次在家里出现时，他与母亲的关系和与孩子的关系当中具体的心理动力结构都会再一次强化母亲和孩子之间关系的排他性。"

对于女王型的边缘型人格障碍患者来说，她们的内心是空虚的，她们需要别人崇拜的欲望永远没有尽头。因此，她们最有可能嫁给患有自恋型人格障碍的男性，也就是一个国王型的男性。她们具有"镜子饥饿"的人格特征，这种特征意味着女王型的女性会努力寻求一个引人瞩目的高调的男性，因为她们需要的是一个会被别人嫉妒和崇拜的伴侣。然而，国王型的男性和女王型的女性结合所生的孩子将会感觉自己在情感上被父母双方同时抛弃了。国王型的男性是典型的自恋型人格障碍患者。*

乔恩·拉切卡指出，"边缘型人格障碍患者会为了挑起事端或去惩罚而产生破坏性；而自恋型人格障碍患者的破坏性则是因为他们一心只想到自己"。国王型的男性和女王型的女性之间的关系是极不稳定的，因此他们的孩子可能会为了逃避家庭内部的冲突而迷失在药物和酒精之中。如果这样的一对夫妻要离婚，那么关于孩子监护权的战争会持续数年。正如乔恩·拉切卡观察到的：

> 在关于孩子监护权的官司中，患自恋型人格障碍的一方争取监护权源于他们对自己的夸大妄想，而患边缘型人格障碍的一方争取监护权是为了让对方给孩子出抚养费，以此作为报复或给他点教训，至于财产分割和孩子的探视权，她们并不怎么看重。在虚假自我的帮助下，边缘型人格障碍患者（向外界做出承诺的一方）

---

* 对自恋型人格障碍的完整描述请参见美国精神病学会发布的《精神疾病的诊断和统计手册》（第五版）。——译者注

得以戴上好母亲、受害者、伤心人的面具,成功骗过其他人。

女王型边缘型人格障碍患者和国王型自恋障碍患者都认为自己是无辜的受害者。当然,真正的受害者是他们的孩子。

在国王型父亲的情感生活中,幻想扮演了相当重要的角色。乔恩·拉切卡认为,自恋型男性会打造一个"妄想的世界,里面充满了关于权力的美梦……和夸张的期待"。在与妻子发生冲突或者对妻子感到失望的时候,自恋型的男性还会用幻想来美化女王型的女性。但是,女王型患者非黑即白的思维方式让她在面对失望时会感到美梦破裂、震惊崩溃,陷入绝望。于是,国王型男性会受到负罪感的驱使,越加努力地去迎合女王型的女性,完成她们的指令。

让凯蒂震惊的不仅是母亲的种种无理取闹,还有父亲对母亲无底线的顺从。有一次,父亲买了家里的第二套房子,不久又卖掉了,仅仅因为凯蒂的母亲一会儿喜欢这个房子,一会儿讨厌这个房子。尽管父亲似乎很享受自己有能力溺爱要求多多的母亲。但是在凯蒂的眼里,父母的关系是肤浅而虚伪的。国王型的父亲和女王型的母亲创造并共享着同一个幻觉:他们很幸福。国王型父亲统治着他的王国,女王型母亲统治着她的家庭,而他们的孩子则迷失在这场牌局当中。

国王的特征

✦ 感觉自己理应得到特殊待遇

国王型的男性认为自己特别重要,觉得自己应当获得特殊待遇。他们会夸大自己的成就,甚至公然说谎,为的就是让其他人感到他高人一等。一旦他们认为某人比自己更成功或者更有吸引力,他们就会产生强烈的嫉妒。在凯蒂记忆中,父亲曾经多次因为餐馆和机场的服务没有达到他的预期而做出令人尴尬的举动。他会变得粗鲁无礼、挑三拣四,甚至咄咄逼人。如果服务速度慢了,他就会要求打折。他会向经理投诉,要求退款,揪住仅仅带来少许不便的小瑕疵威胁要起诉对方，还曾宣称："我做着好几千万美元的生意，如果我像你们这么干，那我们早就破产了！"每到这种时候，凯蒂的母亲会和父亲"同仇敌忾"，认为自己受到了不公正的对待。

国王型男性的夸张心态是针对他们害怕自己依赖他人的一种补偿手段。国王型男性十分渴求成为一个别人眼中无所不能、无所不有的人，因此在付出过多、期待过高的时候，他们可能会反应过激，而在面对失败的时候，他们会去责怪他人。如果别人不够欣赏他们，他们会觉得自己渺小、无足轻重，于是要么退缩，要么爆发怒火。拼命付出能够保护他们不感到自己被人拒绝，但同时也会让其他人感到自己不被需要。

✦ 需要源源不断的关注和崇拜

虽然国王型的男性举止夸张，但他们的自尊相当脆弱。因此，他们需要源源不断的关注和崇拜，才能让自己感觉有价值。他们满脑子想的都是自己眼前的事情做得多么好，热切地想要达成不断飙升的目标。凯蒂的父亲极度在意自己的外表、财产以及自己的公司在华尔街的表现。虽然他在家里偶尔会抱怨生意难做，但是在外人面前他一概夸耀自己公司的成就。

乔恩·拉切卡总结说，国王型的男性受到的认可越多，他们的不安全感就越强。外界的认可只能暂时缓解他们内心自我价值感的缺乏。凯蒂的父亲每天，有时候是每小时，关注着来自华尔街的报道，据此判断自身的价值。他的自尊主要依赖于公司的业绩表现，因此股市下跌足以让他陷入绝望。而当外面的世界威胁到他的安全感时，女王型的母亲就会帮助父亲重拾他的夸大妄想。例如，当父亲的生意举步维艰的时候，凯蒂的母亲就会不容置疑地说："我们会给他们好看的！"

✦ 受伤后容易退缩

当批评和指责让国王型的男性感到失望或受到伤害，他们常会选择退缩。女王型的女性在面对批评和指责的时候则会还以颜色，而国王型的男性不同于她们，他可能表现出退缩，也可能会表现出愤怒。国王型男性可能会冷静下来，想着"我不配被这样对待"或者"我不需要你，也不需要这段关系"。由于身处一种高人一等的气氛当中，国王型男性这种带有挑衅性质的退缩会让女王型的女性感到自己被抛弃了，被贬低了，于是她们会想要报复。女王型女性的想法是，"我要让他瞧瞧"，这种想法导致她们会做出恶毒的报复行为。

可以预见的是，一旦国王型男性退缩，冲突就会随之升级。凯蒂记得，父母发生争执的时候，有许多次父亲躲进卧室。凯蒂的母亲一边追赶他一边尖叫道："你居然敢躲我！"女王型的女性无法忍受自己被忽视，她们会用尽一切手段让丈夫做出回应。

当母亲与孩子发生冲突的时候，国王型的男性也可能选择退缩，也就是在情感上抛弃了孩子。乔恩·拉切卡解释说，自恋型父亲的退缩表现"会让人感到一种深深的不满足和困惑，这样的感觉在孩子身上尤其明显"。凯蒂很怕告诉父亲她的真实感受。父亲不在家的时间已经够多了，她实在不敢冒这个险，因为父亲可能会收回他的爱。孩子具备一种直觉，即把问题摆到台面上会伤害国王型的父亲，影响他的自尊。

自恋型的国王和边缘型的女王都对照镜子有着永不满足的欲望，而且他们恰好都能为对方提供这种把人照得完美的镜子，虽然并不是时时刻刻都能做到。在这个父母为了充盈他们的自尊而建造的镜花水月的王国里，孩子迷路了。不幸的是，这个王国越庞大，孩子就感觉自己越渺小。

渔夫

"我的妻子，她的名字是伊莎贝尔，
她把我送来这里，哪管我不愿意。"

——《渔夫和他的妻子》

"我父亲被我母亲控制得死死的。我们都害怕母亲，但父亲是唯一一个有可能改变这种情况的人,可他什么都没做。我对他一点也尊敬不起来。他把我们留给一个疯女人。我住进了街尾一个女性朋友的家里。有一天晚上,我母亲喝了酒,她来到我朋友的家里大吵大闹,命令我回去。我站在朋友家的楼梯上头,我朋友的父母去开的门。他们告诉我的母亲,我并不在他们家里。他们保护了我……这本是我父亲应该做的事情,但他从来,从来没有这样做过。"

贝基的母亲是一个女巫型患者,她嫁给了一个渔夫型的男性。在格林童话《渔夫和他的妻子》中,渔夫的妻子从不满足于自己所拥有的东西,她一次又一次地要求自己的丈夫回到海边,去拜托神奇的小比目鱼赋予他们更大的权力。第一次,她要的是一栋小房子。在神奇的小比目鱼给渔夫和他的妻子提供了一栋小房子之后,她又要求一座城堡,然后是一个王国,最终她想成为上帝。她的丈夫虽然不情愿,但是他在妻子的暴力威胁下感到自己无力违背命令,于是他屈从了。女巫型的边缘型人格障碍患者对权力和控制力的需求永无止境,这篇经典的格林童话将她们的这一特点描绘得淋漓尽致:

> 她给了他一个锋利的眼神,让渔夫感到脊背发凉,她吼道:"现在就去。我要做上帝。"
>
> "老婆,老婆!"他喊道,双膝跪在地上,"小比目鱼做不到这个。他能让你成为皇帝,成为教皇,但是,求求你,我求求你,再想一想,请你就做个教皇吧。"她听了这话,怒火中烧,头发绕着她的脑袋狂舞。她把身上的睡衣撕成了碎片,踹了渔夫一脚。"我不要!"她尖叫道,"我一分钟也等不了了。你还不快去?"渔夫赶紧穿上裤子,像疯子一样跑了出去。

女巫型患者和她的丈夫正如渔夫的妻子和渔夫,他们总是争吵,与其说是一对爱人,倒更像是两个敌人。露易丝·卡普兰对此评价说,"争吵的双方在同一堆怒火中检验着他们相互仇恨的程度。他们通过彼此讥嘲而团结在一起。他们无视对方,却又看穿对方。他们眼里燃烧着愤怒,同时发出叫喊,用一方的毁谤引出另一方的反唇相讥"。

贝基的家庭生活充斥着虐待和混乱。她的父母既不能给予她爱和舒适,也不能提供安全感,但贝基的童年却"幸免于难",因为她找到了替代父母角色的人。如果她没有找到另一个家庭作为自己的避难所,她有可能和自己的母亲一样长成女巫型的边缘型人格障碍患者。但贝基始终不能理解为什么父亲不和母亲离婚。

通常情况下,和女巫型女性结婚的男性要么在成长的过程中没有母亲,要么有一个虐待成性并且控制欲超强的母亲。这些男性从未体会过健康正常的母性行为,因而缺少判断自己妻子行为是否异常的参照标准。如果这些男性在一个管教严苛的环境中长大,那么他们会相信母亲这样做是为了他们好,并且没有对他们造成伤害。所以,这些男性不会认为自己的孩子在家庭中受到了伤害,因为他们无法认清自己还是孩子的时候受到了怎样的伤害。渔夫型的男性相信母亲知道怎样做是最好的。

渔夫型的男性害怕自己的妻子,于是他们无力保护自己的孩子免受妻子恶劣行为和虐待的荼毒。在女巫型的妻子面前,他放弃了自己的意志,做了妻子的帮凶。和女巫型女性结婚的男性也有二联性精神病问题(顾名思义,就是两个人一道发疯),而这会强化女巫型母亲对子女错误而扭曲的认知。

贝基,这个聪明而且人缘不错的年轻姑娘,也患上了边缘型人格障碍。她不想要孩子,因为她害怕自己成为她母亲那样的人。在她眼里,父亲完全没有任何男子气概,他把女儿作为牺牲品奉献给了妻子,任由妻子伤害自己的孩子。大学毕业之后,贝基再也没有和自己的父母联系过。

在母爱充沛的环境下长大的男性是不会选择和女巫型的女性结婚的。男性和女巫型女性结婚有时候是出于环境所迫,例如身体上有残疾,但是其中绝大多数是因为他们自身心理原因导致的"盲目"。他们对什么是健康的爱一无所知。在渔夫型男性的眼里,女巫型女性是有力量的,而这是一种假象;在他们眼里,女巫型女性有主见,而这是他们所缺乏的。渔夫型男性会把女巫型女性的暴戾当作勇气,他们不但意识不到自己面临着危险,也意识不到自己的孩子面临着更大的危险。

渔夫的特征

> 然后，丈夫去了，尽管他非常不开心，因为他的妻子想要成为国王。"这不对，这根本就不对"，他这样想着。他一点也不想去，但还是去了。
>
> ——《渔夫和他的妻子》

◆ 在女巫面前放弃个人意志

女巫型的女性会寻找她能够控制的男性作为自己的伴侣。在她们的眼里，被动、温顺、脆弱或软弱的男性最有吸引力。她们会用强权去贬低对方，因为她们害怕自己被别人所控制。因此，她们会选择高服从性的人作为自己的丈夫，并用恐惧去驾驭他们。渔夫型男性若是追求女巫型的女性，只会发现自己被一张恐惧的大网困住了。

渔夫型男性太过缺乏安全感，无法为了自己或自己的孩子挺身而出。贝基的父亲愤世嫉俗，心中苦闷，但是他从来不敢直接表达自己的感受。他选择低声嘟囔几句讽刺的话，以回应妻子毫不留情的嘲笑。贝基的母亲把丈夫当作奴仆，呼来喝去，颐指气使，并在公开场合羞辱他。渔夫型男性有可能会通过被动攻击（passive-aggressive）来表达自己的怨恨，类似于一个不情愿的孩子通过磨洋工来应付家长的要求。

在女巫型母亲对孩子的扭曲认知上，渔夫型父亲与妻子沆瀣一气，由此在潜意识中加剧了妻子的愤怒，强化了妻子对她眼中一无是处孩子的排斥和完美无缺孩子的喜爱。渔夫型男性会跟着女巫型女性一起嘲讽、惩罚和羞辱她眼中一无是处的孩子，不过，一旦妻子与孩子之间的冲突升级，他们就会迅速抽身离去。

◆ 自尊极低或毫无自尊，视自己为失败者

渔夫型男性的自尊水平非常低，导致他们没有能力认可自己的观点与

感受，也没有能力去保护自己的孩子。他们眼里的自己是无能为力、一文不值的；在他们看来，女巫型的妻子比自己更重要。他们可能会嫉妒自己的妻子有能力表示愤怒和威吓，并且还会从妻子对他人施虐性的控制当中获得替代的满足感。

虽然渔夫型男性生活在对妻子的恐惧之中，但是他们也害怕没有妻子的生活。女巫型女性满足了渔夫型男性的情感需求，离开了女巫，渔夫会失去方向、不知所措。他们放弃了自己对妻子的责任，固执地认为自己是一个无辜而痛苦的受害者。他们盲目地做了恶毒妻子的同伙，但却认为自己是一个好人，一个恭顺听话的丈夫，并由此巩固了自尊。

贝基承认，在她还是个孩子的时候，对父亲的态度经常是很粗鲁的。她觉得父亲自己都不尊重自己，因此，她也就无须尊重父亲。在贝基眼里，父亲没有任何一处值得她崇拜，她觉得父亲就是一个懦夫、失败者。她和父亲谁也不喜欢谁，谁也看不上谁。只有一点他们父女俩是相同的：他们都害怕女巫型的母亲。

✦ 无法保护自己的孩子免受虐待

詹姆斯·马斯特森从观察中发现，边缘型妻子的丈夫"身上也存在某种严重的心理病理问题，甚至是精神分裂症。其中关键性的特征是，这些男性不会为自己的孩子提供任何资源……去支持孩子发展个体性并获得对现实世界的掌控感"。贝基的父亲把她称为"肉中刺"，责怪她总是令母亲发火。有一次贝基和母亲激烈争吵，母亲打了贝基一耳光。贝基抬起手保护自己，母亲以为贝基要打她，于是她伸手扼住了贝基的喉咙。随着暴力升级，贝基的父亲报了警，要求警察逮捕贝基。由于渔夫型男性自身缺乏个体性，因此他们意识不到妻子的病态，也意识不到自己的病态。

他们不知道自己做了什么

很久很久以前，青蛙王子、猎人、国王和渔夫都还是小孩子，他们陷入痛苦之中，却无人理睬。没有人拯救他们，没有人安慰他们的悲伤，没有人填补他们内心的空虚，也没有人抚平他们的恐惧。心理学家、社会学家艾丽斯·米勒（Alice Miller）在《你不会意识到：社会对儿童的背叛》（Thou Shalt Not Be Aware: Society's Betrayal of the Child）中警告说：

> 儿童无法自己实现整合。他们没有其他选择，只能压抑自己的创伤体验，因为由于恐惧、孤立、流露出对爱的渴望、无助、羞耻和内疚而引发的痛苦是儿童无法承受的。除此之外，成年人谜一般的沉默，以及他们的实际行为和他们在阳光下所宣称的道德准则之间的不一致，都会在儿童心中引发难以承受的困惑。孩子们没有其他应对方式，只能压抑。

父亲不去打破边缘型母亲与孩子之间病态的心理动力关系是因为他们压抑了自己孩提时代受伤害的记忆。油滑的青蛙王子只关心自己的生存，而在情感上抛弃了自己的孩子。谦卑的猎人否认并忽视隐居者那些不合情理的行为，因为他们要坚守自己对婚姻的承诺。傲慢的国王躲在王国的城墙之内，把自己的孩子留给了反复无常的女王。渔夫被困在女巫的网中，像孩子一样无助。如果没有心理治疗的介入，这些父亲永远都意识不到自己也是受到伤害的一方，永远无法获得疗愈，也永远不能去保护自己的孩子。这些童话式的父亲把孩子留在现实的边缘，摇摇欲坠。只有当这些父亲认可孩子的感知和感受，相信孩子所说的话时，他们才能够保护自己的孩子，让他们免于患上边缘型人格障碍。

第 9 章

爱一个流浪者但不解救她

第6章

受体结合测定分析

> 夜晚，当她因为一天的劳作而筋疲力尽的时候，她没有床可以睡，只能睡在炉边的灰堆上。
>
> ——《灰姑娘》

"当我母亲抑郁发作的时候，她好几天都没法下床。我真怕让她一个人待着。有时候，我从学校回家就只是为了确认她没有自杀。我母亲总是很自豪地跟别人说，当我还是个婴儿的时候，只要她一哭我就不哭了。很明显，在我还没有学会说话的时候，我就已经学会了压抑自己的感受。直到最近，我才开始思考，我为母亲牺牲了多少。"

米歇尔现年40岁，是一家企业的市场总监，每天工作13个小时。抑郁的思维和怨恨的感受驱使米歇尔求助于心理治疗。米歇尔的母亲现在住在廉租房里面，依靠着微薄的社会保障金过活。米歇尔坦诚："我全部的人生都在照料我的母亲……但是现在，我感觉自己快要淹死了。"

米歇尔意识到，她需要外界帮助才能让自己和母亲的关系变得健康一点。作为一个母亲眼里的完美孩子，米歇尔感到自己对母亲的福祉负有巨大的责任，但同时她又被母亲对她的依赖压得喘不过气来。米歇尔想要一张处方，一份具体的指导建议，帮助她设定与母亲相处的界限。唯有这样，米歇尔才有可能去享受自己的人生。

和许多流浪者型母亲的成年子女一样，米歇尔害怕自己会依赖心理治疗师。他们希望心理治疗师发给他们一本指导手册，这样他们可以自己阅读，因为对他们来说，自力更生比接受来自他人的帮助要安全得多。当她还是一个孩子的时候，米歇尔就发觉依赖别人的代价是巨大的；于是，她经常表达出对心理治疗费用的关切。像米歇尔这样的来访者可以从心理治疗当中取得不错的效果，但是这样的人无法长期坚持心理治疗。因为他们一直学习不去需要别人，并且把依赖等同于软弱。这样的人会表现得十分强大，具有坚定的独立性，但这只是他们用来保护自己，避免自己感觉脆弱的一种防御方式。夏洛特·都彭的大女儿安娜就和米歇尔很相似：强大、坚毅，只依靠自己，达到了让人难以置信的程度。流浪者型母亲的子女成年后具有一个普遍特征：感到没有人能够满足自己的需求，因此也不允许任何人尝试满足自己的需求。

流浪者型母亲的子女在感受和行为上都更像一个成年人，而不是一个儿童。由于母亲夏洛特·都彭长期抑郁，安娜·都彭逐渐成了家里的代理母亲，在父母过世之后，安娜决心一定要和弟弟妹妹在一起。父亲葬礼过后不久，家族中的其他成员聚在一起讨论这几个孤儿的安置问题；与此同时，这几个孩子也在开自己的秘密会议，会议的目的就是确保他们不会被分开。15岁的玛格丽特和13岁的阿尔弗雷德同意安娜的看法，如果有人强迫他们分开，那么他们不介意与对方进行身体上的对抗。当家族中一位叔叔来宣布他们这些孩子将会被分开安置到4个家庭中去时，迎接这位叔叔的是阿尔弗雷德的猎枪、安娜的斧子和玛格丽特的擀面杖。还有两个年幼一点的弟弟，一个握着弓箭，一个拿着燧发手枪。无须多言，这位叔叔放弃了劝说，允许安娜带着弟弟妹妹们继续生活在他们自己的房子里。流浪者型母亲的孩子已经习惯有母亲如同没有母亲的感觉了，环境迫使他们早早地就学会了如何照料自己。

心理学家玛莎·莱恩汉感慨说，"边缘型人格障碍患者的人生在本质上以一个又一个危机为导向，因此按部就班地遵循一套预先计划好的行为治疗方案几乎是不可能的"。流浪者型母亲的子女通常早就对精神卫生的专业人士不抱期待了，这一点不难理解。如果在子女童年时期，流浪者型母亲曾经寻求过精神科治疗的话，那么这些孩子通常会问：为什么没有任何效果呢？流浪者型边缘型人格障碍的治疗难度是极大的。

治疗流浪者型边缘型人格障碍患者，即便对这一领域内最资深的专家来说也是一项挑战。显而易见，专家不应当指望患者的孩子去管理患者的行为。一直以来，米歇尔都忙着把母亲从一个又一个危机中解救出来，帮母亲付账单以免房子断水断电，拖着母亲的车去修理，把母亲送去急诊处理她醉酒而导致的外伤，诸如此类。但米歇尔在为母亲做了这一切之后总结说，什么都帮不了母亲。虽然米歇尔已经长大成人了，但是她的母亲却还没有长大。母亲被抑郁、暴食、酗酒以及偏头痛持续折磨着。米歇尔来接受心理治疗是因为她已经到达了自己的极限：她必须有所改变。

流浪者混乱的生活会在经济上和情感上让子女双重耗竭。除非能够建立起规则，否则这些子女成年之后也无法控制自己的生活。爱一个流浪者并不意味着"承包"她的生活，而是意味着关怀她。流浪者的子女永远不可能阻止母亲的人生充斥混乱与动荡。爱流浪者型母亲，必须把她自己对生活——以及死亡——的责任交回到她的手中。只有这样，她的子女才能获得拥抱自己人生的自由。

年幼的孩子没有选择，他们的生存依赖于父母，因此他们唯有压抑自己的感受来保护父母。成年之后，他们会经年累月地带着这些被压抑的愧疚、焦虑和愤怒生活下去，即便客观上已经不需要再压抑。直到这些未知的感受引发了冲突、生理疾病或足够强烈的精神痛苦，这些成年的子女才可能会清醒过来，去审视问题所在。就像有着慢性生理病痛的人一样，长期忍受精神痛苦的人也会对它习以为常，就好像生活原本就该如此。他们早已记不起正常的感觉了。

管理无法管理的混乱

只有成年子女才拥有必要的力量和自由，能够与自己的母亲发展出一种以现实为基础的母子关系。不要说潜意识，即便只是条件化的反应，同样需要觉察、练习和耐心。如果流浪者的孩子成年之后能干且成功，那么他们通常会惊奇地发现，母亲居然可以那么轻易就动摇他们的自信。有一个来访者的母亲告诉她，她小时候患有慢性病，这种病把童年时的来访者"吓得要死"。这位来访者说，"我母亲是这个世界上唯一一个能够让我为自己生病感到惭愧的人，甚至，母亲还会让我为自己活着而感到惭愧。"

有力量又成功的成年子女在潜意识里会威胁到流浪者型母亲。虽然在外人面前，流浪者型母亲可能会很自豪地谈论孩子的成就，但她无法当面直接表扬孩子。她反而会贬低获得成功的成年子女，让孩子觉得自己做错了什么事。因此，这样的子女无法去享受成功带来的喜悦，因为他们觉得成功是一件错误的事情，并且会引发他们的焦虑。

流浪者会无意识地找上那些她们眼里一无是处的孩子，肯定他们和自己相似的人生态度：生活实在是太艰难了。一无是处的孩子内化了母亲分裂出来的负面投射，母亲将和他们结成联盟，共同针对母亲眼中完美无缺的孩子。但是，流浪者型母亲对子女的看法时常会改变，母亲这段时间贬低这个孩子，和那个孩子形成同盟，随着时间的推移、环境的变化，她又贬低那个孩子，和这个孩子形成同盟。最终。成年子女会感到情感耗竭，他们会轮流疏远自己流浪者型的母亲，或者兄弟姐妹彼此之间相互疏远。

"总有什么事"

◆ 长期应对危机并非子女的责任

流浪者型母亲会反反复复地哭泣、忧心忡忡地乞求、去医院急诊、频繁发生意外并且财务状况一塌糊涂,这些都会让她的成年子女感到焦虑不堪。母亲眼中的完美无缺孩子会感到自己非得把母亲从各种糟糕的状况拯救出来不可,而一无是处的孩子则倾向于对此置身事外。针对流浪者型母亲身上层出不穷的意外,一些常见的反应都缺乏建设性,它们包括退缩、抛弃、讽刺、嘲笑或用言语贬低等。而能够帮助母亲和孩子双方的反应需要具有建设性、能够给予双方力量和支持,比方说"我知道,你会想出解决方法的""对不起,我帮不了你,但我相信你自己可以处理好"。成年子女需要直接表达出自己的感受和需求,因为流浪者很容易误解委婉或模糊的表达。对流浪者的拯救行为会延续她们不健康的情感依赖,因为它能巩固流浪者"我很无助"这种认知。

成年子女必须担负起的责任是:选好表达自身需求和感受的方式。这个孩子用起来有效的沟通方式可能另一个孩子用起来就是无效的。虽然流浪者的行为难以预测,但是成年子女可以用一种稳定不变、可预料的方式去回应母亲。流浪者并非真的无助。无论发生怎样的危机,成年子女都必须向自己的流浪者型母亲传递这样的信息:你可以帮助自己,你也必须帮助自己。

母亲经常向米歇尔抱怨她的经济状况、健康问题以及孤独寂寞。米歇尔学会了去询问母亲真正需要什么,并且澄清母亲到底期待自己做什么,以此作为对抱怨的回应。米歇尔会说:"妈妈,你是不是想找我借点钱?""你是不是想让我陪你?"母亲回答之后,米歇尔再向母亲说明自己是否有能力满足她的期待。

流浪者型母亲意识不到子女牺牲了自己的需求只为拯救她。而子女可以通过以下问话让母子之间的心理动力关系显现出来,比如"你真的希望我这样做吗？""妈妈，你是不是希望我今天不上班陪你去看医生？"或者"你希望我把空闲时间都用来陪你而不是和我自己的丈夫在一起，对吗？"流浪者型母亲不知道如何恰当地回应自己子女的需求。因为她们从来没有过健康的为人母亲的经验，必须要有人告诉她们孩子需要什么，即便那是她无法提供的东西。具体而直接，就是诱发正常回应的最佳方式。成年子女需要一直保持对流浪者型母亲"有话直说"。

"从来没有她说的那么糟糕"

◆ 在做出反应之前先问清细节

　　流浪者会对事件进行夸张、扭曲或粉饰，以此获得别人的同情。在出于同情或怜悯而做出反应之前，成年子女必须先考虑到母亲的叙述中存在扭曲的可能性。无须指责流浪者型母亲说谎，但成年子女应当询问事件的细节，然后再判断真实情况的严重程度。流浪者的感受应当被认真对待，但是她们对人际互动的理解也确实应当被质疑。成年子女应当指出流浪者的叙述中前后不一或者自相矛盾的地方。例如，米歇尔现在学会这样说："这件事确实让你很难受。不过，上周你和我说修车需要花250美元。现在，你和我说修车需要花500美元。"因为流浪者可能无法直接表达自己的需求，因此成年子女必须要直截了当地澄清母亲的期待。米歇尔的母亲想借钱，但是她觉得需要把修车的事添油加醋才能让自己的请求变得合情合理。对此，米歇尔回应道："妈妈，如果你需要什么，你就和我说。我不喜欢你和我遮遮掩掩。"

"她的记忆都是有选择性的"

◆ 相信你自己的记忆

　　和其他边缘型人格障碍患者一样，流浪者在回忆自己以往的情绪状态方面有困难。她们可能想不起自己以往的情感创伤经历，也可能会否认自己曾经出现过暴怒或者惊恐发作。因此，当流浪者型母亲不认可子女的感受时，成年子女就容易对自己的感知产生怀疑。

对于成年子女来说，与其和母亲争论谁的记忆更加准确，不如相信自己的经历和体验。无论年龄多大，当自己的母亲不认可自己的情感体验时，每个人都会感到极端困扰。但是，成年子女可以拥有足够的安全感去表达自己的感受。米歇尔告诉自己的母亲，"当年那个圣诞节，你的记忆和我的不一致，这件事情让我十分困扰。那是我童年时代最痛苦的记忆之一。我需要知道，无论你记忆中的那个圣诞节是不是和我的一样，但在这一点上你是相信我的。"成年子女必须找到一种安全的方式去表达自己的感受。所有的孩子，无论他们的年龄有多大，都需要相信自己自我保护的直觉。

"她让我感到内疚"

✦ 区分合理的内疚与投射而来的内疚；不要利用她

有些流浪者型母亲太过宽纵，从而给了她的子女利用母亲的机会。流浪者可能会坚持认为她的孩子们拿走了她的最后一分钱，并为此哭天喊地。流浪者型母亲自己不执行规则，然后她会反过来抱怨自己的孩子行事无法无天。流浪者把自己放在一个人尽可欺的处境当中，而利用她的那些人自然会感到内疚。

流浪者眼中一无是处的孩子可能会利用母亲的这种无助感，变得自我中心、利用他人。而流浪者眼中完美无缺的孩子可能会体验到投射而来的内疚感，他们还会把母亲的无价值感内化到自己身上。虽然完美的孩子不会去剥削和利用流浪者型母亲，但是内疚、焦虑、挫败感和担忧都会妨碍这些孩子享受生活中的喜悦。流浪者的孩子永远都不能确定自己是否能依靠母亲，流浪者型母亲就这样制造了焦虑。

愤怒可以引发内疚，因为愤怒总是伴随着破坏性的幻想。米歇尔需要大量的心理支持，这样她才能妥善处理自己对母亲的愤怒。米歇尔上中学的时候，她母亲经常忘记放学接她回家，导致米歇尔在空无一人的教学楼里等上好几个小时。最后母亲终于来到学校，米歇尔忍不住怒吼："你算什么妈妈啊？"任何一个孩子都不应当为自己需要一位可靠的母亲而感到内疚。

子女成年之后需要保护自己免于失望，同时不要产生内疚感。他们有权利期待自己的母亲是一个可靠的人。作为一名成年人，米歇尔从不允许自己在任何事情上依赖母亲。她希望彻底远离母亲，但是，偶尔有些时候，米歇尔也会觉得母亲是支持自己的。现在，米歇尔学着只在别无选择的情况下才向母亲开口寻求帮助。

"她忘记了我"

◆ 解释对情感认可的需求

流浪者经常在最后一分钟改变已经定好的计划，为了一些更重要的社交安排而反悔已经约定的事情，或者宁愿陪伴其他人而不愿陪伴自己的孩子，这些都会让她的成年子女相当愤懑。有一次，米歇尔的母亲突然取消了约好的母女假期，理由是她发现她的一位前男友将在这个周末路过她所住的城市。米歇尔抱怨说，自己几乎没有体验过母亲全心全意的陪伴，母亲一门心思全都在她那些男人身上。

成年子女往往会说自己的流浪者型母亲是个赝品，因为她没法遵守对子女的承诺，而且总是那么的靠不住。成年子女认为，真实的母亲就是这样漠不关心、难以依靠、谎话连篇的。但真相是，流浪者型母亲自己的感受就是不真实的。她们需要不断地去寻求别人对她们感受的认可，却意识不到自己没有认可自己孩子的感受。

在母亲临时取消约定的母女假期之后，米歇尔告诉母亲，自己觉得很难过，并且和母亲解释说，自己感觉被抛弃了。米歇尔没有做出夸张而戏剧性的威胁，例如"我再也不会邀请你和我一起旅行了"，而是告诉母亲，她打算邀请一个朋友代替母亲和自己一起出游。母亲听到米歇尔说难过之后觉得很吃惊，并且她指责米歇尔是因为嫉妒她的男朋友才这样说的。米歇尔克制住了自己的敌意，取而代之的是，米歇尔重申了自己很难过，"我只是希望你理解我现在的感受"。成年子女可以学着去解释他们对情感认可的需求，无论最终他们的情感是否能够获得母亲的认可。流浪者型的母亲是意识不到她忘记了自己的孩子的。

"她可以很逗趣，也可以很乏味"

✦ 享受美好的时光，指出不恰当的行为

流浪者型母亲身上有许多迷人的特质。好妈妈、逗趣的妈妈、充满爱意的妈妈以及有意思的妈妈，流浪者的这些侧面都是子女成年之后仍然珍视和喜欢的。正是由于母亲具备这些让人喜欢的特点，于是成年子女就更加难以接受自己对母亲的愤怒和怨恨。成年子女可以去拥抱母亲身上这些好的方面，同时远离母亲身上那些让人不愉快、不舒服或危险的侧面。但是，所谓远离，并不意味着忽视。不合情理或令人不快的行为绝不应当被忽视。

指出那些令人难以接受的行为，是与流浪者型母亲保持健康母子关系的关键。有些事情让家里的一个孩子烦躁不已，但是另一个孩子却能够忍受；有些事情让一个孩子觉得危险，而对另一个孩子则算不上是威胁。成年子女必须对母亲明确指出，哪些行为突破了自己的容忍限度和个人底线。

米歇尔受不了母亲喋喋不休地抱怨身体健康问题。米歇尔向母亲明确提出，这种行为对她来说是种冒犯，"如果你不肯改变话题，妈妈，我就要挂电话了。你知道的，我实在受不了你一直说自己身体不好"。如果米歇尔不向母亲坦诚说出自己不能够忍受的那些行为，那么母亲也就没有机会换一种比较恰当的方式去回应米歇尔的需求。

"关于她的事情就没有顺利的"

✦ 不要强化她的消极自我认知

成年子女有权利去期待并创造与母亲之间更为积极正面的互动。流浪者型母亲对她自己以及她的人生都采取一种抑郁的视角，这样的视角令她的认知笼罩在阴影之下。小孩子很容易被引导着相信母亲的观点：人生太艰难了，事情是永远没法解决的，放弃努力比坚持下去要容易得多。成年子女并没有责任去取悦自己的母亲，为母亲建立她的自尊，或是预防她自杀。但是，出于对自身幸福的考虑，成年子女必须让自己远离这些消极负面的认知，坚持用相对积极正面的视角看待自己、看待母亲以及整个人生。

米歇尔的母亲习惯性地告诉米歇尔最近发生的坏事。每次米歇尔给母亲打电话的时候，对话的内容总是围绕在母亲遇到的坏事上面。米歇尔逐渐意识到自己对和母亲通电话有多么畏惧，随后她对母亲说，她们需要一个新的谈话规则：米歇尔希望母亲每说一条坏消息，可以同时提供一条好消息。就这样，米歇尔的母亲偶尔也会笑起来，母女谈话的气氛由此变好了。

"不去需要她，这样才安全"

◆ 让自己的判断引领你

子女成年之后必须认清，流浪者型母亲的冲动行为如何损害他们的幸福。对于成年子女来说，他们首要的责任是照顾好自己。安全，永远都是第一位的。讽刺的是，帮助流浪者的尝试可能触发灾难性的反应。流浪者的精神病性反应可能演变成偏执，导致她们把自己的孩子看作威胁。值得信赖的医务人员可以在提供恰当的药物治疗及其他干预方面发挥至关重要的作用。不过，流浪者很可能不会接受任何一种干预。

在面对拒绝或者抛弃的时候，流浪者最有可能出现精神病性症状。当流浪者的孩子长大成人的时候，他们通常能够意识到抛弃和母亲绝望、冲动的行为之间的联系。但他们意识不到的是，他们无法预防母亲的精神病性发作。

著名儿科医生 T. 贝利·布拉泽顿指出，当母亲由于自身的抑郁而退缩，远离孩子的时候，婴儿和儿童会体验到无助感。通过向外投射自身的无助感，流浪者型母亲传递出的"人生实在是太艰难了"这样的情感信息。而子女成年之后只会在预防母亲的生活出现危机方面感到无助。

米歇尔发现，自己生活中真正可以称得上"太艰难"的事情就是尝试去帮助自己的母亲。除非和母亲分开，否则她无法拥有自己的生活。米歇尔反复出现的梦境反映了她内心深处的纠结。在梦里，米歇尔一家人乘坐的船翻了。她被卷入了波涛汹涌的大海之中，她在水下拼命挣扎，想游到水面上去。她无法呼吸，对空气极度渴望。就在这个时候，米歇尔惊恐万状地发现有一只手握住了她的一只脚，把她往深处拉扯。米歇尔克制住了自己狠狠踢掉那只手的冲动，因为她发现，拽住她的正是自己的母亲。

长期这样被母亲拖向水下，米歇尔筋疲力尽，感觉自己就快要溺死了。许多流浪者型母亲的成年子女经常出现类似的梦境和感受。美国红十字会关于溺水风险的意见对流浪者的孩子或许有一些启发：

> 众所周知，即便没有输给体力耗竭和暴晒，一个人能够在水中存活的时间……也是相当有限的。在有关人类游泳的历史上，毫无必要的牺牲事迹数不胜数，这些事迹告诉我们，显示英雄气概在溺水面前不会有丝毫用处……无论新手或老手，游泳者常常发现，自己在水中救人的能力无法匹配他们救人的美好愿望，结果就是他们要么克服极大的困难与溺水者分开，要么跟着对方一起死去。

我们在身体达到极限时通常会产生这种想法："我再也受不住了。我也有生存的权利。"无法再承受母亲的行为，对于米歇尔来说，正是改变自身行为的那个转折点。

"她要把我逼疯了"

✦ 首要的是你自己内心的平和

与自己母亲的冲突严重影响到了米歇尔的精神健康。她长期感到抑郁和焦虑，还患上结肠炎，反复发作。虽然流浪者型母亲有权利选择自己的命运，但是她的孩子们也有权利活下去。红十字会关于溺水问题的解说不但适用于人们的情绪健康，也适用于人们的身体健康："溺水有三个主要的成因，而且一直都是这三个成因，即未能识别危险状态、无力摆脱危险状态以及缺乏如何帮助或拯救溺水者的安全知识。"

* * *

流浪者型母亲和她们的孩子真真切切地进行着一场关于生存的战争。除非边缘型人格障碍患者的孩子自己能够意识到不与母亲分离的危险性，否则他们在情感上无法存活下去。要做到爱自己的流浪者型母亲但不拯救她，有三个关键步骤：①确认分离，②创建规则，③澄清后果。

步骤1. 确认分离："我是……"

流浪者型母亲早已内化的无价值感和无望感会危及她们的孩子。成年子女必须识别出这些威胁着他们人生福祉的危险情境。流浪者型母亲的冲动性和糟糕的判断力可能会体现在诸如赌博、大肆消费、醉酒驾车、忽视自己的健康或者财务管理不善等行为上。流浪者的这些自毁行为也会危害子女的经济状况、情感状态以及身体健康。虽然子女成年之后不再需要依赖于母亲，但是长期来看，他们仍然会为了母亲好而牺牲自己的需求，这样的行为倾向将持续多年。

流浪者和自己的主要依恋对象分离的时候会极度焦虑，表现出黏附行为、搜寻行为或是爆发愤怒。流浪者还有可能自残身体、试图自杀、发生各种事故或者伤害自己，如果子女因为害怕出现这些情形而屈从，就会强化母亲的破坏性。对于流浪者的成年子女来说，他们必须保护自己避免因为恐惧和内疚而在情感上受母亲控制。但这不意味着成年子女要抛弃自己的母亲。事实上，他们在避免被母亲控制这件事情上做得越好，他们与母亲之间的关系就越有意义。健康的母子关系是一种选择，而不是一个陷阱。

精神分析大师温尼科特解释说，"我是……"这个句型代表着个人成长中的关键阶段，"借助这样的话语，个体不但能够塑造自我，还能够塑造人生……只有身处保护性的环境之中，个体的发展才能够达到'我是……'这个阶段"。对于成年子女来说，如果能够拥有来自伴侣、配偶、朋友或者心理治疗师的稳定支持，那么他们和母亲分离就会容易一些。因为在尝试与自己的流浪者型母亲分离时，成年子女会感到非常焦虑，任何人都不应低估这种焦虑的强烈程度。

米歇尔一直被满足感所引发的内疚和分离所引发的焦虑折磨着。就好像把一个刚刚出生的婴儿独自留在了家里似的，米歇尔离开了母亲身边，自己却没有办法放松下来。在出去度假之前，米歇尔出现了一次惊恐发作，因为她一直感到内疚，并且担心着母亲。从米歇尔还是一个孩子的时候开始，每一次她身上发生什么积极正面的好事，对母亲的关切就总会毁掉这件好事。米歇尔上高中的时候，曾有好几次她约会回来都发现母亲躺在地板上昏迷不醒。对米歇尔来说，把母亲一个人留在家里从来就不是一件安全的事情。

如果米歇尔跟母亲说一些坏消息，那么母女之间的关系就似乎还不错。如果米歇尔和母亲说了一些好消息，却有可能引发母亲的怨愤。只要米歇尔的生活够糟糕，她就能维持和母亲的联系。米歇尔的成功和她能够享受生活的能力对母亲来说是一种威胁，在母亲眼里这些都意味着抛弃。米歇尔说："每当我去度假、参加聚会或者招待朋友，我就会感到内疚。只要我做了一些开心的事情，我就总觉得自己犯了什么错误。"最终，米歇尔学会将自己的需求对母亲直言相告："妈妈，我是你的孩子。当好事发生在我身上的时候，我希望你能为我感到高兴。"

米歇尔制订好了下一次的度假计划，并且向母亲说明了自己的期望。

"我真怕离开你。每一次我去度假，似乎家里总会发生什么糟糕的事情。上一次我离开，你出了车祸，这让我觉得自己当时不在你身边是种罪过。如果这一次我去度假的时候，你遇到意外或者生病了，那么请给你的朋友或其他什么人打电话，但不要给我打电话。因为我不在你身边的时候，我是什么都帮不了你的。"

母亲对米歇尔的这些话感到莫名其妙，她觉得女儿冒犯了她。她坚决否认自己身上存在着这种行为模式：米歇尔一离开家她就会出意外或生病。母亲怒吼道："好！我不知道我对你来说是这么大的一个负担！从现在开始你再也不用担心我了！我一次也不会再打扰你了！"在接下来三个星期的时间里，米歇尔的母亲既没有给米歇尔打过电话，也不接、不回米歇尔的电话。米歇尔反复想着，也许母亲又做了什么伤害自己的事情，因此在内疚感中不断挣扎，但是米歇尔知道，自己没有做错任何事。米歇尔明白了，为什么自己童年时期从来不敢向母亲表达自己的需求。她冷静地坚守着自己的立场。

健康的母亲希望自己的孩子能够幸福，流浪者型母亲则完全无法理解自己给孩子造成了多大的不幸。成年子女绝不要期待流浪者对于彼此之间母子关系的改变感到愉悦。但是，假如成年子女能够基于自身的需求为母子关系设立好规则，那么流浪者最大的恐惧——被抛弃——变为现实的可能性就要小得多了。

◆ 怜悯妨碍分离

对于流浪者身上的各种自我挫败行为，为她们感到惋惜遗憾是最糟糕的一种应对方式。承认他人的痛苦，对其感受产生同理心或者共情，这些并不是怜悯。怜悯是对无望感的合理化。而流浪者最需要的是重新获得对生活抱有希望的能力。怜悯传递出一种微妙的不尊重，一种居高临下，因而是一种优越感。奥地利精神病学专家鲁道夫·德瑞克斯（Rudolf Dreikurs）曾说，"对发生的'事件'感到遗憾，这是一种同理心。对事件中的人'你'感到遗憾，这就是一种怜悯了"。

失望和逆境是每一个人生活中的一部分。忍受痛苦折磨的能力，在逆境中保持积极人生态度的能力，是一个人心理健康的关键。针对流浪者出于无助感而做的请求，用同理心与鼓励作为回应，比怜悯与拯救行为要健康。可以通过如下表达传递同理心，比如"这一定让你很难受。发生这样的事，我感到非常遗憾。我能做些什么帮助你度过这段特殊时期呢？"同理心传递出对于个体能够处理当前情境的信心。而表示怜悯的说法则是这样的，比如"我真为你感到难过，你这可怜的家伙"。怜悯是对个体的贬低，因为它暗示着这个人是虚弱的。怜悯就好像是在说，"要是我处理这个事情，会比你强得多，我从我高高的宝座上走下来帮助你吧"。

米歇尔的弟弟约翰没有工作、酗酒，并且还剥削自己的母亲。他开着母亲的车，但是不管给车加油，他找母亲借钱，但是从来不还。米歇尔不满母亲面对弟弟委曲求全的姿态，她怀疑自己每周给母亲的钱可能有一半被弟弟拿走了。米歇尔并没有替母亲觉得遗憾，她这样对母亲说：

"我给你钱，但是我不希望你把钱分给约翰。我希望你能够把自己的开支收据给我，这样咱俩就能够推测出你的正常预算是多少。你到底需要多少钱，我需要知道一个准确的数字。所以，除非我能收到前一个星期你的开支收据，否则我不会再给你现金了。"

米歇尔的母亲恼羞成怒地说："从一开始，我就没有找你要钱，从来没有过！"米歇尔温和地回答："妈妈，我很乐意帮助你，但如果你不想让我帮助你，你可以这么决定。"这次母女对话之后，母亲整整两个月没有和米歇尔说话。米歇尔心里知道，自己并没有做什么不公平的事，所以她成功抵抗住了内疚感。米歇尔也知道，母亲最终还是会跟自己说话的，母亲会表现得像是什么事情都没有发生过一样。不过，米歇尔使得母亲信守她自己所做的决定：不再接受女儿的经济支援。随着时间的推移，米歇尔逐渐让母亲明白，她说出来的话就是她想要表达的意思，她不会再受到怜悯和内疚的操纵了。

步骤2. 创建规则："我会……"

规则，决定着人际关系的强度、弹性、稳定性以及持续性，就好像结构对于建筑物一样重要。由于边缘型母亲自己内心缺乏规则，因此她们无法维持稳定的人际关系，包括母子关系在内。流浪者型母亲散漫、被动的抚育风格无法为自己的孩子提供稳定感，因此子女成年之后需要为母子关系设定底线、后果和边界。缺乏规则的关系迟早会崩溃。规则提供着安全感与保障。

母亲经常在深夜醉酒的时候打电话给米歇尔，谈话内容反反复复或是散乱无章，然后第二天醒来她总会把这事全忘光。这样的深夜来电让米歇尔不胜其扰，让她第二天筋疲力尽，并且助长了母亲的自毁行为。于是，米歇尔和母亲设定了规则：

"妈妈,大半夜讲电话让我太累了,而且我也不想在你喝醉酒的时候和你聊天。如果你再在晚上10点钟之后给我打电话,我不会接。如果你再在喝醉之后给我打电话,我会挂断。进行一场你事后根本不记得的谈话,我觉得是完全没有意义的。"

米歇尔的这个计划中最重要的部分不是她对母亲说了什么,而是她坚持执行这个计划的能力。边缘型母亲和其他人一样,面对稳定持续、前后一致的情形,能够做出良好的回应,并且明白应当期待怎样的结果。从此以后,米歇尔再也没有在晚上10点之后接过母亲的电话。屏幕上的来电显示发挥了很大作用。不到6周的时间,米歇尔的母亲就终止了深夜来电,也不再在喝醉的时候给米歇尔打电话了。

米歇尔从自身需求出发,在自己与母亲的关系中设定了规则。虽然起初她这样做的时候,母亲的态度完全是敌对的,但是米歇尔没有妥协。她向母亲重申,自己仍然爱她,仍然在乎她。这样做的目的不是去剥夺母亲的权利、不是让母亲感到挫败,也不是去惩罚母亲,而是为了增进母女之间的相互理解。

"我会……"这种表达传递的内容包括意愿、自我导向和自主性,它强化了"我是……",确认了子女和母亲的分离。这些表达必须是基于客观事实的,否则其信用和意义都将不复存在。说一套,做一套,言行不一会损害双方的信任。"我会……"这种表达方式绝对不能用于威胁对方,而应当用于告知对方,其不当行为将带来的合乎情理的自然后果。

◆ 画一条线,创建规则

如果成年子女无法在与母亲的关系中建立规则、设定底线,那么流浪者混乱无序的人生将彻底吞噬成年子女。与边缘型母亲构建健康的人际关系需要绘制一幅心理地图,以指引母亲与孩子到达自主的彼岸。与流浪者建立健康的关系需要设置好人际边界。

成年子女必须划出自己和母亲之间的分界线。突破个体的边界,意味着个体与个体将发生融合,流浪者的病理性依赖就将再次出现。流浪者型母亲越依赖自己的孩子，她们学会解救自己的可能性就越低。成年子女不应跳到水里去拯救自己溺水的母亲——流浪者必须自己学会游泳。

美国红十字会介绍了这样一个溺水救援案例。一位杵着手杖的老先生站在岸边，忽然发现一个溺水者在水里挣扎。老先生并没有跳到水里去救这个人，他在岸边找了一个距离溺水者最近的地方，把自己的手杖伸了过去。溺水的人抓住了手杖，老先生把他拉上了岸。

如果流浪者型母亲拒绝抓住成年子女伸出的手杖，那么这并不是成年子女的责任。必须给流浪者提供机会，让她们体验到自己的力量，让她们对自己的能力产生信心，并且给她们提供足够多的辅助让她们能够自助。在关键一刻搭把手，这就是拯救一个生命所需的全部了。

步骤3. 澄清后果："我不会……"

流浪者对拒绝和批评极度敏感，并且总是预料自己将被惩罚。而合乎情理、自然产生的结果不带有任何道德评价，因此它在与流浪者进行人际互动时甚为有用。鲁道夫·德瑞克斯提出了一种育儿方法，叫作"逻辑和自然结果法"（logical and natural consequences）。对于那些已经认识到惩罚、羞辱和高压等育儿方法会产生不良后果的家长而言，这种新的理念为他们提供了一种健康且有利于自尊的育儿技术。逻辑和自然结果法如今已被广大家长普遍接受，并且它可以应用于所有的人际关系当中。

流浪者型母亲的成年子女能够感受到母亲的绝望，他们可能会因此想要放弃希望。对流浪者施以援手往往以失败告终，这让她们的子女感到灰心丧气。而逻辑和自然结果法则提醒流浪者：你可以控制自己的人生，以前习得的无助感可以逐渐消退。

自然结果指的是遵循物理世界的自然规律而出现的结果。例如，如果你站在雨中，就会被淋湿，如果你不吃东西，就会感到饥饿，如果你不及时给车加油，你的车就会没有汽油。在流浪者眼里，这些自然而来的结果是她时运不济的证据，就好像她自己在这些因果关系中没起到任何作用似的。"我的车没油了，因此我被迫雨中徒步走了半个小时，并且还没有雨伞。我身上就没有一件事是顺利的。"而那些被母亲条件化了的子女会认为,"太糟糕了!我为妈妈感到遗憾。妈妈总是运气不好。"但已经觉醒的子女则会说:"也没有那么糟糕嘛。我敢说,从今往后,你出门之前一定会先检查一下车是不是有油。要是我油箱里的油剩下不到四分之一,我肯定哪儿也不去。"区分自然结果和坏运气有助于成年子女打破以内疚或怜悯去回应母亲的恶性循环。指出事件的自然结果将传递出这样一种信息,"这种事会发生在所有人身上,包括你在内,我们可以从经验中吸取教训。"

逻辑结果指的是基于社交世界的客观现实而产生的结果。例如,如果你旷工,就会被开除,如果你不交电费,就会被断电,如果你不学习,就会考试不及格。逻辑结果传递出的信息是:流浪者自己可以做出更负责任的决定。同时,逻辑结果鼓励个体做出成熟的行为,而不要求他人屈从,也不使用胁迫手段。例如,米歇尔的母亲经常错过家庭聚餐时间。家里人都觉得,等她一起开饭是一件很不方便的事情,但又觉得表达出来会让母亲难堪,于是大家就什么都不说,除了米歇尔。最终,米歇尔决定遵从逻辑结果,让全家人按时开饭,无论这时候母亲是不是已经来了。

逻辑结果和自然结果,这种方法并不能够保证减少他人与流浪者之间的冲突。无论成年子女多么小心谨慎地去澄清结果,流浪者仍有可能觉得自己被排斥、受惩罚。成年子女不应当对自己母亲的行为负责任。逻辑和自然结果法只是提供了一种指导方针,一种对不恰当行为的恰当反应方案。

✦ 澄清自杀行为的结果

想要自杀的人通常不会把自杀计划告诉治疗师或其他任何人。如果家长告诉孩子,自己想要自杀,那么通常家长想要得到的是一种确认,确认孩子仍关心自己,会想念自己。这样的自杀威胁通常恰恰是为了防止自己被抛弃。荒谬的是,它会让孩子感到强烈的焦虑——即便子女已经成年,因此绝不应当被忽视。下面列出了哪些是针对自杀威胁的有效反应,哪些是无效反应:

有效反应

1. 一旦母亲实施任何自杀行为，打电话报警。
2. 如果母亲提到任何自杀念头，打电话给她的心理治疗师。
3. 诚实地表达你的担忧，说出恰当的后果。例如：

   "你告诉我你想自杀，这让我觉得很不安。这件事情让我害怕，也让我生气。我会把这件事情告诉你的心理治疗师。除此之外，我没有什么能够帮助你的了。我是你的孩子。我爱你，我关心你，但是我不想为你是不是会自杀这件事情负责任。这对我不公平。"

无效反应

1. 拯救型行为："哦，求求你别这么说，我什么都能为你做。"
2. 忽略自杀威胁或自杀姿态："好吧，这事你已经说了100万次了。"
3. 没有认真对待对方的感受："我受够了你说的这些。"

有些成年子女面对流浪者型母亲会感到极度挫败或极度危险，因此他们选择和母亲断绝联系。没有人有资格对此种情形妄加评判。每一个人都有权利保卫自己的生命与生活。在某些案例中，母亲和孩子完全不干涉彼此才是对双方的最大保障。没有人能够拯救一个不想被拯救的人。

成为一个人

1961年，卡尔·罗杰斯提出了一个革命性的心理学概念。罗杰斯认为，人类个体是有能力自我成长和成熟的，并将这一信念作为他的心理治疗取向的理论基础。他并不是用某些策略、技术或者小把戏去创造个人的成长，而用的是他的真实自我。罗杰斯相信，只有自己保持真实，才能帮助到其他人。他观察到，"绝大多数人都会去回应婴儿，其中一项原因或许在于婴儿是完完全全真实、诚挚、表里如一的。如果一个婴儿表现出了喜爱、愤怒、满足或者恐惧，那么毫无疑问，在我们成年人看来，这个婴儿此时的确体验着这种感受，由内而外"。但是，有一些婴儿像米歇尔一样学会了掩盖自己的内部感受，以响应母亲的需求。他们会在母亲哭泣的时候安静下来，在母亲悲伤的时候对她微笑。

罗杰斯强调，"一致性"对于成为一个真正的人来说至关重要。一致性意味着，我们内部的情感体验和我们外部的行为表现是相互匹配的。如果一个人是真实的，我们就会信任他，即便有时候这个人会冒犯我们；因为我们知道，我们所看到的就是其内心的真实感受。

罗杰斯警告说，单纯的忠于自我并不能够解决问题。忠于自我能够给一个人自由，去探索新的解决方案，考虑新的视角，体验到更强的亲密感，以及更深层次地去欣赏生活。但温尼科特早已指出，"唯有真实自我具备创造力，也唯有真实自我可以感受到真实……虚假自我的存在将导致……一种徒劳无用的感觉"。而流浪者的子女会发展出一种虚假的自我，这种虚假自我要么植根于强迫性的自我满足，要么植根于自我满足的对立面——过度依赖。

边缘型人格障碍患者的子女预料其他人也是"表里不一"的。他们已经学会了隐藏自己的真实感受，用间接的方式去表达自己的需求，或者干脆什么需求都没有。因为这种"学习"是潜意识的，所以他们无法意识到自己身上的这种"表里不一"。

边缘型人格障碍患者的子女把真实自我藏得严严实实，首先是在自己的父母面前隐藏，最终他们甚至在自己面前也会藏起真实的自我。一个7岁男孩神气活现地向母亲宣称："你不知道我在想些什么！你也不知道我的梦想是什么！我只会告诉你我想让你知道的那些东西！"如果真实自我不能被自由地表达，那么它就会被隐藏起来。罗杰斯写道："只有一个人……能够知晓，我此刻是不是诚实、透彻、开放、合理，或者是不是虚假、防备、靠不住。这个人就是我，我就是这个人。"

流浪者型母亲的成年子女学会了去质疑自己的体验，并由此陷入毫无意义的绝望中。流浪者型母亲可能会认为，孩子离开她们会过得更好。母亲深渊般的绝望会让孩子感到真切的战栗。母亲的痛苦似乎失去了控制，死亡的念头腐蚀着她的人生。自然而然地,孩子会内化母亲的感受。于是,孩子也会开始思考,是不是离开母亲,自己会活得更好。他们还会感受到,母亲的痛苦是无法缓解的,于是他们也会想要知道,是不是死亡能够带给母亲她从未体会过的安详。这些禁忌的想法会让孩子们自己都感到害怕,并且加剧他们的内疚和焦虑,继而会导致惊恐发作。

孩子希望拥有享受生活的自由,但是,他们不希望这种自由以母亲的生命作为代价。流浪者希望从自己的痛苦中解脱出来,并且她们可能顾及不到孩子的感受。一位曾多次尝试自杀、多次住院治疗的流浪者型母亲对自己的朋友说:"我决定了,我不想再继续下去了。我明天会和我12岁的儿子一起吃午饭。如果他对我态度不好,那么这就是压倒骆驼的最后一根稻草。我就杀死我自己。"朋友回答她,有没有考虑到这样做对儿子会产生怎样的后果,这样做对他来说是不公平的。流浪者茫然地看着自己的朋友。对于流浪者来说,她们无法理解其他任何人的痛苦,她们能理解的只有自己的痛苦。

不堪忍受生理上的痛苦折磨会让一个人走上自杀的道路,而情感上的痛苦也是如此。流浪者的成年子女必须放弃拯救母亲的人生,同时放弃对母亲的愤怒,因为它足以毁掉子女自己的人生。流浪者的子女不可能拯救自己的母亲,必须独自游向岸边。

第 10 章
爱一个隐居者但不增强她的恐惧

> 第二天早上，白雪公主醒过来了。
> 当她看见七个小矮人的时候，她吓坏了。
> 不过，他们倒是挺友善的……
> ——《白雪公主和七个小矮人》

"我母亲住在自己的安全壳里，就像一只乌龟藏在深深的湖底，躲避上面的诱饵。这是多么压抑的一种生活啊。母亲不信任任何人，即便她自己的亲人，她也是信不过的。"

从桑迪很小的时候开始，母亲就在损害她的自信，打压她对生活的好奇。因为隐居者型的边缘型人格障碍患者缺乏内心的平静，于是她们无法以不焦虑的状态出现在孩子面前，而这种状态对于给孩子提供安抚和舒适感、鼓励孩子去探索外界却是必需的。她的不安、她的声调以及她动不动就小题大做的行为举止，持续传递出焦虑感。虽然隐居者母亲认为自己是在保护孩子，但是内心的恐惧导致她们没有能力去解决问题、清晰思考以及做出决策。在经济大萧条时代，罗斯福总统曾提醒美国人说："唯一值得我们恐惧的东西就是恐惧本身。"这份警示中所蕴含的道理在隐居者型母亲身上体现得淋漓尽致。隐居者的恐惧正是对她们自己生存最大的威胁，也是对她们子女自信心最严重的破坏。

桑迪在45岁的时候开始接受抑郁症的治疗。桑迪家里的每一个人都曾经接受过抑郁症的治疗，除了她的母亲。过于强烈的不信任感让母亲无法对治疗师敞开心扉。母亲坚持认为，她不需要任何帮助。虽然绝大多数隐居者型患者可能永远不会引起精神卫生专业人士的关注，但是类似桑迪这样的成年子女，表明了在当今社会中确实有相当数量的隐居者存在。

"我母亲和她的母亲每天至少要通话两到三次。我母亲没有亲密的朋友，也绝少出去社交。现在回头看看，很明显，我母亲从来没有和她的母亲真正分离过。"

当桑迪开始心理治疗的时候，母亲警告她："心理治疗会改变你的性格。"她还问桑迪，是不是"在心理治疗中大谈母亲如何糟糕"。桑迪冷静地回答："我当然和治疗师谈到了你，但绝不是用你想的那种方式。"

控制不受控制的焦虑

精神分析师哈罗德·布拉姆指出：

> 偏执型人格倾向于在某些特定的领域内误解和扭曲现实。关于内部或外部危险的持续幻想，不合理的预期，夸大的敌意威胁，以及对小事故和外伤的过度敏感，这些特点共存于患者身上。感情和承诺是靠不住的，一旦与他人的关系让患者失望了，患者就会认为这是一种潜在的威胁或恶意。

当桑迪还是个孩子的时候，母亲的过度保护就令她感觉窒息。母亲控制她看哪些电视节目，和哪些人交朋友，穿什么衣服，母亲还很嫉妒桑迪和其他人之间的关系。对此，布拉姆说：

> 患者可能会想象自己的想法和感受迂回曲折地传递给了其他人，或是从其他人那里传来的，因此秘密就这样被盗取、被泄露了。

对于被侵入和被融合，患者有着偏执性恐惧，而对被抛弃和被排斥，患者也非常恐惧。这两种自相矛盾的恐惧是伴发的，于是无论亲密或分离，患者都无法接受。因此，所谓"舒适"的人际距离或位置是不存在的，如果孩子没有被母亲紧紧地看住、死死地管着，那么孩子必须被母亲精心保护着，监视其一举一动。

和母亲谈话会加重桑迪的焦虑，并且继续破坏桑迪已经脆弱不堪的自尊心。

隐居者身上可能存在创伤后应激障碍的问题，无法控制的恐惧支配着她们对这个世界的感知。隐居者型母亲的子女可能会发现，无论和母亲分开或亲近，都让他们感到不舒服，他们难以理解这是为什么。对于桑迪来说，由于和长期焦虑的母亲生活在一起，她需要一些帮助才能处理好自己的想法和感受。隐居者的子女应当从自己的感知出发，重建和母亲的关系。

"每日一怕俱乐部"

♦ 重新评估事态，而不要出于恐惧做出反应

隐居者的焦虑，无论是其焦虑的本质还是焦虑的关注点，都会时时变化，在这一刻和下一刻是不同的。因为，隐居者总是预料会发生某些糟糕的事情，于是她们会回避新的经历和体验。隐居者期待着坏消息、反复思考着坏消息，并且会传播未经证实的坏消息。桑迪的丈夫每天都要乘坐两趟公交车去上班。有一天早上，母亲给桑迪打电话说，其中一趟公交车发生了"一起可怕的交通事故"。想到丈夫可能出了车祸，桑迪的心脏猛跳起来。但当她追问母亲发生车祸的具体位置时，母亲上气不接下气地回答说："我刚才没时间去听仔细，我不知道。"桑迪这才意识到这又是老套路：只有恐惧而没有事实——显而易见，虚惊一场。于是，桑迪平静地说："妈妈，彼得两小时前出门去上班，我敢肯定他已经安全到达公司了。"

桑迪的母亲害怕收到信件，因为她觉得除了催款账单以外不可能有别

的东西了。桑迪曾经打趣说，母亲是"每日一怕俱乐部"的成员。桑迪尽力忽略母亲那些具有强迫性的、偏执的想法。桑迪不喜欢母亲激发他人肾上腺素飙升、加重他人恐惧、搅动他人焦虑。

隐居者型母亲的成年子女会厌恶母亲传递来的潜台词：生活实在是太危险了。与女巫型母亲不同，隐居者型母亲并非有意恐吓自己的孩子。隐居者控制自己孩子的目的是去保护他们。然而，焦虑是会传染的，隐居者的孩子可能当母亲不在身边时会感到比较安全，母亲在身边的时候反而会觉得不太安全。隐居者型母亲的成年子女要保护好自己，避免把母亲的恐惧内化到自己身上，而避免内化母亲恐惧的一个重要方式就是在自己做出反应之前把事件的各种细节信息询问清楚。对母亲所提供的不完整、模糊或者概括性的信息，子女们应当避免做出反应，他们要学会依靠自己的感知、直觉和判断。

"她破坏了我的自信"

◆ 她无法给你她自己也没有的那些东西

隐居者教导自己的孩子，这个世界是个非常危险的地方；因为对母亲本人而言，她的体验就是如此。不幸的是，成年子女在接收隐居者型母亲的恐惧情绪时，需要保持小心谨慎。隐居者的行为反应极有可能会将子女的恐惧升级，继而破坏他们的自信。

有一次，桑迪对母亲提到自己和领导发生了一点小冲突。母亲把这件事视作一场大灾难，一天之内给桑迪打了好几次电话，怒骂桑迪的领导，认为其"故意使绊子"，并且说桑迪很快就会被解雇。桑迪不得不一次又一次向母亲论证，自己不会被解雇。她对于让母亲知道这件小事感到十分后悔。隐居者常会把无关紧要的事情灾难化，小题大做是她们的特点。

隐居者没有能力为孩子提供情感上的支持，也无法加强孩子的自信，因为她们自己就是缺乏自信的人。令人悲哀的事实是，因为隐居者常常反应过度，她的子女和她的伴侣，都会拒绝与她共感同频，徒留她一人越加孤独和偏执。除非有人能够帮助隐居者分清合理的焦虑和不合理的恐惧，否则她们如惊弓之鸟的状态就只会持续升级。桑迪曾对母亲说："妈妈，骂我的领导故意使绊子并不会让我觉得好过一点。事实上，这让我更不舒服了。我告诉你我和我领导有过争执，我希望你能对我说你理解我的感受。我并不害怕因为和领导意见相左就被解雇。"隐居者型母亲的成年子女必须做到，把自己的恐惧和母亲的恐惧明确地区分开来。

"她否认自己说过的话，就好像我是个疯子一样！"

✦ 相信你自己和你内心的善意

惊恐让隐居者无法清晰地思考，让她们无法整理自己的思绪，规划自己的行为，参与到正常的生活当中去，但隐居者本人意识不到这一点。隐居者的人生就是从一个恐惧的时刻活到下一个恐惧的时刻而已。对于把全部情绪能量都用在搜寻危险信号的隐居者来说，除了眼前的事情，其他一切都不重要。因此，隐居者可能记不住自己之前对他人偏执的责难或不恰当的行为。如果你去问隐居者，她是否记得自己曾说过某个商店售货员试图蒙骗她，这就如同去问一个士兵是否记得自己躲过了某一颗特定的子弹一样。隐居者，她们只活在正在进行的生存之战中。

桑迪的母亲不承认自己曾经做出过不恰当的行为，而且从来不为自己对他人的偏执责难而道歉。有一次，母亲指责桑迪的哥哥偷了自己的钱包，过了一会儿，钱包在衣橱里找到了，母亲却否认自己刚刚指责过桑迪的哥哥。在母亲找到钱包的那一刻，她的心思就全都围绕着信用卡是不是放错地方，脑子里再也没有其他的事了。

母亲还把自己一团糨糊的思维投射到桑迪的身上。她对桑迪说："你曲解我说的话！"桑迪偶尔会用幽默去应对母亲的这种一团糨糊的思维。桑迪坚守着自己内心的善意，于是她可以一边大笑一边对母亲说，"妈妈，你是这个世界上唯一一个能搞得我晕头转向的人！"

"有时我们在一起很开心，但是最终我总会失望"

◆ 要预料到亲密过后伴随着拒绝

桑迪和她的母亲都热爱阅读，这是她们的共同之处。对文学的共同爱好是母女两人为数不多的温暖联系，而保持和滋养这一积极的方面对她们的母女关系相当重要。然而，通常情况是，母女之间充满乐趣的互动会被母亲出乎意料的、带有敌意的话语突然打断。

人际之间的亲密会让隐居者感到自己是脆弱的，很容易被攻击的。隐居者突然意识到自己的防备消失了，于是，温暖的人际互动之后常常伴随着突如其来的攻击，或是偏执的指责，这样一来，隐居者就把其他人从自己身边远远地推开了。这种短促的积极互动总是令成年子女感到失望，他们可能会觉得自己刚才对母亲产生了信任是相当愚蠢的。隐居者对于自己在人际互动中所产生的影响一无所知，因此，如果有人指出了她们的敌意，她们会坚决否认自己带有敌意。为了保护自己，成年子女应尽量让自己和母亲的互动保持简短，或是在与母亲的互动还处于积极阶段时就及时终止。

"她歪曲客观事实"

◆ 冷静地捍卫你的认知

隐居者常常把一些并无恶意的人际互动曲解为对自己的威胁或拒绝。例如，有一次在商店，服务员要求桑迪的母亲出示身份证。桑迪的母亲认为这是服务员对自己的打扰和冒犯，而不是服务员在执行商场的安保策略。桑迪后来问母亲，为什么要对服务员那么粗鲁，她母亲却说服务员对自己粗鲁在先。

还有一次，桑迪的母亲说桑迪的丈夫"恶毒地骂她"，母亲还说自己都"没法复述"桑迪丈夫对她说的那些话。桑迪惊讶不已，奇怪丈夫怎么会对母亲如此粗鲁，于是去询问丈夫他与自己母亲之间的对话。丈夫解释说，桑迪的母亲为了她3岁的外孙没有带帽子而暴躁不已。他说:"我只说了一句话,'够了,我不想再听到关于那个帽子的事情了',除此之外,我什么都没说过。"桑迪的丈夫在听到岳母如何歪曲自己的话语之后非常震惊,岳母说自己举止粗鲁更是让桑迪的丈夫感到愤懑。

"她没有社交生活"

✦ 孤独是她的选择,不是你的选择

桑迪好几次邀请自己的母亲出去旅行,鼓励她参加各个组织的志愿者活动,或者参加一些俱乐部,以便结交一些和她年龄相仿的女性朋友。母亲对于集体活动统统拒绝,而且觉得出去旅行太过危险。渐渐地,桑迪放弃了鼓励母亲参与社交生活的努力。母亲就是喜欢一个人待在自己的房子里,门窗紧闭。

隐居者型母亲的成年子女必须尊重母亲想要与外界隔绝的欲望。不过,成年子女不必和母亲一道与外界隔绝。子女没有责任一定要让母亲高兴,也没有责任一定要把母亲带出她自己的保护壳,更不需要为母亲的隐居决定负责。子女越是努力想尽各种方法把母亲哄骗出来,母亲就会越恐惧、越怨恨。改变隐居者型母亲生活环境的努力一般不会成功。

"每件事都是阴谋"

✦ 以理性应对阴谋论

桑迪的母亲强迫性地观看每天的新闻报道,但她只看关于犯罪、谋杀、抢劫以及强奸的报道。她还像美国中央情报局的探员一样审视国际新闻,提出各种各样关于其他国家向美国发起攻击的狂野论调。桑迪母亲的生活方式就是假设每个人都在故意跟她作对。

隐居者型母亲的成年子女不应当嘲笑、讽刺或增强母亲的恐惧。他们必须保护好自己,不要屈从于母亲的焦虑情绪,只有这样成年子女才有能力

去理智地评估相应的情境。如果希望自己的人生能够过得充实并且有意义，那么成年子女就必须把自己从母亲的视角下解放出来——在隐居者型母亲眼里，这个世界充满危险。虽然隐居者被恐惧控制着，但是成年子女应当学着去控制恐惧。

　　隐居者型母亲的成年子女应当以理性为武器对抗阴谋论。例如，邻居在两家交界的地方建了一圈栅栏，桑迪的母亲对此怒不可遏。母亲要求邻居拆掉栅栏，并且指责邻居有意侵犯她的财产。桑迪向母亲指出，邻居家的栅栏是围着人家自己的院子建的，因此肯定不是针对母亲的攻击。桑迪的母亲逐渐冷静下来了，但她还是坚持说："走着瞧吧，他就是故意激怒我。"

"她的饮食和饮食习惯很怪异"

◆ 在舒适的环境条件下安排饮食

　　筹划一次社交活动——比如宴请或聚会——是一项足以压垮隐居者型边缘人格障碍患者的重担。焦虑让隐居者无法遵循菜谱的指示，她们决定不了要先做什么，或是该怎样布置餐桌。准备食物仿佛是一项难以承受的责任。有一次，那是一个星期天，桑迪的母亲邀请桑迪全家去吃饭。当桑迪和她的丈夫以及三个孩子到达母亲家里的时候，她惊奇地发现，餐桌上空空如也。桑迪检查了一下冰箱，然后发现里面只有几盒超市买来的果冻，几块已经干了的奶酪，以及一些不知何时吃剩下的肉。桑迪问母亲，她到底想不想招待他们吃饭，母亲回答说："哦，我是觉得，光是果冻就够我们吃的了。"

　　因为食物是要吃进肚子里，成为自己的一部分的，所以隐居者会害怕食物含有毒素，伤害自己或别人。桑迪的母亲总是过度烹饪肉类，因为她觉得这是唯一彻底杀死细菌的方法。而母亲坚持这样做的结果就是桑迪变得讨厌吃肉，并且在长大离开家之后变成了一个素食者。

　　在桑迪的童年时代，家庭用餐时间既不温暖也不愉快。桑迪的母亲经常会说，全家只是在"吃点剩饭"当作晚餐。在母亲眼里，吃饭就是把食物咽下去，而不是一段能够让家人享受情感愉悦和身体滋养的时光。作为一个成年人，桑迪尽量避免吃母亲做的饭。取而代之的是，她要么邀请母亲来自己家吃饭，或者提议一起去餐馆吃饭。桑迪想让母亲从准备食物的责任中解脱出来，因为母亲对这种责任承受不来。

许多隐居者用食物来调节自己的焦虑。隐居者与食物之间的关系反映了她们起伏不定的自尊水平。吃东西，对隐居者来说是一种自我安抚的手段，因此当她们感到非常焦虑的时候，她们可能会消耗掉大量食物。隐居者还会把自己对食物的这种感受投射到家人身上。有一次，桑迪为了准备期末考试正在焦头烂额，母亲忽然拿给她一袋饼干和一块蛋糕。她对桑迪说："你只要把吃的不停往嘴里放就好了。你就会感觉好一些的。"隐居者会无意识地吃掉很多食物，特别是在她们独自一人的时候，为了让自己感到充实，而做出这种绝望的努力。不幸的是，隐居者不久就会发现，充斥着自己内心的是愧疚与羞耻。

"她害怕的事情特别奇怪"

✦ 指出非理性的恐惧所带来的结果

隐居者害怕的东西五花八门，她们可能还会发展出强迫性的仪式行为。桑迪的母亲就是这样，她在离开自己家之前需要完成一系列仪式行为。她要把熨斗、炉灶、咖啡机还有各个门的门锁全部检查一遍，然后再重新检查一遍。隐居者可能还会把她们自己害怕失去控制权的恐惧投射到一些家用物品上，害怕这些东西过热引发火灾。

一些隐居者型母亲害怕自己被下毒、抢劫、攻击或者偷袭。一位隐居者型母亲因为害怕在有人敲门时候去应门，从不为邮差开门。许多隐居者都会在白天把窗帘拉上，她们避免在晚上出门，也避免去公共场所，别人敲门不应答，甚至不接电话。仅仅因为自己内心的恐惧，隐居者错过了生活中太多美好的事物。

隐居者型母亲的子女在成年之后，应当将母亲的恐惧最小化，而不是去嘲笑她们的恐惧。桑迪的母亲坚持要求桑迪每次离开她家回到自己家之后给她打个电话,以确认桑迪已经平安到达。桑迪拒绝了,因为打这样的电话只会强化母亲的恐惧。她向母亲解释说,如果自己真有什么三长两短,母亲一定会收到消息的。再多的保证也无法缓解隐居者的担忧。当母亲因为害怕房屋出现意外而拒绝出门时,桑迪并不与她争辩,而是说:"好吧,如果房子烧没了,你搬到公寓里去住就好了。"这就类似于"如果我出了车祸,警察会给你打电话的"。针对隐居者的恐惧,指出她们担心的事情真正发生之后会带来的结果,是唯一需要做的事情。

"她把我逼疯了"

◆ 设定边界,保护你清醒的头脑

隐居者型母亲会把焦虑传染给他人。有一次桑迪驾车,母亲也在车上。母亲不停地大声警示桑迪,诸如"看着!——那辆车转过来了!小心!他刹车了!"桑迪被母亲搞得又焦躁又紧张,无法集中注意力开车。桑迪干脆把车停在路边,说:"妈妈,你把我弄得这么紧张兮兮的,是在增加我出车祸的可能性!如果你再多说一句,我就掉头,把你送回家去。"

虽然隐居者并非蓄意破坏孩子的自信心,但最终却导致她们的成年子女难以接受与他人的亲密联系。如果他们觉得自己失去了对现实的掌控力,失去了清晰思考的能力,或者不能再展现自己的胜任力,那么这些成年子女就认为自己完全有权利和他人保持距离。

隐居者型母亲的子女在成年之后必须信任自己的直觉和感受。他们必须把自己的恐惧与母亲的恐惧区分开来,并且指出母亲非理性的恐惧会带来的结果。如果针对母亲的恐惧做出反应,而不是针对现实情境做出反应,后果将极为糟糕。

恐惧的危险

作为儿童，我们保护自己的母亲，因为我们是否能够生存下去取决于母亲是否能够生存下去。然而，作为成年人，我们的生存取决于我们保护自己的能力。在面临具体情境时，如果要决定事件的风险等级，那么隐居者型母亲的成年子女必须依靠他们自己的判断。既不要自动化地对母亲的恐惧做出反应，也不要完全否定母亲的恐惧，成年子女必须重新评估母亲行为中合理的成分有哪些。一些成年子女对隐居者型母亲强迫性的担忧报以敌意、怨恨或者冷嘲热讽。这些消极的行为反应会让隐居者型母亲感觉自己受到了贬低，这会强化她们的敌意，增加她们的恐惧。

针对恐惧做出反应会让问题变得复杂，对问题本身做出反应则会降低恐惧。过往无数案例已经证明，焦虑、恐惧和惊恐会导致死亡。加文·德·毕克尔写过一个男人遭遇鲨鱼攻击的故事。鲨鱼咬住了男人的胸口将他往下拖，男人害怕极了，但他还是努力寻找自救的办法。他把大拇指插进了鲨鱼的眼睛，鲨鱼立刻松开了它的森森利齿。把困难情境看作一个有待解决的问题，而不是让自己屈服于恐惧，这一点的差距有时就是生与死之间的差距。

隐居者型母亲的成年子女需要评估自己恐惧和焦虑的缘由。回答下面三个简单的问题有助于人们冷静下来：

1. 为什么我会感到焦虑？
2. 出现了什么问题？
3. 我如何解决这个问题？

找出焦虑的来源并且做出恰当反应，这是控制焦虑的精髓。一位职业是护士的来访者在心理治疗过程中讲了下面这个故事。有一天，医院来了一位上了年纪的中风病人,她没办法说话,只是躺在自己的病床上不断地发出刺耳的叫声和呻吟,一直到护士过来查看她的情况。我们的护士来访者工作已然超负荷,情绪也相当焦虑,但那位中风病人每次发出叫声,她都会跑过去看一下,尽可能频繁地关照着这位病人。但是,每一次只要护士离开了这个病人的房间,病人就会立刻开始发出哼哼唧唧的呻吟声。第二天晚上,轮到另一位护士来负责这位病人。第二位护士并没有内化这位病人的焦虑,她平静地对正在呻吟的病人说:"X 太太,我知道你希望我时刻关注你。但是,其他病人也需要我照顾。我会来看你的,但是呻吟和喊叫并不能让我提前赶来。请你停止呻吟吧。"这位护士离开了房间,而病人也停止了呻吟,耐心地等待护士回来。

以焦虑来应对焦虑,只会强化焦虑。以冷静坚定的安抚和保证应对焦虑,则会降低焦虑。成年子女有权利对自己的隐居者型母亲感到愤怒、烦躁和挫败。但是,他们也有责任以尽可能富于建设性的方式来处理自己的这些感受。否则,成年子女就是在重复自己母亲的行为,继而强化母子之间的恶性循环。贬低、讽刺或嘲笑自己的隐居者型母亲是毫无建设性的。在坚持自我的同时不轻视他人,这是一个人保持自己内心基本的善意所必需的能力。

步骤 1. 确认分离:"我是……"

"我母亲通过我间接地生存着。她确实依赖着我,需要我去告诉她,她要做什么。我照顾她,保护她,并且努力让她开心。只是我再也做不动这些了。"

在桑迪还是个孩子的时候,母亲告诉她:"你就是我的命,万一你出了什么事,我就去死。"隐居者型母亲通常会依赖自己眼里完美无缺的那个孩子来帮助她摆平一切,安全地活下去。母亲告诉桑迪自己没有桑迪就活不了了,这种角色的颠倒随着桑迪一天天长大而变得越发明显。隐居者可能会认为,自己的不幸全都怪家里的那个一无是处的孩子,而自己的幸福则来源于家里那个完美无缺的孩子。无论母亲投射到自己身上的是积极还是消极的内容,隐居者的子女都要竭尽所能与母亲分离。

桑迪的哥哥在母亲眼里就是那个一无是处的孩子。除非万不得已，他是不会和母亲联系的，就算和母亲联系了，他也会尽快结束对话。如果母亲在一无是处的子女成年之后继续损害他们的自尊，那么他们必须严格限制与母亲的互动。子女的自尊有时会像雪崩一样突然破碎，出其不意地把这些一无是处的成年子女埋进彻底失去自我价值感的冰冷深渊。边缘型母亲的一条消极评价足以引发已经濒临崩溃的一无是处的孩子的自杀反应。如果母亲对孩子持续不断地贬低，那么一无是处的孩子可能需要彻底断绝与隐居者型母亲之间的关系。

对于隐居者型母亲的孩子来说，如果想要获得个体性，那么他们就必须把自己从母亲的视角下解放出来，以对自身最有益的方式去采取行动。精神分析大师海因茨·科胡特（Heinz Kohut）曾说，"自我"就是"一个具备主动性和感知能力的独立中心"。因此，表达自我，需要一个人拥有从自己的利益出发而行动的能力。虽然桑迪理解自己的哥哥需要远离母亲，但桑迪的梦境中还是体现出分离焦虑。桑迪梦见自己拉着一个老妇人的手，和两个幼小的孩子一起走过一条晃晃悠悠的吊桥。桥上的木板早已腐烂，桑迪一踩上去木板就断开了。她透过木板的裂口向桥下瞟了一眼，下面是黑洞洞的深渊。但她已经快走到桥的中间了。桑迪意识到，自己无论是往前走还是往后退，都是一样的危险。

桑迪的梦境象征着，她跟随母亲自己就会有危险，但放开母亲的手又让桑迪感到恐惧。玛格丽特·黎托（Margaret Little）指出，"失去自己的身份认同，融入某个未知的同质化的总体，或永远迷失在一个无底深渊，这些念头让人非常恐惧、混乱不已，我们所有人都想要逃避这种念头"。桑迪可以不再抓着自己母亲的手。但是，放开母亲的手又让桑迪感到危险，就好像放手之后桑迪或母亲就会掉进下面的深渊一样。

桑迪以往所有的度假都带上了母亲。这一次，当桑迪决定人生中第一次自己带着孩子去度假时，她是这样对母亲说的："我需要离开一段时间，只有我和我的孩子在一起。我要去旅行。"向着个体化迈出这一步是极其艰难的。桑迪的母亲觉得自己被抛弃了，她乞求桑迪在离开这段时间每天晚上都给自己打电话。桑迪温和地说:"妈妈,你对不会发生的事情担心太多了。你的恐惧会传染给别人,我难以应对这样的情绪。我不想每天晚上都打电话给你。"桑迪的母亲顿时产生了防御性,以敌意回答说:"我不害怕任何事。你对恐惧一无所知。为什么你永远都长不大!"

桑迪触发了母亲的防御性反应,因为她过于直言不讳地说出了事实。于是母亲就把自己心中始终未能成熟的那部分投射到了桑迪身上,桑迪觉得母亲冒犯了自己,母亲的这种行为带给桑迪的感受和桑迪刚才的话带给母亲的感受一样的——自己受到了攻击。温尼科特曾说,"成年人必须一直走在不断发展不断成熟的道路上……"。而成熟就要求个体与母亲分离,无论她是否乐意。

虽然世界上没有任何一种方法能保证成功,但是和隐居者型母亲分离的方法中最富于建设性的就是使用"我是……"这种表述,同时避免"你……"那种表述。虽然同理心并不是任何时候都有效,但是如果桑迪可以这样说,那么效果可能会好一点,例如,"妈妈,我知道这对你来说特别艰难。但是,我已经筋疲力尽了,我需要离开一段时间。我需要一些独处的时间。请你理解。"

虽然母亲期望桑迪每天都打电话回来,但是桑迪可以根据自己的需要去行动。她需要和母亲保持一点距离,因此她在假期结束之前都没有给母亲打电话。桑迪回到家以后,她能够更好地控制自己与母亲之间的互动了。

和母亲之间的对话是冗长乏味的。桑迪会偶尔用"呃——嗯"或者"哦,真吗"之类的话来敷衍母亲"旁逸斜出"的思绪。在和母亲结束通话之后,桑迪会觉得自己像是被抽干了血似的。渐渐的,桑迪缩短了和母亲之间的通话时长,她的做法是不时插入"我是……"这种句型。当母亲给桑迪打电话的时候,桑迪冷静而坚定地说:"我手头有事情。你要和我说什么?"桑迪主导着两人之间的对话,让母亲的思绪保持在轨道上,一旦母亲的思绪又"旁逸斜出"了,桑迪就会终止与母亲的通话。

与母亲谈话期间,桑迪需要重复"我是……"这种表述两三次。母亲习惯于指派桑迪穿什么衣服,梳什么发型,甚至教训桑迪该如何抚育自己的孩子。桑迪对此的反应平静而坚定,"我有能力决定怎样对自己最好"。虽然桑迪不能改变母亲的观点,但是她可以拒绝被母亲的观点所改变。

隐居者型母亲的成年子女没必要为了安抚母亲而放弃自己的信念。稳定的分离需要坚持自己与母亲之间在意见和看法上的分歧及差异。桑迪的母亲经常诋毁一些成功的、有权势的人,她认为这些人都是邪恶、自私、贪婪的。当桑迪的母亲毫无根据地对其他人做出这样的消极评价时,桑迪回应说:"我对这些成功人士的印象很好。他们之中有些人可能是腐败的,但是也有许多人是值得信赖、努力上进的。"这时母亲会沉默下来,似乎在考虑桑迪的观点。

接受心理治疗数年之后,一天早上,桑迪在穿衣服的时候瞥见了镜子里的自己。对于桑迪来说,这是她人生中第一次感到自己是一个美丽的女子。她从自己的外表当中看到了一种柔和,这是她以前从来没有发觉的;她从自己的眼神当中看到了一种光芒,这是她自尊提升的表现。桑迪一直以来用母亲的视角看待自己,她害怕成功,害怕自我感觉良好,就好像悦纳自我、享受生活是一件危险的事情。桑迪还记得小时候,只要她为自己所取得的成就表现出自豪,母亲就会责备她:"你以为你是谁?"而现在,桑迪人生中第一次从自己的视角看待自己,她听见自己的声音在说:"我能够做出重要的贡献。我是一个优秀的人,我有权利对自己感觉良好。"

隐居者的成年子女不应该花费毕生的时间躲在母亲的"壳"里。他们必须让母亲自己决定自己的生活,而不要为了母亲牺牲自己积极生活的权利。

步骤2. 创建规则:"我会……"

"当我和我丈夫买第一个房子的时候,母亲想和我们在同一个小区里也买一个房子。我丈夫勃然大怒。他把翘着的二郎腿放下来,严肃地和我说,这件事情,免谈。告诉母亲我丈夫不希望和她住得那么近,这对我来说并不困难。困难的是,我没有勇气告诉母亲,我也不希望她住在我们附近。我总有一种感觉,如果我答应她在附近买房,她就会搬进来和我们同住。"

桑迪意识到母亲的期待不合情理,而且可能带来生命威胁,这时候桑迪终于能够鼓足勇气和母亲分离了。桑迪告诉母亲，他们不希望母亲在同一个小区里买房子，母亲一边哭喊着"没人愿意和我在一起"，一边努力去抱桑迪。被母亲抱着的时候，桑迪觉得自己就像被大章鱼缠住了似的，又嫌恶，又可怜。但她成功压制住了想要甩开母亲的胳膊并且说"呸"的冲动。

边缘型母亲的哭泣可能令子女厌烦，于是她的子女会丧失运用同理心的能力。哭泣是一种最早出现也是最基本的一种确认依恋关系的机制，能够触发来自他人的照料行为。朱迪丝·尼尔森（Judith Nelson）观察后指出，"无论最终的结果如何，哭泣的目的都是拉近抚养者与自己的物理距离，它首先也是最重要的目的是为了获得保护，其次是为了获得养育性的扶持，例如喂食或者移除那些讨厌、有害的刺激。婴儿哭泣是一种语言出现之前的沟通手段，意思是'过来，过来，我需要你'"。隐居者型母亲的成年子女可能会忽视母亲的眼泪，觉得这是母亲操纵自己的方式，并且对此感到怨恨。然而，隐居者的痛苦却是真切的。

最终，桑迪学会了区分什么是自己的需求，什么是母亲的需求。桑迪解释说，"妈妈，如果你有任何紧急情况，我永远都会来帮助你的。我不会抛弃你，但是，和你住得这么近我确实感觉不舒服。我需要有自己的生活"。桑迪发现，如果首先关注到自己的需求，安抚母亲反而会容易一些。

玛格丽特·黎托解释说，孩子被困在了进退两难的境地，一面是爱，一面是恨，孩子处在一种不可能的情境之中——他无法发展但在生物学上却发展起来了，并且保留了一些难以化解的部分。黎托写道，"如果仍旧保持依赖，那么就意味着被毁灭"。桑迪很害怕，如果她成为一个独立的人，那么自己的母亲可能会毁掉。她在这种恐惧中苦苦挣扎着。"成为一个人意味着……真的去毁掉自己的母亲，同时承受无尽的丧失感和内疚感"。

边缘型人格障碍患者缺乏客体的连贯性与一致性，因此她们一定会受到外部事件的影响，而无法联结到内心深处那个充满爱意、充满认可并且具有保护性的自我。所以，她们会去拼命依赖自己的孩子，把自己和孩子绑在一起。作为成年人，隐居者型母亲的成年子女可以选择付出多少，在情感上承受多少，以及在多大程度上牺牲自己的生活。

步骤3. 澄清后果："我不会……"

"我猜,我终于在五年前触底了……这个洞穴如此之深,伸手不见五指,我看不到自己的出路。就是在那个时候,我决定要接受心理治疗。现在,我终于觉得人生是我自己的了。我不再为幸福而感到内疚,我也为母亲做我力所能及的那些事。我知道,自己有权利去享受人生,当我想到母亲时,我只是觉得难过。她一生都活在恐惧之中,但这并不是我的错,保护她也不是我的职责。"

桑迪逐渐放弃了做自己母亲的"家长"。出乎她意料的是,母亲最终和一个寡居在家的邻居做了朋友,两个女性互相照应。因为隐居者需要一个理想化的他人来肯定她们,因此母亲有足够的动机去满足桑迪对她的期待。桑迪划定了界限,坚持言出必行,并且鼓励母亲变得更独立。当母亲开始吹毛求疵,桑迪就会冷静地说:"我不想听这些消极的评价。我觉得这些话对我们两个人都没有好处。"这样过了一段时间,桑迪和母亲之间建立了一种相对舒适的关系。

桑迪希望能够保持母女关系中那些积极的方面,但不要以牺牲自己的人生为代价。桑迪不希望和母亲住得太近,不希望每天都和母亲通电话,不希望听到母亲总是抱怨健康问题,除非足够严重。她向母亲澄清了自己的界限在哪里,明确、冷静而坚定。只要那些激怒她或者困扰她的行为一出现,桑迪就会马上指出来。

在应对母亲不恰当的行为时,桑迪使用了逻辑和自然结果法。在时间允许的情况下,桑迪会和母亲分享发生在自己生活中的一些简短的小事。如果母亲对此反应消极,桑迪就会在情感上和母亲拉开距离,立刻终止这次对话。桑迪学会了保存自己的情绪能量,像一个马拉松运动员一样调整自己的节奏,以避免自己出现情绪耗竭。桑迪量力而行地为母亲付出,但始终把重心放在自我保护上。

隐居者型母亲会走向一种悲剧性的孤独生活。成年子女既不可能取悦母亲,也无法保护母亲,而且他们也不应当尝试去控制自己的母亲。所有边缘型母亲的成年子女都应当认真听取加文·德·毕克尔的建议：

> 当一个人提出了一些别人难以做到的要求，例如完全服从于某些不合情理的命令，那么这时候应该做的就是停止谈判，因为很明显这是一个永远不会觉得满意的人。将讨论拉回原始事件并不是重点。这就好比两方在谈判桌上，一方要价百万美元，另一方只准备了五美元，或者一分钱都没有准备。在这种情况下，没什么好谈的了。

成年子女不能牺牲自己的生活、自己的理性、自己的健康或者自己的幸福，只为去保护自己的隐居者型母亲。成年子女的付出应当限制在他们自己感到安全的范畴内，不能更多，而且他们必须要让自己从内疚感中解脱出来，这样才能够去过好自己的人生。

边缘型母亲的孩子在努力与母亲分离的过程中所体验到的焦虑，其强烈程度是普通人无法想象的。而成年子女在与母亲融合的时候会感到灭顶的焦虑，会害怕自己虽然还活着，但却不存在了。因为隐居者型母亲害怕的就是活着，所以除了离开母亲，子女别无选择。

第 11 章
爱一个女王但不做她的仆从

> 女王的理由是,如果这些事情不能马上做完,她就要杀掉所有人,一个不留。
>
> ——《爱丽丝仙境历险记》

"只要事情没有如她所愿,那么就一定有人得付出代价。她争强好胜,盛气凌人,贪得无厌,并且嫉妒心重。她对我丈夫很粗鲁,这让我的婚姻亮起了红灯。可我能做什么呢?我又不能和自己的母亲离婚。"

和罗伯特·林肯一样,埃伦也在对母亲的忠诚和对自己丈夫的忠诚之间左右为难。历史学家尼利和麦克穆特说,"玛丽·林肯破坏了罗伯特的婚姻"。1871年,罗伯特·林肯和他的妻子分居了近一年半的时间,原因就是妻子与母亲关系紧张。

女王型边缘型人格障碍患者似乎并不知道自己会给成年子女和他们的配偶之间制造冲突。精神分析师露易丝·卡普兰解释道:

> 女王型母亲的孩子会被无情地利用,就好像这些孩子只是母亲自我的衍生物一样;母亲利用他们去操纵并摧毁潜在的敌人;利用他们来获得……骄傲的感觉……内心的不安定会带来一种无声的恐怖,而对他人的贪婪则会助长这种持续存在的空虚感。不可

避免的是，她们总有一天会用尽这些完美无缺的伙伴，毕竟，这些伙伴只是普普通通的人，他们有时候会觉得沮丧，他们不可能满足那些神乎其神的愿望，他们无法招之即来挥之则去，完全被他人所控制。

埃伦和她的丈夫因为埃伦母亲的无理要求而频频争吵。埃伦的丈夫给埃伦的母亲起了一个外号，"女王安妮"，因为没有人敢顶撞她。虽然埃伦努力去满足母亲的愿望，但是她对于母亲给她的婚姻造成麻烦仍然感到怨恨。相比之下，和丈夫分开似乎比和母亲分开还要容易一些。

女王的要求可以把成年子女整得精疲力竭，并且她可能认为这些子女是自私和不忠诚的。在对外公布有关母亲精神问题的文件之前，不少人都认为罗伯特·林肯是一个糟糕的儿子，背信弃义，对母亲不孝不敬。可实际上，罗伯特·林肯就像埃伦一样，由于母亲无休止地干涉自己的生活而痛苦不已，奄奄一息。

抵御无所不在的入侵

"永不满足"

◆ 让她统治自己的人生，而不是你的人生

女王需要他人的关注和崇拜，她们在这方面是贪得无厌、永不知足的，因此女王型母亲的子女可能无法满足母亲的这一需求。女王希望拥有自己小的时候没有的一切，但她们的子女无法补偿母亲的这些缺憾。他们既无法取悦自己的母亲，也无法控制她，或者改变她。但是，成年子女能控制自己应对母亲的方式。一旦成年子女把母亲的需求放在自己的需求之前，那么他们不仅要牺牲自己，而且还可能会牺牲掉自己的婚姻。

成年子女必须让女王去统治她自己的生活，而不是子女的生活，而且子女也永远不应当去尝试去控制女王型母亲。林肯一家的经历已经证明了试图去控制女王型的边缘型人格障碍患者会导致怎样的灾难性后果，人们应当牢牢记住这一教训。母亲从贝拉维疗养院出院之后，罗伯特·林肯曾经在给亲戚的信中写道："要说用某种方式去控制她，我向你保证并且也希望你写信告诉她这一点，在任何情况下，我都绝不会这样做……如果我之前能够预见我在这件事情上的遭遇，任何念头都不可能驱使我去经历这一切……我生活中那些寻常的困境和悲剧就已经够多了，别再加上这些了。"罗伯特学到了，应当忽略母亲的非理性行为、乱发脾气、报复性的威胁以及强迫性的挥霍无度，只是或许已经太迟了。女王型母亲的孩子必须允许母亲自我毁灭，与此同时要保护好自己。

对于女王型边缘人格障碍患者来说，手握权力的人是一种威胁，这些人就包括了女王型母亲已经长大成人并且打算控制她的子女。虽然说不上危害社会，但是玛丽·林肯强迫性的挥霍无度显然是一种非理性的行为。女王型母亲的非理性行为具有"边缘"性，因此会给她们身边最亲密的人带来最大的威胁。在罗伯特还是小孩子的时候，林肯夫人曾跟她的姐妹提到，她考虑过弄死这个儿子。罗伯特成年之后，林肯夫人被罗伯特试图控制她的行为激发，发出了直接的谋杀威胁。罗伯特的错误在于，他尝试去控制自己的母亲，而不是单纯地保护他自己。

成年子女需要告诉自己的女王型母亲，什么时候她的期待是不合理的，或者不恰当的。埃伦学着不去控制自己的母亲。当母亲的要求超出了埃伦的能力范围时，埃伦会说："妈妈，我丈夫是排在第一位的。我希望你能够开心，但是我不能为了你放弃陪伴我丈夫的时间。"母亲用充满嘲讽的投射回应埃伦："你只关心你自己，别无其他。"但是，埃伦自己心里知道，自己确实在乎母亲是否幸福。就像应对抱着不合情理的期望的小孩子一样，成年子女必须向女王型母亲解释清楚，自己能够做到的界限在哪里。

如果想对他人产生积极的感受，其关键在于对自己保持积极的感受。如果成年子女拒绝被女王型母亲激怒，那么他们就能够成功地维护自己的自尊与尊严。在这个问题上，埃伦十分赞同罗伯特·林肯的观点："她把愤怒投向我，但我不会允许她的愤怒对我产生任何效果，除了痛惜——她面对我时居然如此感受、如此表达。"

"她绝不接受别人说'不'"

◆ 用你的实际行动说"不"，而不要只用语言

女王从过往经历中学到，自己的索求无度最终会带来别人的驯服。有一位女王型母亲直言她为自己"操纵别人"的能力感到自豪。对他人进行情感操控是女王的特长，它为女王带来了自尊和安全感。因此，对于想要保护自己的幸福、情绪能量以及财务资源的成年子女来说，能够对女王型母亲说"不"尤为重要。

鲁道夫·德瑞克斯建议家长学会对孩子过度寻求关注的行为说"不"。德瑞克斯解释说，"乍一看，理解如何区分过度和适度的关注似乎是一件相当困难的事情。你是否有能力把情境当中的各种要求看作一个整体，这是区分过度和适度之间差异的秘诀。参与其中和相互合作需要家庭中的每一个人都要做到以情境和事件为中心，而不应该以自我为中心"。

觉得自己有义务去满足来自父母的无理要求和觉得自己有义务去满足来自子女的无理要求，这二者同样有害。虽然成年子女可能会担心母亲认为自己对她不孝顺，但是他们首先应该担心的必须是自己的需求。鲁道夫·德瑞克斯鼓励家庭成员去关注情境的要求，而不要担心其他人在想什么。

在一个案例中，女儿宣布自己要结婚了，女王型母亲坚持要为女儿策划整个婚礼，就好像要结婚的是她而不是她的女儿。女儿希望自己的婚礼简单、低调，而母亲想要的是一个盛大而奢华的结婚庆典，这与女儿的需求正相反。由于女儿坚持自己的想法，女王型母亲拒绝参加女儿的婚礼，并且向亲戚抱怨女儿把自己拒之门外，不让她参与到女儿的人生当中。

在另一个案例中，一位女王型母亲为了激起女儿的内疚感而装病并形成了固定模式，其目的在于避免被抛弃。这位母亲患有糖尿病，在女儿举行婚礼的前一晚，她因为糖尿病引发昏迷而被送到了医院。虽然女儿内心充

满了内疚和焦虑，但是她仍然决定如期举行婚礼。女儿后来发现，自己的母亲蓄意在婚礼之前一周停掉了自己的胰岛素。

上面两个案例中的成年女儿都面临他人的指责。在外人看来，这两个女儿都做错了事。人们责问道，"你怎么可以在母亲不在场的情况下举行婚礼？""你怎么能在母亲还躺在医院的时候照常去度蜜月呢？"女王型母亲的成年子女必须认识到，那些心理健康的母亲想象不出女王型母亲对自己孩子的操纵程度。所以，外人只能推测孩子是自私的那一方，母亲是没有问题的。

尝试和女王型母亲分离可能会引发像火山爆发一样的强烈后果。所有人都能看到火山爆发时的浓烟，流淌着的炽热岩浆，但是绝少有人能理解地表之下是哪种力量引发了这次灾难。女王型母亲和她们的孩子就好像地理学上沿着断层线分布的两块地壳构造板块。一旦她们结成同一个整体，那么她们之间的分界线在强烈的张力和压力条件下就是脆弱不堪的。地表上能够观察到的任何一次地震或者火山爆发，都是地表之下的力量长年积累的结果。虽然没有什么能够消除这样的灾难，但是成年子女可以学着预测它们，因为它们总是伴随着与母亲分离的尝试而发生。预测灾难和未雨绸缪的能力有时意味着生与死之间的差异。

如果做不到对母亲说"不"，女王型母亲的成年子女就无法指望能够掌握自己的人生。子女必须要做出决定，是保护自身利益，还是接受自己甘愿被母亲剥削利用的事实。虽然分离会让成年子女焦头烂额，但是无法分离对他们来说则是一种毁灭性的打击。面对分离，女王可能会怒火中烧，但是分离并不会毁灭她们。

"没有什么是无偿给予的"

✦ 对隐含着附带条件的礼物，保持警惕

埃伦的母亲是一位富有魅力的女主人，客人常常大加赞赏埃伦母亲准备的精美食物和奢华餐桌。母亲在人前表现得骄傲而光彩照人，可是一旦

宾客散去，她立刻叫苦连天，她会抱怨自己做这些事情是多么辛苦，别人对她的贡献多么不知道感恩。埃伦的母亲对他人往往充满了怨恨，而她送给埃伦的礼物经常让埃伦感到自己亏欠了母亲。

女王型母亲内心的空虚感会扭曲她们对人际互动的认知。无论别人如何欣赏、爱慕、看重，甚至崇敬她们，女王都会觉得失望。女王给别人的礼物总是隐含着附带条件，因为她们的礼物和她们对自己的感觉绑定在一起。女王给予别人东西是因为她们想要换取自己需要或者想要的东西。她们会把自己的欲望投射到别人的身上，然后惊奇地发现，别人居然没有对自己的礼物感恩戴德。林肯夫人给自己孙女购买的奢华服饰让罗伯特的妻子吓了一跳。下面这段话摘录自玛丽·林肯给自己儿媳的信件，它反映了玛丽·林肯对于自己的礼物非常不恰当一事"天真无知"：

> 亲爱的：
> ……罗伯特在信里说，对于我给小宝贝买的衣服，你觉得相当惊诧——当然，这些衣物是用最朴素的布料制作的，并且如果这些衣服上稍有装饰，那也绝对算不上什么出格……你从来没有和我提过，你是不是有两间起居室，或者你家有多少扇窗户。但是，我希望你，在收到这封信的当天，能够去弄一些丝绸，而不是精仿羊毛，来作为窗帘，好搭配你的地毯颜色，再换个钢琴琴套——加上蕾丝花边——还有房间的各个檐口，这些都算在我的账上。当然，你一定会赶紧做好这些事情的，你绝对不会等到客人来访——新年时——还让家里的窗户光秃秃。

林肯夫人的这段文字，显示出女王型母亲具有指定成年子女做什么、在哪住、穿什么衣服以及如何养育孩子的倾向。女王型患者具有极端的侵入性，她们会把自己的品位、价值观和偏好强加在自己已经成年的子女及其配偶的身上。一位已经成年的来访者提到，有一次自己下班回家，发现母亲在没有事先告知的情况下来到了家里，并且把所有的家具都换了位置。

女王会送给别人奢侈的礼物，但她无法赠予对方他们真正需要的东西，这两种特点共存在女王身上，反映出女王渴望被纵容、被溺爱。别人可以看到女王看不到的东西：她想要成为关注焦点的欲望已经失去控制，既可悲，又令人毛骨悚然。周围人常常替女王型患者感到尴尬。女王希望被别人一眼就认出来，希望别人关注自己，希望控制一切，这些需求都会导致女王型患者的行为引发其他人尴尬的感觉。女王型母亲的孩子可能会因为这一点，成长为一个极度注重隐私的人。在某些历史学家眼里，罗伯特·林肯就是一个强迫性地保护隐私的人。

当女王觉得对方不够欣赏和感激自己的时候，她们可能会要求对方退还礼物，或是从此和对方断绝联系。后来，玛丽·林肯要求她的儿子和儿媳退还她送给他们俩的所有礼物。女王型患者内心贫瘠的自我没有任何可以给予他人的东西，她们渐渐发现需要给予对方的东西自己送不起，便会对此感到怨恨。

女王型母亲的成年子女应当只接受那些既不会让他们觉得亏欠了母亲，也不会让他们觉得不舒服或内疚的礼物。埃伦的母亲曾说要给埃伦买一辆新车，这让埃伦很心动。但是埃伦的丈夫怀疑岳母的动机，他建议埃伦不要接受母亲的礼物。为了避免引发母亲的敌意反应，埃伦说："妈妈，我很感激你这样提议。可是，收这么贵重的礼物，汤姆和我都觉得不自在。这笔钱说不定你自己会用得上的。"女王型母亲的成年子女应当避免和母亲纠缠不清。他们应当做的是，努力实现并向母亲展示自己在经济和情感上都能够独立自主。

"我不相信她"

◆ 寻找真相的核心内容

女王型母亲会通过说自己生病了或者出意外了来吸引自己孩子的注意力。罗伯特·林肯对于母亲说自己这里生病那里有问题早就习以为常，以至于在母亲去世之前，他低估了母亲健康状况恶化的严重程度。埃伦的母亲有时为了引起别人的关注而撒谎。埃伦大部分时候会对母亲说的话打个折扣，但她也担心母亲可能什么时候说了真话而自己却听不出来。埃伦尤其不相信母亲有关身体健康状况的抱怨，这些抱怨从偏头痛问题到所谓的中风。埃伦在倾听母亲抱怨时会留意前后不一致的地方，会记住母亲对同一个故事的不同叙述，还会去寻找证据来检验母亲言辞的真实性。除非能够确认客观事实，否则女王型母亲的子女不知道做出怎样的反应才合适。成年子女需要和母亲的医生去沟通，从而获得母亲的病历和检验结果的复印件，以此了解母亲说话的真实性。无论是不是会冒犯到自己的母亲，成年子女必须了解关于母亲健康和安全问题的准确信息。除非有医学报告证实，否则女王型母亲的成年子女很难知道母亲真正的健康状况。

"我已经厌倦了她那些战争"

✦ 选择你自己的战争

女王型母亲会不断地挑起事端，引发冲突，并且把自己的子女卷入一场又一场的战争当中。女王型母亲和国王型配偶分手，将不可避免地导致孩子把对于父母的爱与忠诚撕成两半。成年子女必须拒绝被女王型母亲拉入自己的军营。

声称自己被虐待，威胁要报复，比如说威胁要告上法院，这些都是女王型边缘型人格障碍患者惯用的办法。埃伦的母亲拉帮结派，要么靠自己的怒火，要么靠蓄意改编故事来赚取别人和自己结盟。只要没有获得胜利，那么埃伦的母亲就永远都不会停下来。虽然埃伦的父母早在许多年前就离婚了，但是埃伦的母亲还是对埃伦与父亲之间的亲情又愤怒又嫉妒。当埃伦发现母亲有时候故意阻止自己与父亲见面，她简直要气疯了。她觉得自己被母亲玩弄于股掌之中，觉得自己被拉进了一场根本就和自己无关的战争。埃伦告诉母亲："我有权利爱我的父亲，无论你对他有怎样的感受。"成年子女可以，也必须，让自己从女王型母亲的战争中脱身。这些战争的对象可能包括邻居、学校以及她所属的各个集体。

鲁道夫·德瑞克斯解释了女王型母亲渴求关注行为背后的动机："她的行为就是在说，'除非你关注我，否则我就一文不值。只有当你围着我转的时候，我才占有一席之地'。"即便是负面的关注似乎也能填补女王的空虚感，因此冲突和争议总是伴随着她们。《玛丽·托德·林肯》一书形容她是"美国历史上最令人厌恶的女性公众人物之一"。

"我不要再受她控制"

◆ 说"不"，仅此而已

女王型母亲对待自己的孩子，要么把他们当作仆从，要么他们当作物品。如果成年子女要去爱女王型的母亲，他们需要紧握自己的力量，并且使用这种力量来保护自己。女王型母亲的孩子如果学不会说"不"，他们就会被母亲狠狠地"剥削"。但是，无论是不是女王型母亲的孩子，对女王说"不"都是一件极端困难的事情。

成年子女可能需要积累很多年才能够鼓足勇气告诉母亲，自己真实的感受是怎样的。就像被飞驰的重型货车碾过，他们觉得自己瞬间被轧平了，根本没有能力去思考要说什么。玛格丽特·黎托曾经讲到，在温尼科特那里接受精神分析治疗之后，她如何有了勇气去面对自己飞扬跋扈的母亲："这是我人生中第一次对我母亲爆发，因为她那些粗鄙的嘲讽，因为她那些自作聪明的废话。我告诉她我真正的感受：她并不和蔼可亲而是荒谬可笑，她就不该结婚也不该有孩子，还有很多类似的想法，完全没有考虑这些话会对她产生什么影响。"黎托继续写道："说了这些话之后，直到两年后她去世，我都没有再见过她。但是我对自己的行为没有过一丝后悔。"女王型母亲可能会暴怒过甚，以至于别人会在心里默默地说"我无法相信你！"在生命中的某个时刻，成年子女必须告诉母亲，自己的真实感受。

当成年子女最终鼓足勇气告诉母亲自己的真实感受时，他们会觉得自己不再是一个孩子了。埃伦的母亲之前是一名舞者，她强迫埃伦在小时候去上芭蕾舞课。但是，埃伦是一个练体育项目的好苗子，而且埃伦自己对体育的兴趣也胜过芭蕾舞。埃伦还是小孩子的时候，她没有其他选择，不得不顺从母亲的意愿，在芭蕾舞班里忍耐了5年。长大之后，埃伦挣扎着，不知道是否该告诉母亲自己的真实感受。

母亲给埃伦打电话抱怨自己很忙，埃伦回答说："妈妈，我也很忙。事实上，我本来还想请你帮帮我的。"虽然埃伦的母亲认为自己受到了冒犯，但是埃伦觉得自己有权利要求获得同等的待遇。就这样，埃伦慢慢地挣脱了内疚感套在她身上的枷锁，过去母亲曾用内疚感来控制她。现在，她也再也不认为母亲的需求比她自己的需求更重要了。

"一切都得围着她转"

◆ 那你呢？

女王型母亲会把自己遇到的不便利当成是不公平，对别人的需求则视而不见。她们觉得自己身处的环境异常不舒服，极端令人苦恼，并且特别不公平。女王型母亲的成年子女需要保护自己，远离母亲对同情或特殊待遇的不当诉求。

有一次，埃伦的母亲忽然主动跟埃伦说，自己可以在暑假里照看埃伦的孩子们。掂量过利弊之后，埃伦对母亲的动机产生了怀疑。以埃伦对母亲的了解，母亲做出这样的提议是一件很奇怪的事情。就在这时，埃伦突然想起了母亲说过的一句话，"就让我去你家吧。这样的话，你方便些。"埃伦感到不能相信母亲。后来，埃伦意外发现，母亲正在和一个男人约会，而这个男人前不久刚搬到了埃伦家所在的社区。埃伦意识到了母亲的真实动机，她当面告诉母亲，母亲的这种做法完全不光明磊落，并且提出，如果母亲真心想帮忙照看孩子，那么就等到明年夏天。

埃伦处理这件事情的方式是恰当的。她表达了自己对母亲的不坦率感到失望，并且保护了自己的利益。鲁道夫·德瑞克斯曾说：

> 我们想要取悦我们的子女（父母），这是很自然的。如果我们

满足了他们的需求,我们自己就会感受到极大的满足感。但是,如果当我们试着去满足子女(父母)的需求时以牺牲秩序为代价,或者出于恐惧而妥协于他们的过分要求,那么这就是危险的行为,我们应当警惕起来……一旦子女(父母)的欲望或要求违背了基本的规则,或者和当时的情境不相适宜,那么我们必须有勇气表达出我们认为的最优决策,坚持说"不"。

关于自己是否有资格满足自己的需求,女王型母亲的成年子女会产生复杂和痛苦的感受,需要费力去应对。在女王型母亲身边,这些成年子女经常禁不住想到:"那我呢?"但是,如果他们把自己的这种想法说出来,会被认为是一种自私的表现。《玛丽·托德·林肯》的作者贝克在书中对于罗伯特·林肯就进行了此类描述。贝克指责罗伯特迫害自己的母亲,罗伯特声称自己的母亲有精神疾病"是一种诡异而带有毁灭性的防御机制,他这样做更多的是为了保护自己的体面,而罔顾自己母亲的福祉"。女王型母亲的成年子女不可能胜利。如果他们说出自己的母亲有精神疾病,那么他们只会被指责:作为子女怎么能攻击自己的母亲呢?然而,只要不承认治疗需求真实存在,对精神问题的干预就无法开始。

边缘型母亲认为个体化对她们是一种侵害,而持这种观点的人并非只有边缘型母亲——成年子女也是这样想的,他们害怕与母亲分离会毁掉自己的母亲。"原谅我活在这个世界上",这种表达体现了女王型母亲的成年子女内心充斥着羞耻感,他们认为自己的出生是一种羞耻,他们认为自己有个人需求是一种羞耻,他们认为发展自我也是一种羞耻。一个孩子努力去获得自我,保护自我,或者表达自我,这些努力不断被外界所挫败,这是一件多么可悲的事情啊。而挫败他们的不但有他们的边缘型母亲,还有整个外部社会。时至今日,罗伯特·林肯仍然被一些历史学家指责,认为他背叛了自己的母亲。

在镜子中照出自己，而不是女王

女王型母亲借助条件反射训练自己的孩子，让他们积极回应自己的需求。年幼孩子的整个行为模式表明，他们可以为了获得母亲的爱做出任何事。女王型母亲年幼的孩子愿意顺从母亲，维护母亲，崇拜母亲，牺牲自己的需求来赢得母亲的爱。只有在成年之后，子女才有机会把自己的需求和意愿与母亲的需求与意愿分开。如果臣服于女王型母亲无休止的需求，子女只能放弃自我，而他们的心理健康则会陷入危机。詹姆斯·马斯特森通过观察指出：

> 在正常的发展过程中，母亲会让孩子体验到不同程度的挫败，逐步升级，这样孩子就会学到，他们不是总能随心所欲地得到自己想要的东西。到了某个时刻，儿童的自我就会意识到、接受并且内化这种概念，儿童能够理解到正常的生活是包含着失望的，这是生活的本来面目。然而，如果孩子的自我被"绑架"了，那么他们就很难发展出对挫折的耐受力……当自我的发展进程受到了阻碍，控制感就无法被内化，也不会凝聚为自我当中一个可以依靠的力量来源。

不幸的是，无论是女王型的母亲还是她们的孩子都因为自我的发展进程受到阻碍而深陷泥沼。女王型母亲无法为孩子提供她自己也没有的那些东西，她们只能利用孩子作为"镜子"来照出其自我价值。这种异常的教养模式导致的结果就是孩子自我的异常，孩子要么以愤怒和叛逆回应外界，并且感觉自己毫无价值，要么以假意顺从回应外界，同时内心感到无限的空虚。

通过心理治疗，女王型母亲的成年子女未能表达的自我将会显现出来，这是他们藏在母亲镜子背后的真实自我。如果没有治疗的干预，成年子女可能会继续体验到空虚、不满足、抑郁和无望。詹姆斯·马斯特森指出,"只有当他们被动、顺从、黏附着某人以获取情感支持并且臣服于此人的时候,成年子女才会感觉良好,并且觉得自己真的'被爱'着……成年子女的感情生活长期充斥着愤怒、挫折和阻碍重重的感觉"。成年子女必须学会"镜映"自己真实的自我,而不是去做母亲的镜子。

埃伦接受心理治疗的目的是处理自己深渊般的空虚感,起初她并没有意识到自己有多么害怕与母亲分离。埃伦将自己的愤怒与挫败感错误地指向了自己的丈夫,因为丈夫厌恶埃伦的母亲插手他们的婚姻生活。开始心理治疗之前,埃伦差一点就要离开自己的丈夫了,却从没有想过与母亲分离。潜意识中的感受主宰着我们的人际关系,如果没有治疗的介入,这些状况是很难改变的。

成年子女需要外部的帮助来学习如何发展自我,如何镜映自我。拼命去满足女王型母亲的需求只会阻碍成年子女的自我发展,让他们持续体验到空虚感。温尼科特曾说,"关于一个婴儿如何成长为一个儿童,一个儿童如何成长为成年人,我们现在已经了解到了大量的知识,其中首要的原则就是,健康的成长就是自然成熟……发展的驱力源于孩子本身"。

女王型母亲的成年子女需要成熟,也渴望成熟,以摆脱心中的挫败感、奴性、怨恨与空虚。成年子女必须采取如下步骤:

1. 保卫自己的权利
2. 尽可能不提供过分的关注
3. 用行动而非语言说"不"
4. 只在你真正有需要的时候,才提出请求

这些步骤并不容易做到。仅凭一份书面指导,是无法促成改变发生的。认为个体独立会毁掉自己或毁掉母亲,这种潜藏的恐惧如果能够成功解除,那么改变才会发生。如果获取了相关知识,但心理治疗没有跟上,那么阅读一些心理自助类书籍只会增加成年子女的挫败感。因为心理自助类书籍无

法帮每个读者揭示他们心中深埋的内容，也不能一一识别出不同读者潜意识中的情感需求。只有正确的心理治疗才能帮助你在"知道该做什么"和"如何能够做到"之间搭建桥梁。下面所讲的几个步骤，在没有心理治疗师帮助的条件下是无法完成的。

步骤 1. 确认分离："我是……"

"我的母亲在我出生的时候就失望得一塌糊涂，因为我身上有我父亲的特征。这就像是一场旷日持久的战争。我花费了生命中太多的时间努力让自己不要像她那样，可现在我都不知道自己是谁了……"

埃伦发觉自己隐藏在母亲的镜子背后。埃伦学会了通过在自己与母亲之间划分界限来肯定自己的存在。女王型母亲的孩子很容易发展成边缘型人格障碍患者，因为这些孩子为自身的需求感到羞耻。这些孩子的自我结构不可避免地缺乏内聚力，这导致他们对拒绝和失败极为敏感。这些孩子往往具有自我苛责和完美主义的倾向，并且挣扎在寻找自我认同的道路上。确认和女王型母亲分离意味着子女要在"我"与"非我"之间设立边界。

一旦发现越界的事情，就应当立即把这些越界的行为指出来。但处理情绪需要时间，因为情绪体验是一种内部的感受。有一天，埃伦下班回到自己家里，却看到母亲在自己的花园里面种花，埃伦感觉自己的胃都紧缩成一团了。她走向母亲问道："你在做什么？"埃伦意识到内心有一团怒火在慢慢燃烧，她的身体体验到一种强烈的被侵犯的感觉。女王型母亲对他人生活的入侵常常令人如此震惊，以至于对方来不及反应。

成年子女必须向边缘型母亲展示自己与她们之间的分界线在哪里。就像在沙盘上画一条线，"我是"这种表述确认了个体与母亲的分离。埃伦说："你没有问过我，我是不是想要在花园里种花！也许你只是想帮忙，但我很生气。"指明"这是你，这是我"有助于建立一条保护性的边界，对母亲和孩子双方都好。划出领地是将自我掌控在自己手里的关键。

女王型母亲认为，她的孩子和她兴趣一致，品味一致，价值观也一致。没有边界，女王就会统治一切。因此成年子女必须指明边界，而不是把自己母亲的行为归因于消极的动机。当她们的行为被归因于积极的（或者中性的）动机时，女王型的母亲最有可能对这种反馈做出反应。虽然埃伦的母亲刻薄地说："你从来不感激我做的任何事情！"但埃伦只是平静地回答："这不是事实。"无论女王型母亲做出怎样的反应，成年子女必须守住自己与母亲之间的分界线。

步骤2. 创建规则："我会……"

"她有太多方法能够搞定我了。我从来不告诉她我正在想些什么，也不告诉她我有怎么样的感受，因为我不想让她知道我真实的样子。这是我唯一能够获得一些控制权的方式了。"

约翰·冈德森警告说，边缘型患者通常会操纵他人，从而让他人配合自己的需求。埃伦觉得自己被母亲的控制网牢牢缠住了。当埃伦和她的丈夫刚结婚的时候，埃伦的母亲曾经提议她来给小两口买房子。但埃伦发现，母亲最终的目的想要搬进来和他们同住，果断拒绝了她的提议。女王型母亲会把自己的孩子引诱进陷阱，这些陷阱不但会害了孩子，也会害了她自己。

女王型母亲对子女生活的侵入必须被抵抗，她们的贪婪必须被限制，而她们的愤怒也必须加以忍耐。成年子女务必对自己保持诚实。埃伦自创了一段话，给自己鼓劲，来坚持自己的自主权。当埃伦觉得自己又要倒退为母亲的仆从时，她会这样和自己说："我是我自己的主人。我会做对我自己正确且有利的事情。我不会允许其他人来控制我的。"这种对真实自我坚定而不动摇的承诺需要个体效忠于自我，因为这是个体生命中唯一一块自由的领地。

步骤3. 澄清后果："我不会……"

"我不会再次失去自我了。我辛辛苦苦才成为今天的我，我现在终于觉得我有权利拥有自己的人生了。我的丈夫和孩子有权利使用我的情绪能量——但我母亲不行！"

多年以来，埃伦臣服于母亲对他人时间和关注的需求。她陪母亲逛一次街就要几个小时，而这些时间她原本可以用来陪伴自己的丈夫、孩子或朋友。埃伦允许母亲借走了很多衣服，有些衣服母亲再也没有还给她。埃伦还不上班，只为开车送母亲去医生那里，而不是让母亲自己去，或者建议母亲找朋友或邻居开车送她去。埃伦需要首先承认自己的感受是真实、恰当的，然后改变才能够发生。在发现了自身的局限性之后，埃伦向母亲澄清了这些行为的后果。

澄清不当行为的后果，可以消除成年子女的无力感和被支配感。行为，可以是一个选项，而不必是一种反应。澄清后果能够为他人提供有关如何行动的选项：如果选择了"A"行为，就会出现"B"结果。应当把逻辑和自然结果作为针对不当行为的反应，但是运用逻辑和自然结果法时需要对个人底线保持清醒。诸如"我要疯了""我没法忍受这些""我受够了""我感觉走投无路了"等想法就是提示个人底线的一些指征。认清底线对于个人的生存至关重要，但这并不意味着放弃。

"我不能继续下去"和"我不能像这个样子继续下去"，这二者之间存在本质区别。母亲总说埃伦是个很糟糕的女儿，埃伦对此感到恶心而厌烦。她对母亲说："你有我这个女儿是你的幸运。下一次你再说我是一个不好的女儿，我就把电话挂掉。"如果埃伦说"我不能忍受你用这样的方式对待我"，她的母亲是听不明白的。女王型母亲并不知道自己的行为会对他人带来怎样的影响，也不知道哪些行为是在正常范畴内的。冒犯他人的行为、言辞或语气必须要具体指明，否则它们就不可能改变。女王型母亲意识不到自己的期待是不切实际的，只要没有人告诉她们，她们就永远意识不到。虽然埃伦学会了告诉母亲自己的感受，但母亲的反应是，她告诉埃伦，埃伦的要求太高了。无论子女如何清晰且谨慎地表达自己的需求，女王型母亲都可能无法做出恰当的反应。我们的目标并不是改变女王型母亲，而是改变一个人如何对女王型母亲做出反应。

女王型母亲可能会在她的"镜子"面前花费一生的时间。因此，她们的孩子必须去找到自己的那面镜子，可惜埃伦人生的前30年一直活在母亲的阴影之中。玛格丽特·黎托曾经将精神分析比喻成一面活生生的镜子。通过精神分析治疗，女王型母亲的子女能够从分析师眼中的镜子里看到自己，这面镜子中反映出的是他们真实的自我，并且在这面镜子的映照下，自我得以成长。否则，就如詹姆斯·马斯特森观察到的那样，"以虚假自我的防御机制去对抗内心的空虚，这样的人生将终结于真正的空虚"。

第 12 章

和女巫一起生活
但不成为她的受害者

> "我一直是个邪恶的人,但是我从来没有想到像你这样的小女孩居然可以打动我,终止我邪恶的行径。"
>
> ——《绿野仙踪》

"我的家乡辽阔而荒芜,因此那里的人都喜爱饮酒。公路两旁是高高的草丛,里面藏着肮脏污秽的贝壳,它们曾经包裹着我们用来自我毁灭的工具。离公路再远一些,是大片浅浅埋葬的坟墓。有一个声音一直拉着我们向那里靠近。那是一首伴随着我们离开的挽歌,在刺耳的风声和过往车辆接连的呼啸之中,几乎听不到它的声音。我知道你能感受到它,即便你的大脑已经因为无聊而变得迟钝。天空沉沉地压下来,美得叫人痛苦,但我从没有妄想过逃离这里。"

13岁的林恩写下了这种行尸走肉一般的感受,她觉得自己是一个被流放到极北苦寒之地的"无根之鬼"。然而,林恩的家乡并非别处,就是田园般的美国。可是,她迟钝而空洞的眼睛,显示出她灵魂的凋零。

女巫型母亲的孩子可能感到自己与生活断绝了联系,感到自己的内心已经死去,"被困在一个有着绝对主宰的世界里,一个对生命、对任何尊严或抗拒的信号都充满敌意的世界里"。和身体的死去不同,人类的精神世界是慢慢枯萎的,就像缺水的植物,而"幸存者身上残留的任何纯净感和价值感都会遭到毫不留情的攻击",迫使这些个体最终屈服。身体变成了沉重的枷锁,心灵一片荒芜,眼睛这面镜子反映出个体的意志已经完全被打垮。一个人行动着,却没了魂;一个人活着,却不存在。

心理治疗师竭尽全力想去拯救女巫型母亲的孩子。虽然女巫型母亲的出现也许只是一个瞬间,随后好妈妈就会回来,但是孩子们在这一瞬间亲身经历了彻头彻尾的无助以及无法逃离的绝望。沙漏里的流沙在持续落下,而心理治疗师则成为这些孩子的生命线,让他们可以握在手中,支撑下去。总有一天,时间会还给他们自由。当孩子们长大成人,他们可以依靠自己脱离苦海。

精神分析师欧内斯特·沃尔夫解释说,拥有"融合饥渴"人格特质的个体必须主宰他人,"他们常常体验到自己对控制力的需求……那感觉就好像自己被压迫了似的"。女巫型边缘型人格障碍患者具有融合饥渴这种特质,因此她们想要完全控制自己的孩子。鲁道夫·德瑞克斯表示,"当家长与孩子之间的力量对抗越来越严重,升级为一方努力征服另一方的情形时,可能会发展出激烈的报复举动。而孩子一方面对挫败时,可能会将复仇看作让自己感觉强大和重要的唯一手段"。

母亲眼里一无是处的孩子最有可能陷入无尽的焦虑之中,这些孩子的首要功能就是作为容纳女巫型母亲自我憎恨的容器。就像女巫型母亲身上一个已经萎缩的附属器官一样,一无是处的孩子感觉到的是麻木、无用以及轻视。有些孩子会为生存而反抗,努力与母亲切割开,以获得自由。这些孩子感受到母亲憎恨自己,由此学会了去憎恨。女巫型母亲的成年子女经常报告自己梦到集中营、大屠杀、人祭和各种酷刑折磨,他们还时常梦到杀死了抓捕他们的人,杀死了自己的母亲或者杀死了自己。林恩曾经写道,"我的心灵是这座监狱里一间黑暗肮脏的小牢房。我无处可去……只能原地踏步……没有一丝欢愉。"

母亲眼里一无是处的孩子还会梦到自己被判入狱。这些孩子感到自己恶心、危险、卑劣,甚至罪有应得:"我的脑子有病、有病、有病。证据就在我的梦境之中。我在一座监狱里,这里要大屠杀了。他们把我关在监狱里头一个特殊的区域,这个区域里全都是怒不可遏、极度危险的家伙……"

虽然女巫型母亲努力摧毁自己眼中一无是处的孩子的精神世界,但是她们却对自己的破坏性一无所知。就像纳粹军官一样,女巫型母亲觉得自己只是在履行做家长的职责,她们对此深信不疑。林恩曾说:"我没有母亲。我只有一个假释官。"女巫型母亲自己的家长要求她们绝对忠诚、绝对服从,女巫型母亲自己就是被这样抚养长大的,于是她们也会把自己的力量盲目地施加在孩子身上,要求自己的孩子和自己孩提时一样,彻底放弃自己的意志。否认自己的孩子正在经受痛苦并不困难,和女巫型母亲否认自己的痛苦同样容易。女巫型母亲可以心安理得地把熊熊战火燃向自己眼中一无是处的那个孩子。

由于女巫型母亲意识不到自己的行为具有破坏性,于是,在心理治疗师就其虐待行为当面与她们对质时,她们是绝不会承认的。美狄亚式的母亲坚信,孩子死了会好得多,省得再受更多的折磨。一名纳粹集中营的幸存者曾说过这样的话:"我们为什么没有反击?……我知道为什么。因为我们对人性还保持着信念。因为我们实在想不到人类能够犯下如此的罪行。"女巫型母亲的孩子也是一样,对人性抱有信念,因此尽管他们了解母亲的破坏力,仍会努力压抑有关的想法,却由此沦为受害者。

孩子相信父母,相信他们比自己智慧得多。没有孩子愿意去相信自己的母亲是一个残忍的人。社会学家艾丽斯·米勒解释说,无论父母还是孩子都愿意认为这样的对待是为了孩子好。年幼的孩子天然具有一种需求,即去相信自己的母亲,她知道什么是正确的,什么是好的。儿童的信任和忠诚完全是盲目的,因为他们不具备任何别样的生活经历可以用来评估母亲的判断是否正确。他们相信母亲身上存在基本的善意,他们也相信自己身上有着基本的善意,但是他们对母亲的信任多过对自己的信任。对孩子来说,接受"我是邪恶的"这种观念,比考虑"母亲是邪恶的"意味着怎样的后果,要安全一些。

林恩就浸泡在这种充斥着敌意和危险的环境当中,而这个满是精神折磨的隐秘世界却是她所知的唯一世界。无辜,但被定了罪,林恩从一出生就在受刑。和纳粹集中营的幸存者不同，女巫型母亲的子女从来不知道世界上还有别的活法，他们只认为自己所受的一切都是罪有应得。他们还没有见识过关爱和自由，就进了监牢。这样一来，即便长大成人，他们依然相信母亲身上的善意与美德，多过他们自己。

绝大多数女巫型母亲的成年子女都不明白为什么自己会反复梦到集中营的场景。在整个成长过程中，他们每天都身处充满敌意的环境，因此习以为常，并且还会压抑有关的情绪体验。当林恩还是一个青少年的时候，她觉得自己一直被囚禁着，认真考虑过自杀：

"希望你知道我有多痛恨你，妈妈。希望有人能够明白和理解我多痛恨自己，多痛恨让我陷入今天这般境地的那些人。不。我早就不算人了，我不在乎。我想要杀死我自己。没错。我就是这个意思。我想把自己的身体割开，然后终于、终于获得自由。我已经失去一切，我受够了假装岁月静好，受够了。"

对于女巫型母亲的子女来说，如何控制自己的愤怒、恐惧与复仇，可能成为一个生与死的命题。只有少量书籍探讨了愤怒对人体的消极影响，认为即便只是较低程度的长期愤怒也会破坏健康。但每一个被女巫型母亲抚养长大的孩子都知道愤怒能够杀人，也了解压抑愤怒会给自己的身体带来怎样的影响。

《生气要人命》（*Anger Kills*）一书中写道，"在全部人口中大概有20%的人，其日常的敌意情绪保持在一个足以威胁身体健康的水平上"。而女巫型母亲的孩子身上的愤怒不但对自身有害，对社会也很危险，可能导致他杀或自杀。一个陌生人贬斥你、摧毁你，和一个号称爱你的人贬斥你、摧毁你，这二者之间是有本质区别的。从纳粹集中营的那些幸存者身上，女巫型母亲的成年子女可以学到许多管理愤怒的办法。女巫型母亲的孩子不可能承受与仇恨相伴的人生。

女巫型母亲的孩子可能会怒气冲冲地违抗母亲以执行自己的意志，否则他们就只能继续在恐惧中接受母亲的管辖。激怒女巫型母亲可能是这些年幼的孩子们手中唯一的"武器"。虽然他们的这些行为可能招致母亲严厉的惩罚，但是当孩子体会到自己能够对环境施加控制力的时候，他们的安全感就能多一些。对于成年子女来说，他们有其他比较健康的方式可以选择，因为此时他们有能力和自由远离母亲了。但是，即便子女已经成年，女巫型母亲对孩子的强烈控制欲仍不会动摇。随着孩子年纪增长，逐渐成熟，母亲的情绪操纵手段、看不见的陷阱和恶毒的威胁也会随之升级。

女巫型母亲的子女心中的愤怒如此强烈，如果我们的社会忽视它，将遭受严重的后果。要求他人盲目服从或者强制他人绝对服从，必将触发仇怨或憎恨，绝无例外。因此，当女巫型母亲的孩子长大成人之后，他们可能会被自己无法控制的怒火所折磨，或者表现出被动服从、愤世嫉俗以及潜意识中的敌意。仇恨，必须在它毁灭美好事物之前被消解。

用自己的力量保护自己

虽然女巫的行为足以激起孩子弑母的愤怒，但是子女生存下去的关键却是放下武器，而不是去攻击她们。身体上的攻击到头来只会激起女巫型母亲进一步的报复。在经典童话故事《绿野仙踪》中，杀死女巫并没有帮助多萝西回到家乡。多萝西离开奥兹国获得自由的最终途径是运用她已经拥有的力量。和多萝西一样，女巫型母亲成年子女唯有运用他们已经具备的力量，才能解放自己。

纳粹集中营的幸存者记录了让自己幸存下来的一些技巧，而女巫型母亲的孩子则在潜意识层面发展出了这些技巧。文艺创作为人们从一个充斥着痛苦和折磨的世界中逃离提供了宝贵的出口。积累的日记和往来的信件忠实地保存了这些无法言说的经历。沉重的劳役让集中营里的俘虏不得不专注于眼前，而不致思考未来并陷入绝望。希望等同于时间的长短，它也是能让人们感觉自己仍然活着的必需品，是囚徒生命里唯一的火光。

集中营的幸存者要么是成功脱逃的，要么是被释放的。而那些离家出走的孩子往往会由于犯罪而进入未成年人的司法程序当中；当他们回到家之后，迎接他们的只会是更可怕的惩罚。不幸的是，女巫型母亲的孩子可能会面临接连不断的贬斥、暴力威胁、羞辱和去人格化。成年以后，这些子女会对母亲保持忠诚、充满爱意、宽容且服从。他们和自己具有虐待性的母亲一起庆祝节日、送她礼物、给她拥抱、为她做饭并且照料她的起居。成年子女会忍受母亲的不当对待，因为他们已经习以为常。

女巫在面临对抗和走投无路的时候会发起猛烈的攻击行为，这一点与蛇类相似。当女王型母亲感觉外界在对自己施加控制，或者感觉他人不能提供自己所期待的仰慕与特殊待遇时，她们身上的女巫就会显现出来；当隐居者型母亲感觉外界在侵入自己的领地，在挑战自己、拒绝自己或者让自己走投无路时，她们身上的女巫就会显现出来；当流浪者型母亲感觉外界在责备自己、批评自己、拒绝自己或者抛弃自己时，她们身上的女巫就会显现出来。不幸的是，孩子几乎无法控制女巫在什么时候、什么地点或者为什么显现出来。因此要想生存下去，唯有逃离边缘型人格障碍患者的控制。

即便出于自保，攻击自己的母亲也绝对不会带来什么积极的后果。在这种情况下，孩子面临持续虐待的风险变得更大，因为孩子的攻击行为强化了母亲的观念：孩子对她是一种威胁。当女巫型母亲的孩子还年幼的时候，除非他们能够找到值得信任的人揭露事实，否则绝无逃离的希望。但是，即便如此，对方却未必相信一个孩子所说的话，这样一来，他们被解救的希望仍旧渺茫。

曾经有一名社工接到指示，去一家儿科医院的重症监护室观察某个新生儿的母亲。只要这个婴儿的母亲在场，这个孩子就会出现让人难以理解的窒息和呼吸骤停。经过密切观察之后，这名社工怀疑婴儿的母亲在喂奶的时候故意用乳房闷住孩子的口鼻，令其窒息。社工将这个案例上报到儿童虐待管理部门，但最终结果是这个孩子没有脱离母亲的监护。5年之后，这位母亲由于用自己的抗精神病药物给孩子进行静脉注射而被法庭判定为犯下谋杀罪。这个孩子在其短短5年的一生当中，时时刻刻面对着一个想要杀死自己的母亲。但是，如果周围人都相信狠毒的女巫只存在于童话故事里，不存在于现实生活中，那么这些孩子就绝无被拯救的希望。

✦ 保持安全距离

在女巫手下存活的办法就是远离她。但是，只有成年子女才有能力决定自己和母亲联系的频率。母亲眼里完美无缺的孩子往往比一无是处的孩子更能忍受与母亲亲密，后者常常是母亲的敌对标靶。同一个女巫型母亲的各个子女对安全距离的需求不同，因此兄弟姐妹应当彼此独立地去判断和决定。有些来访者表示，自己完全没有办法和母亲交谈。他们无法承受母亲说话的声音，或是一看见母亲就会产生强烈的愤怒和厌恶。成年子女对女巫型母亲产生的这些感觉往往非常强烈，有些时候会超出他们的约束能力。必须尊重个人底线，尤其是在安全感这个问题上。

和女巫型母亲保持安全距离可能意味着不和母亲单独相处。有第三方在场的情况下，女巫型母亲和成年子女表现出的攻击性都会有所降低。在一次精神病治疗中，艾德蒙·肯博发现自己"杀外祖母的原因是我想杀死我母亲"。肯博的精神科医生在病历里重点强调，"无论如何不能让他再和母亲住在一起"。但是，尽管精神科医生有这样的嘱咐，法庭还是判定由母亲负责监护艾德蒙。不久，艾德蒙就在母亲的睡梦中谋杀了她。无法创设安全距离将带来灾难性的后果。一些成年子女无法忍受与边缘型母亲亲密，正是因为他们害怕自己会伤害母亲。

✦ 远离冲突

女巫的敌意会在她们与自己孩子之间激发争吵，而且这种争吵是相当不稳定的，局面很容易突然恶化。因此，一旦爆发冲突，成年子女必须尽快脱身。当母亲的语调变得傲慢，用词变得尖刻，或者她的心变得冷酷，在这种时刻立即终止谈话是非常重要的。女巫型母亲的言语攻击会立刻让人感到生理上的不适，如胃部感到恶心，这是女巫释放恶毒的信号。虽然女巫型母亲会说，"你让我觉得恶心"，但事实是她们的言语让别人觉得恶心。面对这种情形，成年子女的选择应当是：不要回应母亲企图挑起争端的行为，并且马上离开。

女巫型母亲经常用威胁来控制自己已经成年的孩子。安全专家加文·德·贝克尔（Gavin De Baker）警告说，"一个人如何对威胁做出回应是关键，它决定了这些威胁最终会变为伤人的武器还是停留在嘴上的说辞。因此，是听话的人，而不是说话的人，决定了威胁可能产生的破坏力大小"。一位来访者在心理治疗中提到，母亲曾恐吓她说，要找个杀手干掉她的妹妹。另一位来访者回忆说，母亲威胁说要和她脱离母女关系。虽然这些威胁未必都会变成现实，但是成年子女必须相信自己的直觉。如果成年子女真的觉得自己身处危险之中，那么他们就完全有权利，也有责任保护好自己。及时从冲突中抽身并不意味着屈从，也不是"精神胜利法"，更不是放弃自己的意志。

✦ 绝对不要试图去控制她

任何想要去控制女巫的尝试都会招来灾祸，毫无例外。一位来访者曾经劝说自己的母亲吃药来缓解焦虑，而她的母亲仅仅听到女儿认为自己需要外力帮助就觉得女儿试图控制自己。这位来访者的母亲对她叫道："你才是需要吃药的那个人！"如果女巫选择不好好吃药，那是她的事；如果女巫选择把钱藏在自己的床垫子底下，那也是她的事。因为女巫极度害怕失去控制权，所以成年子女必须尊重母亲控制她自己人生的权利。

但是，面对女巫型母亲的支配欲，成年子女应当坚决抵抗。成年子女绝不能屈从于女巫型母亲的指令，他们应当自己控制自己的行为。鲁道夫·德瑞克斯建议这类人保持坚定，但不要企图支配对方。支配是指把个人意志强加于他人，而坚定表达的只是对个人意志的确信。一位35岁的来访者有一次在自家用过晚餐后正在收拾桌子，此时她的母亲用一种带有敌意的声音命令道："你放下盘子，听我说话！"这位来访者先是有些措手不及，随后她意识到母亲在要求自己把全部注意力都放到她身上。这位来访者坚定地回答说："我不希望你用那样的语气和我说话。这是在我家。"她的母亲大惊失色，接着飞快地离开了餐厅，就像一只受惊的蜘蛛一样，缩进了后面的小房间里。坚定，展示的是一个人性格中蕴含的力量，而支配欲，展示的是一个人内心潜藏的恐惧。

✦ 用爱与善意净化身心

女巫型母亲眼中一无是处的孩子觉得自己是污秽的、破损的、肮脏的、有缺陷的。长大成人之后，这些孩子心中仍遗留着自己不干净的感觉，可能还会出现把自己弄脏、找不到沐浴设施或找不到更衣室等带有羞辱性质的梦境。和母亲保持联系，会增加自己被羞辱的可能性。他们害怕自己无路可退，找不到一个安全的角落藏起来，不受母亲的诋毁。无论年纪多大，面对女巫型母亲的贬低与羞辱，这些子女仍然十分脆弱。

想要在贬斥中求生存，无论是对一个身处集中营的成年俘虏来说，还是对一个住在自己家里的孩子来说，都需要保持尊严感和纯洁感。《幸存者：剖析死亡集中营里的生命》（*The Survivor: An Anatomy of Life in the Death Camps*）一书中解释说，"清洗，一种带有仪式感的清洁——而不是出于身体健康的清洁——是俘虏们需要去做的一件大事。他们发现，这是一种必要的生存手段，虽然看上去可能有些奇怪，但是那些停止这样做的人很快就死去了"。重建纯洁感和善意对于那些曾经被凌辱和折磨过的人来说至关重要。

对于曾经遭受过恶意凌辱的人来说，解药就是让善意、光明和爱围绕在自己身边。为了对抗女巫型母亲那些恶毒言语造成的影响，成年子女必须自我纾解，抚慰自己的心灵，让自己身处在温柔的光明之中，和那些爱着真实自我的人做朋友，让自己沐浴在他们的友谊之中，养一只性情亲人的宠物，享受它们讨自己喜爱的举动，或者用壁炉、热茶和泡澡来温暖自己，放松自己。

✦ 不要伤害

子女成年之后所具备的能力对女巫型母亲的控制力形成了威胁。一位长得很漂亮的年轻来访者在和自己母亲谈话之后陷入了深深的绝望，因为母亲说她是个荡妇。在心理治疗过程中，她眼里含泪，脸上却露出微笑，试图以此否决这种荒谬的指责。但实际上，她无法摆脱这种被诬蔑的感觉。"我觉得自己又像是回到了4岁的时候,那时我妈妈说,要是没有我,她会过得好得多。"她是一名能干的会计师,并且对自己的两个孩子照顾得无微不至。然而,她越成功,母亲贬低她的需求就越强烈。这名来访者没有选择以牙还牙,她决定来一场短途旅行,去看望一位友人。她提醒自己,能够长大成人,能够有力量甩开母亲对自己的贬斥,是一件多么幸运,多么值得感恩的事。

当女巫的敌意明显在不断升级时,就是抽身离开的时候了。如果女巫型母亲成功地激起了别人对她的攻击,那么女巫就达到了自己的目的;如果女巫型母亲的敌意被忽视或者被容忍了,那么她会继续,并且尝试升级。女巫会运用自己能够找到的任何一种情绪武器去尝试引发他人心中的恶意。有一个女儿在冲突面前冷静地走向门外,而她的母亲则在背后嘶吼:"我跟你没完没了!"女巫的言语就是警笛,专门为了激起他人的恐惧、惶惑和忧虑。但是,对于成年子女来说,女巫的这些手段都是无效的,因为他们有能力让自己从女巫面前"消失"。

决心不去伤害自己的母亲,能够让一个人感到自己心中始终保有基本的善意。如果缺乏这样的决断,成年子女就可能受到女巫型母亲的刺激而去回应她充满敌意的投射。可是,对女巫型母亲的恶毒、报复和复仇行为都只会强化她的控制力。一个能够掌控自己"以牙还牙"的冲动,克制自己复仇欲望的人,才是力量最强大的,"复仇是人类最深层也是最古老的一种冲动,通过让对方遭受自己遭受过的一模一样的伤害,来获得快感"。女巫型母亲的子女必须显示出自己具备比克制复仇欲望更加强大的力量。以牙还牙是生物的本能,并不需要人类的品格。女巫深陷在她们亲手打造的自我憎恨的牢笼里,对于持续经受着如此酷刑的可怜虫来说,再在她们身上施加任何痛苦都是毫无意义的。因此,她的子女应当坚守对自身善意的信念,超越内心的仇恨。向母亲寻求报复的孩子最终只会毁掉他们自己身上美好的那一面。

在女巫身边生存

步骤 1. 确认分离：拉开距离

"哦，天哪！"多萝西大叫，"你是一个真正的女巫吗？"

"是的，千真万确……但我是一个善良的好女巫，人们都很喜爱我。"

——《绿野仙踪》

成年子女需要在三个相互独立的领域内与女巫型母亲保持距离：精神上、物理上以及情感上。成年子女可以在精神层面与自己的母亲拉开距离，方法就是肯定自己内心的美好与善意。女巫型母亲的孩子必须认真思考自己的未来，思考如果自己将复仇的冲动付诸实践，将会带来怎样的长期后果。因此，他们必须坚守自己内心基本的善意，不去伤害母亲，以显示出自己的力量与品格。

精神分析师海伦娜·德奇一直挣扎在对母亲的恨意之中："她是一个刻薄的女人，我实在不想变得像她那样……"海伦娜感到自己在母亲眼里仿佛是种毒物。为了在精神上与母亲拉开距离，海伦娜把自己在新罕布什尔州乡下的家命名为"好女巫"。

在物理上与母亲拉开距离相当于传递了这样一个明确的信息，"我和你是分离开的"。力量，蕴藏在成年子女的行为当中，而不是在他们的言语当中。"我是……"这种表述很可能会遭到女巫型母亲的嘲讽，或者被她们用来激怒自己的孩子。和女巫不同，对成年子女来说，分离意味着不去内化母亲的愤怒、憎恨、恶意以及复仇的欲望。分离，它需要一种让自己走开的能力，或者一种要求女巫型母亲走开的能力。

想想《绿野仙踪》里的场景吧，当北方的好女巫拥抱着多萝西的时候，西方的坏女巫正挥舞着她的扫帚，威胁着要夺走多萝西的红宝石鞋。好女巫笑着对坏女巫说:"走吧……你在这里没有任何魔力!"好女巫对自己的善良和力量有充分的信心。她相信自己,无所畏惧。成年子女也拥有这种力量,但是就像穿着红宝石鞋的多萝西一样,他们不知道怎样使用自己的力量。

　　成年子女拥有的最强大的一种力量就是离开的能力。讨论危险的来源并不会让危险消失。只是嘴上说"我再也不会忍受被人这样对待了",但是行动上却不离开,这只能表现出一种摇摆不定的心态,而这种心态可能带来致命的后果。加文·德·贝克尔强调说:"'不'这个词决不能拿来讨价还价,因为那些试图控制你的人会选择不去听你说什么……拒绝听你说'不'就意味着某些人要么打算控制你,要么拒绝放弃控制权……如果你允许别人在和你对话时排除掉'不'这个词,那么你就是在自己胸前贴上了标签,上面写着'你来做主吧'。"当一个人感觉自己身处险境,那么逃离此地就是一个必选项,没什么可商量的。

　　成年子女还需要与母亲在情感上拉开距离,方法是不向女巫吐露心事。任何人都不该信任女巫。女巫能够运用对方的语言来达到欺瞒、蒙蔽和控制他人的目的。早在1890年,著名心理学家威廉·詹姆斯就曾写道:

> 　　无论是威胁也好,恳求也罢,只有在它们能够触及一个人潜在的或真实的自我时,这些手段才会撼动一个人。只有这样,作为一种手段,我们才能"收买"另一个人的意志。因而,对于外交家、统治者以及所有想要驾驭或影响他人的人来说,他们首先关注的就是找到受害者自身所遵循的首要原则,并以此作为他们所有诉求的出发点。但是,如果一个人放弃了这些取决于外部因素的东西,并且不再将它们作为自身的一部分,那么我们就对这个人几乎可以说是无能为力,无法再影响到他了。

　　女巫型母亲的孩子本能地知道,自己决不能在母亲面前暴露真实的自我,也不能暴露自己真实的欲望、感受和看法。

　　许多女儿在成年之后与女巫型母亲拉开距离的方式,就是尽可能地让自己和母亲不那么相像。自己身上任何有母亲影子的地方，都令她们感到厌恶。有些人甚至会去做整容手术以改变自己与母亲相似的那些生理特征，有些人则干脆不生孩子，以避免自己也成为母亲。对一部分女巫型母亲的孩子来说，"母亲"这个词可能已经等同于"女巫"了。

步骤2. 创建规则：零容忍

> "你是个邪恶的家伙！"多萝西大喊。
>
> "你没有权利夺走我的这只鞋子。"
>
> "鞋子是我的，一如既往是我的，"女巫嘲笑着多萝西，"总有一天，我会从你手里夺走另一只鞋子。"
>
> ——《绿野仙踪》

与女巫建立亲子关系需要满足一条基本的要求：零容忍。一旦女巫从边缘型母亲身上显现出来，成年子女就必须离开，暂停，终止与母亲的互动。没有一个边缘型母亲会一直持续女巫的状态，有一些边缘型母亲身上从未出现过女巫的状态。但是，只要女巫一出现，成年子女就必须立即彻底远离自己的母亲。他们必须事先做好计划与准备，以防被钻了空子、落入陷阱，或是被母亲逼到走投无路。节假日对女巫型母亲的孩子们来说尤其难熬，因为家庭成员通常都觉得在这样的日子里应当聚在一起，花一天的时间亲密相处，至少一起吃顿饭或者共度一个下午。无论情况如何，当母亲身上出现女巫状态，成年子女就必须离开。这个简单的步骤是让女巫型母亲"解除武装"的最有效方法，但是许多成年子女害怕这样做。

如果成年子女无法在受到伤害或者感到危险时立刻离开母亲时，那么他们就必须要承认一件事，即他们的行为等同于对母亲说"你可以伤害我"。只是嘴上说"我要离开，我要保护我自己，我要照顾好我自己"是不够的，必须付诸行动。一个人可以仅仅因为对方说话的语气，或者对方与自己谈话的方式，就感觉自己不齿于人。可是，我们保护自己的心灵与保护自己的身体不受伤害的权利同样神圣。无论女巫的攻击是身体上的还是言语上的，成年子女都有权利保护好自己。

在开放式的情境中，成年子女可以控制与母亲的互动。应预先准备好应对女巫型母亲的方案，这样一来，成年子女就能够保护自己，他们可以说："我还没有想好在这里待多长时间。"他们必须要具备在女巫出现时离开的能力。他们最好自己开车，绝不要依赖别人的交通工具。他们必须清晰地显示出自己来去自由。他们探望母亲的时间不应太长，而且要避免和母亲讨论有争议的话题。他们还应当避免单独和母亲待在一起。

与女巫型母亲建立关系需要子女保持警惕，留意女巫从好妈妈身上浮现出来的信号。有一位女巫型母亲感慨说："你陪我聊天，我太开心了，下周我们一起去逛街吧。"已经成年的女儿则诚实地回答自己的母亲："我们相处愉快是因为我们在一起的时间总是足够短，所以我不想去逛街。"因为女巫状态经常在母子亲密一段时间之后冒出来，所以当母亲主动提议帮助子女或提供拉近距离的机会时，她的孩子们就应当警觉了。

情感的陷阱并不总是显而易见的。一些含沙射影的表达也可以引发恐惧与内疚。加文·德·贝克尔解释说，相信自己的直觉可以避免活在恐惧之中。一位来访者的母亲总是看似随意地对女儿提到，感觉自己命不久矣。这位母亲说"这种感觉清晰到刻骨"，并且询问女儿是不是能多花点时间陪伴自己。女儿从母亲的说话声音里敏锐地发现了一些"蛛丝马迹"，她感觉自己就像是一条快要咬钩的鱼。她意识到母亲正有意激发她身上的内疚感，这让她觉得很不舒服。女儿回答母亲说，自己身体不是很好，需要休息，无法应承母亲的要求。女巫型母亲的成年子女需要相信自己的直觉，而不是去相信自己的母亲。

步骤 3. 澄清后果：行动起来，不必多说

> 就这样，她终于有自由选择自己想做什么了。她跑到院子里和狮子说，西方的坏女巫已经完蛋了，他们再也不是这个陌生国度里的囚犯了。
>
> ——《绿野仙踪》

成年，意味着有自由去践行自己的选择，接受自己行为带来的后果，并且当后果突破自己的个人底线时，可以对后果做出反应。后果教会了人们要去尊重他人的个人底线。与女巫型母亲互动的首要原则就是确保安全，无论是母亲的安全还是子女的安全，都要去关注。对成年子女来说，一旦他们感觉受到威胁、被激怒或不安全时，他们都应立即与母亲拉开距离，从而巩固与母亲的分离状态。因此，那些威胁到他人安全感的行为的后果，就是拉开双方的距离。

其次，不回应她们的挑衅、威胁、情感上的栽赃或陷阱，是让女巫"解除武装"的有效方式。成年子女可以控制自己与母亲分享哪些信息，花多少时间与母亲在一起，以及自己能够接受的与母亲的亲密程度如何。子女与女巫型母亲之间的关系应当建立在这样的基础之上：确保安全，确保个人隐私，确保规则与秩序，以及确保礼貌。任何突破个人底线的后果都是一致的——从女巫身边离开、逃脱，去寻求自由。

一位成年来访者和他的兄弟姐妹都害怕在母亲家里庆祝节日，他们总是感到自己又跌入了母亲的陷阱。有一次，这些已经人到中年的子女向母亲建议，今年的感恩节到这位来访者的家里去过，而他们的母亲大喊道："你们简直就是在鬼扯！"这次讨论最终结束在母亲"去他的感恩节！你们去死吧！"的怒吼中。虽然这些子女在工作上都是受人尊敬的专业人士，但他们还是被内疚感和焦虑感折磨着，觉得表达自己的感受是应当受到惩罚的。最终，他们自己聚在一起庆祝了感恩节，因为他们意识到，母亲不来参加是她自己的选择。

如果成年子女想要在女巫型母亲身边存活下去，那么他们必须要和自己的仇恨与恐惧做斗争。艾蒂·席勒珊29岁时死在纳粹集中营里，但是她留下的日记仍然启迪着那些被压迫、被虐待的人们。她谈到了自己心中与仇恨的斗争，这是唯一一场可以只靠她自己去进行和取胜的战争。女巫型母亲的成年子女必须要赢得这场战争，如此才能拯救自己。《面对极端》(*Facing the Extreme*) 中记载了席勒珊如何赢得这场斗争：

如果我们憎恨敌人就像敌人憎恨我们一样，那么我们所做的一切不过是给这个世界增添罪恶罢了。席勒珊一直认为，这场战争最可怕的后果之一就是，纳粹的受害者也变成和纳粹一样的人。"如果我们让仇恨把我们也变成像他们那样的禽兽，"她写道，"那么，所有人都没有希望了。"某些人看不出自己和敌人的相似之处，他们认为所有的邪恶都只存在于对方身上，而自己身上绝无邪恶的成分。很不幸，这样的人注定会变得和他们的敌人一样。但是，如果有人觉察到自身的邪恶之处，发现自己与敌人有相似的地方，这样的人却与敌人有着本质的不同。

一个人如何终止仇恨？普瑞莫·勒维从纳粹集中营幸存下来之后，记忆一直处于混乱之中，难以表述，直到他遇见了自己的妻子。"被爱这件事改变了他，把他从往事的魔爪下解放了出来；意识到别人对自己的凝视，意识到别人对自己的渴望，勒维确认，自己又是一个人了"。女巫型母亲的子女也一样，只有当他们有了被爱的体验之后，他们才能终止仇恨。一段治疗关系、一位代理家长，与一个相信孩子具备善意和价值的成年人建立友谊，只有这样的经历和体验才能够缓和仇恨。即使只是一束微光，爱也能够滋养枯萎的灵魂，因为女巫型母亲的孩子和纳粹集中营的俘虏一样，依靠希望才能生存下去。

在治疗过程中，没有任何东西能够替代一段充满爱意的关系。有些成年子女转身向内，远离他人，远离外部世界，但这样的方式永远不会让他们从过去的伤痛中痊愈。一段充满爱意的关系能够提供安全感和自由，能够修复一个人的自尊。没有捷径，没有仙丹，也没有所谓十二步计划可以消除你的自我憎恨。爱，只有爱。只有当一个人身边环绕着由健康和充满爱意的关系所带来的安全感时，这个人才有可能审视自己的过去，承认过去的伤痛。

成年子女的个人底线可能会阻止他们照料自己的女巫型母亲。一位59岁的来访者直言不讳地分享了自己的看法：

"我和我妈妈说得很清楚，她绝不能和我共同生活。由我去照料她，这事永远行不通。无论对我还是对她来说,这样都很不安全。"

"可是没有人能够理解……在其他人眼里,她就是一个可爱的小老太太。我记得以前听过一个新闻,报道说一位女性的部长级官员疑似虐待自己的母亲。一个邻居看到这位女儿扇自己母亲的耳光。我听到这件事的第一反应是,那位同样'可爱'的小老太太对她女儿说着恶毒、贬损、无比可怕的话语,所以她的女儿爆发了。一个人能够承受的东西是有限度的。如果是我,我也会做出那样的行为。所以,我不想让自己陷入那种境地。"

成年子女需要用自己的行为向母亲澄清后果,而非口头说说。他们不应说出自己当时当地的想法或感受。女巫型母亲的孩子应当倾听自己内心的声音,从而强化自己的个人力量。比如,"我不会告诉她这些和那些……""我不会让自己发火……""我不会允许她和我生活在一起",等等。女巫型母亲的孩子要学会集中营俘虏的生存之道,"放任和表露情绪,不但会模糊你的判断,损害你的决策,它还会危及所有人的生命"。

回顾自己的童年,女巫型母亲的成年子女会觉得自己似乎穿过了但丁笔下地狱之门一样,"抛弃所有的希望吧,来到这里的人们"。承受来自母亲的残忍和承受来自他人的残忍是不同的。孩子可能会压抑自己的愤怒,把愤怒转而指向自己,或者指向象征着自己母亲角色的其他人。常见的情况是,内化的愤怒会影响孩子的身体健康,很可能造成免疫疾病以及其他身体上的病痛。艾丽斯·米勒观察到:

> 童年的真相就储藏在我们的身体里,虽然我们可以压抑它,但是我们绝无可能去改变它。我们的智力会被欺骗,我们的感受会被操纵,我们的认知会被混淆,我们的身体会借助药物玩弄把戏。但是,总有一天,身体会让我们付出代价,我们的身体就像一个孩子一样仍然保持纯净完整、无法侵蚀,它不接受任何的妥协或借口,一直折磨我们,除非我们不再逃避真相。

如果我们的灵魂发不出自己的声音,那么身体就会替它发声。

幸存者是无法保持沉默的。一位纳粹集中营的幸存者在日记中写道，"我不敢期待自己能够活下去，但是我必须坚持写下去，就好像我的文字能够熬过这一切"。奥斯维辛集中营的幸存者普瑞莫·勒维回忆说：

> 曾经被囚禁的人们……成了泾渭分明的两类……一类不说话，一类说话……那些保持沉默的人，他们会感到一种更深层的不适，简明起见，我把它称为"羞耻"……另一些人选择发声……因为……他们能够感知……自己生命的核心，无论美好的事或罪恶的事，都在他们的整个人生里打下了烙印。

当痛苦被表达出来，被倾听，被相信时，那么痛苦的经历就不再是没有价值的了。被听见的痛苦才能被忍耐，走向痊愈。

女巫型母亲的孩子终于长大成人。他们学会了发声，他们记得过往的真相。但有些人可能会永远保持沉默，因为说出真相却无人相信会带来令其无法承受的恐怖感受，这些人希望保护自己不受此折磨[†]。而那些表达出来的人可能会发现，极少有人，甚至根本没有人，准备好去倾听他们不得不说的故事。

[†] 普瑞莫·勒维在《沉没与获救》（*The Drowned And The Saved*）中写道："几乎所有的幸存者，无论是口头上还是在文字记录中都提及自己在被囚禁的那些夜里经常出现一种梦境。这些梦境细节不同，但本质都是一样的：他们终于回到了家，当他们激动又释然地描述自己过往经历的那些痛苦和磨难，把这些说给他们所爱的人听时，却发现没有人相信他们，事实上对方甚至都没有在听。这类梦境中最典型（同时也最残酷）的是，和他们对话的人转过身，无声地走开了。"

第 13 章

倒 转 人 生

第13章

留名人堂

> "倒退着活！"爱丽丝在巨大的震惊中重复着这句话，"我从来没听说过还有这种事！"
>
> ——《爱丽丝镜中奇遇记》

"整个治疗的重点在于，谈一谈我不愿意去想的那些事情……关于我的家庭，我的感受以及我自己的那些隐秘的真相。对我最有帮助也最棒的是，你对我说，无论发生什么，无论我要体会怎样的感受，你都不会离开，留下我一个人去经历……我们会共同应对这一切。我对我的孩子们也是这么说的……这也是为什么我能够成为和我妈妈完全不同的母亲。"

罗拉开玩笑说，自己倒转了人生。她为自己的孩子创造了一种童年，而这种童年生活正是她自己想要的。当年罗拉意识不到自己在努力取悦母亲，为此舍弃了她自己。罗拉决定，不在自己的孩子身上重蹈自己与母亲的覆辙。因为罗拉需要外界来认可并支持她的感觉，我向她推荐了艾丽斯·米勒的书《为了你自己好》（*For Your Own Good*）。她急切地开始阅读这本书，还在好几次治疗中把这本书拿出来。书中的内容搅动了罗拉内心强烈的愤怒和悲伤，特别是下面这段话：

> 充满关爱的家长……应当努力找出自己在无意识中对孩子所

做的事。如果家长只是简单地回避这个问题，一味展现自己的爱意，那么他们就不是真正关心自己孩子的福祉，而只是煞费苦心地不让自己的良知受到谴责。这样的努力，从他们自己还是小孩的时候就开始了。这些努力让他们无法不受限制地去爱孩子，无法从这份爱中学到他们应当学会的那些东西。

米勒鼓励已经成年的子女向父母去表达自己的愤怒和痛苦，但这么做的目的不是去惩罚或者改变父母，而是因为这是在亲子之间建立互信关系的唯一途径。但是，边缘型母亲的孩子必须自己做出判断，是不是要冒险展现真实的自己。再次被堵住嘴，再次被讥嘲轻视，这样的危险是子女心头挥之不去的乌云。最重要的是，边缘型人格障碍在家族中的循环能够被打破，打破的方式就是边缘型母亲的子女在成年后改善与自己孩子之间的关系。边缘型母亲的成年子女应当听一听玛格丽特·黎托的建议：

> 作为父母，品格中很重要的一点，就是他们愿意……从受孕那一刻起为孩子应有的权利完全负责（无论怀孕是计划内或意料外的），承认并非孩子本人要求被孕育、被生下来，因此孩子有权存在，有权成为一个个体，不应要求孩子为了自身的存活延续而支付情感或其他代价。

就像《爱丽丝镜中奇遇记》里面的爱丽丝一样，边缘型母亲的孩子感知到另一个世界的浮现，便把自己童年的真相储存在那个世界里。詹姆斯·马斯特森观察后指出，边缘型患者"始终迷惘困惑，无法透过防御结构看清自己的生活、思维和感知现实世界的方式。他能够感受到，但却无法理解自己的人生中只有一个空虚的内核。他们活在源于虚假自我的骗局、幻梦和荒诞故事当中，已经太久太久了"。但是，许多边缘型患者在人到中年时会求助于心理治疗，因为时光的沙漏已经走空了一半，无法满足的人生触发了实质性的抑郁。边缘型母亲的子女也常在人到中年之后来接受心理治疗，因为他们对解放真实自我感到焦虑不已。

虽然心理治疗不可能彻底治愈边缘型人格障碍，但是，觉醒、理解和认可都有助于防止边缘型母亲把这种精神障碍传递给自己的孩子。米勒写道，"如果一个母亲能够感觉到自己正在以怎样的方式伤害孩子，那么她也就能够看清以往自己曾以怎样的方式伤害了自己，这样一来，她就可以驱除自己身上那种重演过去的强迫冲动"。许多边缘型母亲明白自己的行为对孩子来说具有破坏性，因此会来寻求心理治疗。而那些不明白这一点的边缘型母亲，以及那些不想去明白这一点的边缘型母亲，则最有可能把这种精神障碍传给下一代。但是，正如艾丽斯·米勒观察后所指出的那样："人类必须这样继续下去，强迫性地伤害自己的孩子，毁掉他们的人生和我们的整个未来吗？很简单，事情绝非如此。"

虚假的信念

滑稽故事《花园中的独角兽》（*The Unicorn in the Garden*）描述了一场关于神志是否清醒的争执，这是每个边缘型母亲的孩子都频繁经历过的。在这个故事中，一个男人发现了一只独角兽正在他的花园里吃玫瑰花，于是他赶忙冲到卧室叫醒妻子："花园里有一只独角兽正在吃玫瑰花！"而妻子鄙视地瞪着他说，人人都知道独角兽并不存在。这个男人马上冲进花园，亲手给独角兽喂了一朵百合花。然后，男人尝试再一次弄醒他的妻子，告诉她这个奇迹。妻子愈加不耐烦，大怒说自己的丈夫就是一个"疯子"，要把他扔到疯人院里去。被妻子打击和羞辱的丈夫离开了家，妻子则给警察和精神科医生打去电话，请他们带上给精神病人用的约束带，快点到家里来。精神科医生和警察来了之后，妻子告诉他们，丈夫给她讲了一个关于独角兽的故事。这时丈夫回来了，精神科医生问他："你是不是对你妻子说，你在花园里面看到了一只独角兽？""当然没有，"男人回答，"人人都知道这个世界上根本没有独角兽这种东西。"于是，精神科医生宣布，他的妻子疯了，并指示警察把妻子带走，带到疯人院去。

边缘型母亲的成年子女常常感到自己就是这个故事里的人物。有时候，他们觉得自己是这个故事里的丈夫，希望和他人分享自己的兴奋激动和奇思妙想，但他们得到的却是不在乎、不看重和不相信。另一些时候，他们觉得自己是这个故事里的妻子，受够了别人给他们的狂野故事、精心编造和谎言。在这座情感的迷宫里，无论他们选择如何转弯，最终结局都是感觉自己疯了。这些成年子女的生活中充斥着虚假的信念、神话故事、幻想、臆造、歪曲以及欺骗。

"但你知道她是爱你的"

当边缘型母亲心里的那个好妈妈抱持并安抚她年幼的孩子时，孩子的福祉可以得到短暂的修补。母亲身上黑暗的部分，自己身上黑暗的部分，外部世界黑暗的部分，似乎都明亮起来。混乱有了秩序，空虚也不再毫无头绪，就像白天与黑夜有了清晰的界限，狂风和洪水也平静下来。对年幼的孩子来说，风暴因何结束并不重要，他们只是对于重回好妈妈怀抱里的那个天堂心怀感恩。这一刻，在年幼的孩子看来，世界完全是美好的。不幸的是，"好妈妈"这一自我状态转瞬即逝，暴风雨不可避免地还会回来。这些孩子成年之后，可能会害怕好妈妈，因为混乱状态总是紧随其后。

纳粹集中营的幸存者普瑞莫·勒维写道，"怜悯与残忍能够同时共存在同一个人的身上，毫无逻辑可言"。在年纪还很小的时候，边缘型母亲的孩子就明白母亲身上确实有某种问题。在音乐理论中，反论述（counter-discourse）这一概念就用于描述这种令人深深困扰的感受，即在接收信息时，沟通中的一个参数因为另一个参数的变化而变化了。比方说，你在听一段音乐，这段音乐在创作时预计以温柔优雅的方式去演奏，而实际演奏时却用了粗糙聒噪的风格。与此相似的经历通常包括让人压抑的拥抱、阴恻恻的微笑，或者冷冰冰的赞美，等等。我们的大脑不得不努力处理两种互相冲突的体验，于是人们本能的反应就是：无法忍受。

假设一个3岁大的男孩在幼儿园的课堂上嚼口香糖，老师看见了，平静地走到他面前，亲切地问："汤米，你嘴里有一块口香糖是吗？"小男孩没有羞怯，他抬头看着自己的老师，老实地回答："是的，老师。我妈妈给我的口香糖。"老师脸上仍旧挂着笑容，她温柔地对孩子说："汤米，我希望你把嘴里的口香糖拿出来，然后把它贴到你的鼻尖上。你今天一整天都要用鼻子顶着这块口香糖哟！"孩子脸上愉快的表情消失了，他凝望着老师，试着去理解这段自相矛盾的信息。他的信念根基动摇了，他乖乖地照着老师的指示去完成这个任务，教室里立刻爆发出哄笑声。年幼的孩子没有其他选择，他们只能忍受这些成人的不当对待。因此，其他成年人必须留意这种情况，并及时施以援手。

作为一个孩子，罗拉曾希望姑姑能够注意到母亲的诡异之处。但是，姑姑却常常说罗拉十分幸运，她的母亲如此爱她。姑姑告诉罗拉，她应当"帮助母亲建立自尊心"，这强化了罗拉与母亲之间病理性的角色颠倒问题。如果成年子女面对具有虐待性的家长，仍然将其理想化，那么这些成年子女就不可能认识到，别人要求他们去信任自己恐惧的对象是一件多么荒谬的事情。没有人会盼望集中营里的俘虏去信任他们的狱卒。

边缘型母亲的孩子经常被告知"你的母亲是爱你的""她就是那样的人而已""她本意并不是那样的""她自己也控制不住"，等等。孩子本身的直觉告诉他们，自己受到了伤害，但是上述话语却似乎在教导孩子应当忽略这种感受。这些话语不但鼓励孩子压抑他们合理的愤怒与痛苦，而且引领孩子相信母亲的行为是可接受的。容忍不当行为或虐待行为意味着一个人要背叛自我。年幼的孩子别无选择，但是成年子女有能力选择。如果成年子女容忍了虐待，那么他们就是再次牺牲了自我。成年子女无须再忍受残酷、欺骗或任何不当行为。应当牢记，如果爱着我们的人令我们感到害怕，那么一定是出了什么问题。如果有人鼓励我们去相信一个令我们害怕的人，那么他一定不是真正为我们着想。

"她到底能不能控制自己？"

边缘型母亲的孩子对自己的母亲有两种感受，既怜悯又恐惧，她们不知道自己是不是有资格表达对母亲行为的感受。他们常会问心理治疗师，"她到底能不能控制自己？"答案是，能，但也不能。一方面，当边缘型母亲意识到自己的行为将带来负面后果时，她们能够学着控制自己的行为。但另一方面，她们无法改变自己的感受事物的方式。虽然潜藏内心的绝望、恐惧、愤怒、空虚是不会改变的，但外在的行为是可以改变的。讽刺的是，边缘型母亲对被抛弃的极度恐惧使得她们的成年子女获得了根据自身需求修剪和重建母子关系的能力。逐渐老去的母亲需要她的成年子女，远远胜过成年子女需要他们的母亲。

倒退着活

> "哦，如果我们能去镜子里的房子该有多好啊！我确定我们可以。哦！里面的东西多漂亮啊！至少让我们假装自己有办法进入镜子，总有办法的。"
>
> ——《爱丽丝镜中奇遇记》

边缘型母亲的子女如果不能首先理解自己的母亲，那么他们也就无法理解自己。婴儿和母亲彼此映照，而母婴互动对于婴儿的生存十分关键。儿童认知发展专家艾莉森·戈普尼克解释说："理解你周围的人……是你迈向一个独特的自己的成长过程中的一部分。随着逐渐了解别人的心灵是什么样子，儿童也会逐渐了解自己的心灵是什么样子。"边缘型母亲的孩子不确定自己的心灵是什么样的，而当他们窥见母亲的心灵内部时则感到恐慌。戈普尼克及其同事还发现，孩子"那凝望着你的睁大的双眼有时候真的可以看穿你灵魂真实的样子，破译你隐藏最深的感受"。边缘型母亲的孩子试图避免看到自己母亲内心的黑暗。他们能够感受到母亲身上的无助、空虚、恐惧和愤怒，但这些孩子会形成各种防御机制，让自己免于溺亡在因此引发的焦虑里。

依恋关系的研究者指出，"如果某个孩子对抚养者的依恋属于焦虑/回避型，那么这个孩子的行为会表现得好像抚养者不在房间里一样"。这些研究结果显示，当孩子的母亲有时候付出关爱，有时候又撤回关爱，那么这些孩子日后最有可能成为极度依赖且焦虑的成年人。边缘型母亲的子女长大成人之后，他们的行为也会表现的就像母亲"不在房间里"。他们会忽略自己的母亲——即便母亲就在身边——从而降低自己的焦虑；或者，他们会在自己层出不穷没有止境的需求中耗尽一生。但是，如果有心理治疗师的帮助，这些成年子女建立起了舒适自在的人际关系，那便不再需要假装母亲不在房间里了。心理治疗帮助成年子女找到和抓紧他们真实的自我，即便面对着边缘型母亲，也不会妥协放弃。

再造自我

虽然每个人都会有一些错误的自我信念，但边缘型母亲却拥有一整套非常独特的错误信念，这些错误、不实的信念都源于她们自己的童年经历。不幸的是，这些边缘型母亲看待这个世界、她们自己以及她们的孩子的方式已经在大脑中固化了，难以改变。成年人有关自我的错误信念难以改变，有一部分原因是成年人的大脑对学习的反应性比儿童要低。因此，对边缘型母亲进行干预比对她们的孩子进行干预更加艰难，也更加耗时。戈普尼克解释说，儿童创造出：

> ……内在工作模型，它系统化地描绘了一个人如何与另一个人发生联系——换句话说，就是关于爱的理论体系……和科学理论一样，如果新证据足够多，理论就可以修改。随着儿童得到了有关人们行为方式的新信息，尤其是有关在亲密关系里人们如何行为的新信息，这些儿童就会修正自己原有的观念。假如身边的人不再转身离去，那么即便是曾经遭受过虐待的孩子，往往也能摆脱长期的伤害。

虽然神经科学家指出，童年时期缺乏持续的温暖、体贴的照料，将改变一个人的大脑生化过程，但是，科学家也发现，大脑具有可塑性，个体对新的情境与体验做出反应时，新的神经通路将持续发展。

詹姆斯·马斯特森把心理治疗师称作"真实自我的守护者"。因为对母亲和对自我的知觉都是割裂的，所以子女在亲密关系方面会形成长期的困难。好的那个我，是听话、服从、不成熟和被动的；坏的那个我，期盼成长、期盼分离、期盼去探索世界、期盼能够自主和冒险。"好的"母亲认可"好的"我，"坏的"母亲不认可"坏的"我。当遇到孩子要求自主的行为时，"好的"母亲支持并且鼓励孩子的退缩行为，而"坏的"母亲则会在面对孩子的坚定自信时，滋长出敌意、批评和愤怒。于是孩子相信那个好的我绝不能坚定自信，这导致他们的人生总是不满足、不充实。

改变错误的自我信念意味着重塑神经通路。虽然边缘型母亲和她们的孩子都能够从服用抗抑郁和抗焦虑的药物中获得一定改善，但是也需要长期的心理治疗以重塑神经通路，从而让个体能够用比较积极的方式去看待自我和这个世界。治疗关系中的安全感能够让个体的真实自我浮出水面，而不用担心被评判、被苛责或者被误解。

罗拉不再需要压抑自己的痛苦或者愤怒了，因此她也不会把这些负面的东西投射到自己的孩子身上。罗拉学会了区分恐惧与爱，她决定以共情与怜悯抚养自己的孩子，让他们能够收获真实的自我。罗拉为自己童年经历过的那些失去而感到真切的悲伤，并且强烈地感觉到自己有资格和自己的孩子一道享受他们的童年时光。

边缘型母亲的孩子可能要花费一生的时间去理解母亲和他们自己。他们的脑海里总是忙着梳理人际互动的意义，审视自己的感知，质疑他人的动机。海伦娜·德奇，弗洛伊德维也纳精神分析学会里首屈一指的女性成员，她就是因为自己对母亲的怨怼之情，而投入到有关"虚假自我身份理论"以及非真实性的研究当中。

边缘型母亲的孩子必须要解决的不仅是对自己母亲的强烈愤怒，还包括对自己父亲的愤怒情绪。詹姆斯·马斯特森指出，在《白雪公主》和《灰姑娘》这两个经典童话故事里，父亲明显缺位。在这些童话故事里，父亲的缺位恰好复制了现实生活中边缘型母亲与孩子的关系状态。父亲没能介入边缘型母亲与孩子之间病理性的心理动力结构，导致孩子沉浸在幻想当中，幻想某人能够把自己从持续不断的战争中解救出去，好让自己的情感不至于窒息。

但是，父亲通常处于左右为难的状态，在对妻子忠诚和对孩子忠诚之间来回拉扯着。边缘型妻子的报复怒火和对被抛弃的敏感，都会让自己的丈夫和孩子瑟瑟发抖，同时也让他们的爱不知所措。边缘型母亲的孩子通常会压抑自己对父亲的愤怒，并且，除非进入到深层次的心理治疗阶段，否则就无法表达出这种足以令人战栗的强烈感受。把父亲的形象理想化，可以阻止内心深处的抑郁和愤怒浮出水面，同时可以保护孩子，防止他们感到自己失去了双亲。

如果没有心理治疗的介入，边缘型母亲的孩子可能永远也没法完成有关自身生存的核心任务：理解自己的母亲。研究者已经知道，母亲的抑郁会对孩子的大脑有干扰作用，影响脑内负责情绪表达和情绪调节的部分，而且长期的压力会导致慢性疾病。心理治疗师们已经注意到，边缘型母亲眼里一无是处的孩子在成年之后常常会患上自体免疫疾病，例如狼疮、硬皮病、慢性疲劳或者纤维肌痛综合征等。长期生活在恐惧状态下导致的无意识肌强直，终将令身体健康付出代价。也就是说，一个人与自己母亲之间依恋关系的性质，对这个人的生理健康和情绪健康都有着决定性的和全面性的影响。

边缘型母亲的孩子在成年之后，必须为了自己的未来去回溯自己的过往。如果能够发掘出真实的自我，重新找回失去的丰富体验、自身的意愿和无拘无束的具有创造性的自我，那么他们的后半生将会变成一生中最美好的时光。许多成年子女在起初求助于心理治疗的时候，都会提到自己总是做一些令人烦恼的梦，梦见自己回到了高中，为自己已经人到中年而感到羞愧，不得不拼命补习自己曾经漏掉的功课。在这些梦里，他们体验到愤怒、怨恨和尴尬，因为从来没有人给过他们恰当的指点，也没有清楚地说明究竟要怎么完成任务。从这类梦境可以看出，他们在潜意识中知道自己在青春期错过了一些发展阶段，以至于没能为成年后的分离和个体化做好充分的准备。他们焦虑着，不知道该做什么，感到自己错失了很多，感觉自己被远远地落下了。

自由自在的爱和愉悦，是每个人人生中最好的礼物。而心理治疗师与来访者之间的关系就像是一本人生的毕业证书，从这里毕业的来访者将迈向更美好的世界。

寻找光明

边缘型人格障碍就像是一张错综复杂的大网，但每当新的一天来临，我们就离解开这堆绳结更近了一步。边缘型人格障碍是一个牵涉到多个学科的问题，可能在不远的将来研究人员就会发现针对其中典型的异常认知功能和情绪功能的有效治疗方案。弗洛伊德曾说，"可以假设，过去每一件被保存下来的东西中都蕴藏着美好，即便对于人们的精神生活来说也是如此。但这一假设成立的前提条件是，负责心灵运转的结构完好无损，它的组成部分没有因创伤和炎症而被破坏"。神经科学家们现在已经了解到，"如果个体曾经遭受过童年创伤，那么可能导致脑内特定区域长期持续的活动性过高"，而且，患过创伤后应激障碍的个体的大脑和患过抑郁的个体的大脑也是不同的。

即便终有一天研究者确认边缘型人格障碍无法治愈，但我们仍有充分的理由期待它是可以被预防的。虽然人类永远不可能避免每一个儿童遭遇创伤和丧失，但是，允许孩子充分并开放地表达他们的哀伤，可能有助于预防边缘型人格障碍。允许儿童将自身难以承受的情绪表达出来，并不会让孩子沉溺于哀伤。刘易斯·卡罗尔在《爱丽丝仙境历险记》里传递出了孩子的感受：

"但愿我没有哭得太厉害！"爱丽丝说着，一边游来游去寻找出路。"我猜,现在我该受惩罚了,因为我快把自己淹死在眼泪里了!"

儿童需要得到抱持,得到镜映,得到纾解,还需要在整个童年时期里得到一些控制感,尤其是在遭遇分离和丧失之后。无法承受的痛苦在被表达、被倾听和被相信之后,就会变得可以承受。

理想的母亲充满爱意地接纳孩子的真实感受,包括愤怒以及其他所有情绪,因为这样的母亲能够正视自己在成长过程中的真实感受。虽然这样理想的母亲不太多,但是无论什么年纪的孩子,一旦见到这样的母亲,总能立刻认出她来。每个周末,我都会看到小区里的一群小孩子围绕在一个81岁的老奶奶身边。哈略特太太容光焕发的笑容让人感觉到她对孩子们真切的爱意,感觉到她相信每个孩子都具备人类基本的美德。我好奇地问过哈略特太太,她的母亲是什么样的人。她告诉我,自己幼年丧父,母亲在大萧条那样艰难困苦的时期独自抚养了5个孩子。哈略特太太和我说这些的时候,眼里噙着泪水。哈略特太太的内心世界无疑充满了源源不断的温暖与光明。在这次与哈略特太太短暂的交谈之后,她送给我一首她珍藏的小诗。这首诗是她母亲写的,题目就叫作"母亲"。

> 哦!年轻人!我愿成为你们所有人的母亲!
> 我了解你们至深至热的所求
> 我是女儿和儿子的母亲
> 我学会理解他们的所思所行
> 面前没有阻碍,我多么感恩
> 站在此地,接近神圣
> 触碰周围的世界,结下累累果实
> 你们所求的在哪里,我所求的就在那里
>
> 没有哪一条血缘或城邦的纽带

> 不能被母爱的天分联系起来
> 哦！年轻人！我愿成为你们所有人的母亲
> 让你们所求的
> 如我所求

在母爱的天分面前，没有任何阻碍。当人们关切孩子的情感需求时，也不再有种族和国家的界限。健康的爱是可以传承的，它可以从上一代传到下一代，这一点和边缘型人格障碍是一样的。出身于基督徒家庭的哈略特太太清晰地记得，小时候她在自己家附近的小河里受洗那天的情景。她写道：

> 那是6月的一天，一个温暖又美好的日子。在水里浸过之后，牧师带我走回岸边——我母亲就在那里，她展开一张柔软的棉毯子把我包裹起来，紧紧地把我抱在怀里。她抱得那样紧，让我深深地感受到她对我的爱和肯定，她的臂弯让我感到非常安全。和受洗比起来，关于母亲怀抱的这段记忆对我来说更为重要，也更有意义，这一点我确信无疑。

哈略特太太在小河里浸水时，一点也不害怕自己可能溺水。因为她知道母亲始终注视着她。她完全信任自己的母亲，而这样感受和边缘型母亲的孩子正相反。

在现实中，不真实的假母亲并不难遇到，只是身边的人假装看不到这样的母亲罢了。即便人们认识某个表现出边缘型人格障碍症状的人，也绝少有人敢于出手干预。我有一位来访者是由她的边缘型母亲抚养长大的，某天她在超市里看到一个母亲正在羞辱自己的孩子，对那个母亲感到非常愤怒，并且为那个孩子感到悲哀。在谨慎权衡了插手这件事情的后果之后，她跟着那位母亲走到了收银台，对她说："你能有这样一个出色的孩子是多么幸运的事情啊。我能看出来，你的儿子有多么爱你，你的爱对他有多么重要。我敢肯定，为人父母真不是一件容易的事。"接着，她转向那个孩子，对他说："你是一个好小伙子。"这位母亲一时语塞,最后,她嗫嚅着说了声"谢谢"。走出超市的时候,我的这位来访者注意到那位母亲对孩子说话的声音软化下来了,孩子的脸上也绽放出笑容。这位来访者看出了那位母亲和儿子一样需要帮助,她鼓起勇气诚实地表达,但所用的方式十分温和。她用儿子的积极视角替代了母亲对儿子的负面投射,并且给予了那个孩子对他自己的正面印象,哪怕只是暂时的。对于身处黑暗之中的母亲和孩子来说,这样的体验就是一束光明。

如果我们还能记起自己童年时,曾在某时某处,期盼过能有一个成年人注意到我们的痛苦,也许我们可以跟随上面那位来访者的脚步。我们不应只是质疑"为什么没有人对此做些什么?"我们应当追问自己:当孩子在社区、在机场、在购物中心里,在我们眼前被虐待时,为什么我们没有对此做些什么?

一名小学艺术老师目睹一个五年级的孩子欺负别人,也被别人欺负,长达5年。每天她都能听到这个孩子和同伴之间的暴力言论。这个孩子威胁说:"我要弄一把枪来射死你们。"而他的同学们则叫嚣:"我们会用枪还击的。"在本学年结束之前的两个星期,也就是这届学生毕业升入初中之前的两个星期时,这名艺术老师在午餐时间把这个男孩子叫到了办公室,对他说:"达蒙,我不会为了任何人放弃自己的午餐。但是,我希望你了解,这个世界上有一个人信任着你。你是一个聪慧的孩子,你身上有许多潜力。但是,如果你还学不会忽略那些挑衅你的人,那么你会在上高中之前就死掉的。我不想在讣告栏看到你的名字。"

6年后,这名老师收到了当地教育委员会的电话,邀请她参加学校为达蒙举行的庆祝活动,因为他是入校时最有可能走入歧途但最终以全年级前10%的优秀成绩毕业的学生。在庆祝活动上,达蒙向在座的听众大声宣告,有一个人改变了他的人生,改变了他看待自己的方式,而这个人就是他的小学艺术老师。他描绘了当年那个转折的时刻,"在我小学快结束时的那次午餐谈话,是我人生中第一次有人对我说,他们是信任我的。"

"我信任你",正是不真实的假母亲和她们的子女需要听到的话语。对自己的信任是构建健康的自尊和心理健康的关键。边缘型母亲无法给予自己的孩子这件礼物，因为她们自己从来没有收到过这件礼物。如果没有干预介入，这些母亲内心的空虚、无望、愤怒和恐惧就会传递给她们的下一代。

1795年，英国哲学家埃德蒙·伯克在给友人的信中写道："如果说邪恶能够胜利，那么它唯一的倚仗就是善良的人们什么也不做。"边缘型母亲并不邪恶，但邪恶潜藏在人们尚未觉察的黑暗之中。人们看不见它们在做什么。因此，我们当中明白这一切的人必须努力播撒理解的光芒，就像灯塔引领着船只入港。否则，当边缘型母亲把自己的孩子拖入绝望的深海之中，我们都要为此负上责任。

参考文献

Adler, G. (1985). *Borderline Psychopathology and Its Treatment*. Northvale, NJ: Jason Aronson.
American Psychiatric Association. (1994). *Diagnostic and Statistical Manual of Mental Disorders, 4th ed*. Washington, DC: APA.
American Red Cross. (1968). *Life Saving and Water Safety*, 24th printing. New York: Doubleday.
Baker, J. (1987). *Mary Todd Lincoln: A Biography*. New York: Norton.
Balint, M. (1968). *The Basic Fault*. New York: Brunner/Mazel.
Baum, L. F. (1900). *The Wizard of Oz*. New York: Grosset and Dunlap, 1996.
Blum, H. (1986). Object inconstancy and paranoid conspiracy. In *Self and Object Constancy: Clinical and Theoretical Perspectives*, pp. 253-270. New York: Guilford.
Bowlby, J. (1973). *Separation: Anxiety and Anger*. London: Tavistock Institute, New York: Basic Books.
Brazelton, T. B., and Cramer, B. G. (1990). *The Earliest Relationship: Parents, Infants, and the Drama of Early Attachment*. New York: Addison-Wesley.
Call, M. (1985). *Hand of Death: The Henry Lee Lucas Story*. Lafayette, LA: Prescott.
Carroll, L. (1865). *Alice's Adventures in Wonderland and Through the Looking-Glass*. New York: Bantam Doubleday, 1992.
Cauwels, J. M. (1992). *Imbroglio: Rising to the Challenges of Borderline Personality Disorder*. New York: Norton.
Cheney, M. (1976). *The Co-ed Killer: A Study of the Murders, Mutilations, and Matricide of Edmund Kemper III*. New York: Walker.
Christianson, S. (1992). *The Handbook of Emotion and Memory: Research and Theory*. Hillsdale, NJ: Lawrence Erlbaum.
Crawford, C. (1978). *Mommie Dearest*. New York: William Morrow.
—— (1988). *Survivor*. New York: Donald Fine.
—— (1997). *Mommie Dearest: Twentieth Anniversary Edition*. Moscow, ID: Seven Springs Press.
Dean, M. (1995). *Borderline Personality Disorder: The Latest Assess-ment and Treatment Strategies*. Salt Lake City, UT: Compact Clinicals.

De Becker, G. (1997). *The Gift of Fear and Other Survival Signals that Protect Us from Violence*. New York: Dell.

Des Pres, T. (1976). *The Survivor: An Anatomy of Life in the Death Camps*. New York: Oxford University Press.

Deutsch, H. (1942). Some forms of emotional disturbance and their relationship to schizophrenia. *Psychoanalytic Quarterly* 11:301-321.

Dreikurs, R., and Soltz, V. (1964). *Children: The Challenge*. New York: Penguin.

Ellis, G., ed. (1999). *Blessings of a Mother's Love*. Grand Rapids, MI: Zondervan.

Erikson, E. (1950). *Childhood and Society*. New York: Norton, 1988.

Ferenczi, S. (1933). Confusion of tongues between adults and the child. In *Final Contributions to the Problems and Methods of Psychoanalysis*, ed. M. Balint, pp. 156-167. New York: Brunner/Mazel, 1980.

Freud, S. (1929). *Civilization and Its Discontents*. New York: Norton, 1961.

Geleerd, E. R. (1958). Borderline states in childhood and adoles-cence. *Psychoanalytic Study of the Child* 13:279-295. New York. International Universities Press.

Geller, J., and Harris, M. (1994). *Women of the Asylum*. New York: Anchor

Giovacchini P. (1993). *Borderline Patients, the Psychosomatic Focus, and the Therapeutic Process*. Northvale, NJ: Jason Aronson.

Glickauf-Hughes, C., and Mehlman, E. (1998). Non-borderline patients with mothers who manifest borderline pathology. *British Journal of Psychotherapy* 14(3):294-302.

Goleman, D. (1995). *Emotional Intelligence: Why It Can Matter More Than I.Q*. New York: Bantam.

Gopnik, A., Meltzoff, A., and Kuhl, P. K. (1999). *The Scientist in the Crib: Minds, Brains, and How Children Learn*. New York: Morrow.

Grotstein, J., Solomon, M., and Lang, J., eds. (1987). *The Borderline Patient: Emerging Concepts in Diagnosis, Psychodynamics and Treatment, vol 2*. Hillsdale, NJ: Analytic Press.

Guiles, F. (1995). *Joan Crawford: The Last Word*. New York: Carol.

Gunderson, J. (1984). *Borderline Personality Disorder*. Washington DC: American Psychiatric Press.

Heit, S., Graham, Y., and Nemeroff, C. (1999). Neurobiological effects of early trauma. *The Harvard Mental Health Letter* 16(4):4-6.

Heller, N., and Northcut, T. (1996). Utilizing cognitive-behavioral techniques in psychodynamic practice with clients diagnosed as borderline. *Clinical Social Work Journal* 24:203-215.

Helm, K. (1928). *Mary, Wife of Lincoln*. New York: Harper.

Hughes, T. (1998). *Birthday Letters*. New York: Farrar, Straus and Giroux.

Hughes, T., and McCullough, F., eds. (1982). *The Journals of Sylvia Plath*. New York: Ballantine.

James, W. (1890). *The Principles of Psychology, vol. 1*. New York: Dover, 1950.

Kandel, J., and Sudderth, D. B. (2000). *Migraine: What Works*. Rocklin, CA: Prima.
Kaplan, L. (1978). *Oneness and Separateness*. New York: Touchstone.
Kaysen, S. (1993). *Girl, Interrupted*. New York: Random House.
Keller, H. (1902). *The Story of My Life*. New York: Bantam, 1980.
Kernberg, O. (1985). *Borderline Conditions and Pathological Narcissism*. Northvale, NJ: Jason Aronson.
Kissel, K. (1999). Parents left tot to die in wilderness, police say. Associated Press, *Indianapolis Star*, Sept. 9, A14.
Kleeman, J. (1967). The peek-a-boo game: its origins, meanings, and related phenomena in the first year. *Psychoanalytic Study of the Child* 22:239-273. New York: International Universities Press.
Klein, G. W. (1957). *All But My Life*. New York: Hill and Wang.
Kohut, H. (1977). *The Restoration of the Self*. New York: International Universities Press.
Krall, H., and Edelman, M. (1977). *Shielding the Flame*. New York: Henry Holt.
Kramer, L. (1998). *Franz Schubert: Sexuality, Subjectivity, Song*. New York: Cambridge University Press.
Kroll, J. (1988). *The Challenge of the Borderline Patient*. New York: Norton.
Lachkar, J. (1992). *The Narcissistic/Borderline Couple: A Psychodynamic Perspective on Marital Treatment*. New York: Brunner/ Mazel.
Lash, J. P. (1980). *Helen and Teacher: The Story of Helen Keller and Anne Sullivan Macy*. Reading, MA: Addison-Wesley.
Lax, R., Bach. S., and Burland, J., eds. (1986). *Self and Object Constancy: Clinical and Theoretical Perspectives*. New York: Guilford.
Le Doux, J. (1996). *The Emotional Brain: The Mysterious Underpin-nings of Emotional Life*. New York: Touchstone.
Lee, R., and Martin, J. (1991). *Psychotherapy after Kohut: A Textbook of Self Psychology*. Hillsdale, NJ: Analytic Press.
Levi, P. (1989). *The Drowned and the Saved*. New York: Random House.
Lewis, D., Pincus, J., Feldman, M., et al. (1986). Psychiatric, neurological, and psychoeducational characteristics of 15 death row inmates. *American Journal of Psychiatry* 143:838-845.
Linehan, M. (1993a). *Skills Training Manual for Borderline Personality Disorder*. New York: Guilford.
—— (1993b). *Cognitive-Behavioral Treatment of Borderline Personality Disorder*. New York: Guilford.
Little, M. (1990). *Psychotic Anxieties and Containment: A Personal Record of an Analysis with Winnicott*. Northvale, NJ: Jason Aronson.
—— (1993). *Transference Neurosis and Transference Psychosis*. Northvale, NJ: Jason Aronson.
Manheim, R. (1977). *Grimm's Tales for Young and Old*. New York: Anchor, 1983.

Mason, R., and Kreger, R. (1998). *Stop Walking on Eggshells: When Somebody You Love Has BPD*. Oakland, CA: New Harbinger.

Masterson, J. (1980). *From Borderline Adolescent to Functioning Adult: The Test of Time*. New York: Brunner/Mazel.

—— (1981). *The Narcissistic and Borderline Disorders: An Integrated Developmental Approach*. New York: Brunner/Mazel.

—— (1988). *The Search for the Real Self: Unmasking the Personality Disorders of Our Age*. New York: Free Press.

Miller, A. (1984). *For Your Own Good: Hidden Cruelty in Child-rearing and the Roots of Violence*. New York: Farrar, Straus and Giroux.

—— (1985). *Banished Knowledge: Facing Childhood Injuries*. New York: Anchor.

—— (1986). *Thou Shalt Not Be Aware: Society's Betrayal of the Child*. New York: Penguin.

Miller, J., Lewis, L., and Basye Sander, J. (1999). *Mothers' Miracles: Magical True Stones of Maternal Love and Courage*. New York: William Morrow.

Money, J. (1992). *The Kaspar Hauser Syndrome of "Psychosocial Dwarfism."* New York: Prometheus.

Moskovitz, R. (1996). *Lost in the Mirror: An Inside Look at Borderline Personality Disorder*. Dallas, TX: Taylor.

Mosley, L. (1980). *Blood Relations: The Rise and Fall of the du Ponts of Delaware*. New York: Atheneum.

Neely, M. E., and McMurtry, R. G. (1986). *The Insanity File: The Case of Mary Todd Lincoln*. Carbondale, IL: Southern Illinois University Press.

Nelson, J. (1998). The meaning of crying based on attachment theory. *Clinical Social Work Journal* 26(1): 9-22.

Paul, D. (1987). The analysis of autistic character structure in a borderline patient: a clinical case presentation. In *The Borderline Patient: Emerging Concepts in Diagnosis, Psychodynamics, and Treatment, vol. 2*, ed. J. S. Grotstein, M. Solomon, and J. Lang, pp. 149-171. Hillsdale, NJ: Analytic Press.

Putnam, S.W., Guroff, J. J., Silberman, E. K., et al. (1986). The clinical phenomenology of multiple personality disorder: review of 100 recent cases. *Journal of Clinical Psychiatry* 47: 285-293.

Rekers, G. (1996). *Susan Smith: Victim or Murderer*. Lakewood, CO: Glenbridge.

Rogers, C. (1961). *On Becoming a Person: A Therapist's View of Psychotherapy*. Boston: Houghton Mifflin.

Rule, A. (1987). *Small Sacrifices*. New York: Signet.

Santoro, J., and Cohen, R. (1997). *The Angry Heart: Overcoming Borderline and Addictive Behaviors*. Oakland, CA: New Harbinger.

Sayers, J. (1991). *Mothers of Psychoanalysis*. New York: Norton.

Schacter, D. (1996). *Searching for Memory: The Brain, the Mind, and the Past*. New York: Basic Books.

Shore, R. (1997). *Rethinking the Brain*. New York: Families and Work Institute.
Silverman, R., ed. (1994). *Helen Keller: Light in My Darkness*. West Chester, PA: Chrysalis.
Simmons, D. (1970). *A Rose for Mrs. Lincoln*. Boston: Beacon.
Smith, D. (1995). *Beyond All Reason: My Life with Susan Smith*. New York: Kensington.
Smith, S. B. (1999). *Diana in Search of Herself*. New York: Times Books.
Stein, M. (1995). *Jung on Evil*. Princeton, NJ: Princeton University Press.
Stern, D. (1985). *The Interpersonal World of the Infant*. New York: Basic Books.
Stevenson, A. (1989). *Bitter Fame: A Life of Sylvia Plath*. Boston: Houghton Mifflin.
Stone, M. H. (1977). The borderline syndrome: evolution of the term, genetic aspects, and prognosis. *American Journal of Psychotherapy* 31: 345-365.
Thomas, B. (1978). *Joan Crawford*. New York: Simon & Schuster.
Thornton, M. (1998). *Eclipses: Behind the Borderline Personality Disorder*. Madison, AL: Monte Sano.
Thurber, J. (1931). "The Unicorn in the Garden." In *The Thurber Carnival*, pp. 310-311. New York: Random House, 1999.
Todorov, T. (1996). *Facing the Extreme: Moral Life in the Concentration Camps*. New York: Henry Holt.
Turner, A. M., and Greenough, W. T. (1985). Differential rearing effects on rat visual cortex synapses: synapse and neural density and synapses per neuron. *Brain Research* 329: 195-203.
Turner, J., and Turner, L. L. (1972). *Mary Todd Lincoln: Her Life and Letters*. New York: Knopf.
Vaughan, S. (1997). *The Talking Cure: Why Traditional Talking Therapy Offers a Better Chance for Long-Term Relief Than Any Drug*. New York: Henry Holt.
Wallace, R. (1990). *The Agony of Lewis Carroll*. Melrose, MA: Gemini.
Werner, E. (1988). Resilient children. In *Contemporary Readings in Child Psychology*, ed. E. M. Hetherington and R. D. Parke, pp. 51-57. New York: McGraw-Hill.
West, M. L., and Sheldon-Keller, A. (1994). *Patterns of Relating: An Adult Attachment Perspective*. New York: Guilford.
Williams, R., and Williams, V. (1993). *Anger Kills: Seventeen Strategies for Controlling the Hostility That Can Harm Your Health*. New York: Harper.
Winnicott, D. W. (1958). The capacity to be alone. In *The Maturational Processes and the Facilitating Environment*, pp. 29-36. New York: International Universities Press, 1965.
—— (1960). Ego distortion in terms of the true and false self. In *The Maturational Processes and the Facilitating Environment*, pp. 140-152. New York: International Universities Press, 1965.
—— (1962). Providing for the child in health and in crisis. In *The Maturational Processes and the Facilitating Environment*, pp. 64-72. New York: International Universities

Press, 1965.
—— (1963). From dependence towards independence in the development of the individual. In *The Maturational Processes and the Facilitating Environment*, pp. 83-92. New York: International Universities Press, 1965.
—— (1971). *Playing and Reality*. New York: Routledge.
Wolf, E. (1988). *Treating the Self: Elements of Clinical Self Psychology*. New York: Guilford.
Young, S. P. (1953). *The Women of Greek Drama*. New York: Exposition.